大学数学学习丛书

概率论与数理统计复习指导

（第二版）

赵华祥　王寄鲁　主　编

U0238939

山东大学出版社

SHANDONG UNIVERSITY PRESS

·济南·

图书在版编目(CIP)数据

概率论与数理统计复习指导/赵华祥,王寄鲁主编. —2 版.
—济南:山东大学出版社,2016.6(2024.1)
（大学数学学习丛书）
ISBN 978-7-5607-2815-5

Ⅰ.①概...
Ⅱ.①赵...②王...
Ⅲ.①概论论—高等学校—教学参考资料
②数理统计—高等学校—教学参考资料
Ⅳ.021

中国版本图书馆 CIP 数据核字(2004)第 075246 号

责任编辑:刘旭东
封面设计:张　荔

出版发行 山东大学出版社
社　　址:山东省济南市山大南路 20 号
邮　　编:250100
电　　话:市场部(0531)88364466
经　　销:山东省新华书店
印　　刷:山东蓝海文化科技有限公司
规　　格:787 毫米×980 毫米　1/16
　　　　　13.5 印张　252 千字
版　　次:2016 年 6 月第 2 版
印　　次:2024 年 1 月第 15 次印刷
定　　价:22.00 元

再版前言

  《概率论与数理统计复习指导》出版发行至今已经 12 年了，在使用过程中获得众多大学教师和学生的关注与好评。第二版是在第一版的基础上，根据我们多年教学实践，遵循新形势下教学改革的规律，进行了比较全面的修订和完善而完成的。

  第二版保留了第一版的系统和风格，吸收了广大读者的宝贵意见，补充了近年各类数学考试题目的精华，尽可能做到使内容具有针对性、普适性和创新性。我们特别对近年全国硕士研究生数学试题中某些难度大、综合性强有代表性的题目，给出独到、创新、简单、有效和指导性更强的解题方法，力争使本书对帮助学生复习和考试起到真正指导作用。

  在第二版的编写过程中，得到了山东大学（威海）数学与统计学院的领导和广大教师的关心和支持，在此一并表示衷心的感谢！

编　者

2016 年 5 月

序　言

　　市场经济的发展,科学技术的进步,计算机科学的影响等都使数学科学显得更加重要。"数学是打开一切自然科学大门的钥匙"。自从有了人类就有了数学,人类需要数数,这就是最初的数学。随着现代化程度的提高和数字化时代的到来,数学的应用也越来越广泛。数学知识是学习其他科学和技术所必须的,特别是高科技成果越来越多地依赖于现代数学方法的应用。数学高度的抽象性和严密的逻辑性对培养学生的综合分析能力及逻辑推理能力具有重要的作用。因此,高等院校,越来越多的非理工专业开设了数学课程,有些文科院系的学生主动要求选修数学课。特别是计算机科学的发展提出了许多新的数学问题,使数学的应用越来越显得重要。国家的繁荣富强在很大程度上依赖于高新技术的发展和高效率的经济管理,特别是高新技术它是保持国家繁荣富强的关键因素之一。高新技术的基础是应用科学,而应用科学的基础则是数学。当代高新技术的一个重要特点是定量化分析,而这就必须用到数学。美国科学院院士格利姆(J. G. Glimm)称"数学对经济竞争力至为重要,数学是一种关键的普遍适用的,并授予人能力的技术"。目前国内外越来越多的公司希望数学家参与他们的工作,工程技术中不断提出新的数学问题需要数学家来解决。数学给予人们的不仅是知识,而且是能力。这就需要我们数学教育工作者不仅要传授给学生一般的数学知识,而且要注重培养学生的数学素养,提高他们分析问题和解决问题的能力。

　　数学最吸引人的特色是它蕴含着大量有趣的思想:漂亮的图形和巧妙的论证。现实生活中处处潜藏着数学的难题。数学严格的逻辑性和复杂多变的方法使每个学习数学的人必须谨慎严肃地思考问题。一个看起来貌似简单的问题,往往要运用极其复杂的技巧才能解决。因此,大多数人感到数学非常难学,甚至望而生畏。但任何学科,任何事情都有其规律性,只要不畏困难,刻苦钻研,总能掌握其规律性,从而去掌握它,应用它。

　　由于数学的困难性和广泛的应用性,为了帮助大学生学好数学,在方法上和思想上为学生学好数学提供有力的工具,我们山东大学威海分校数学系全体教师共同努力,编写了大学数学复习指导丛书:《微积分复习指导》,《线性代数复习指导》和《概率论与数理统计复习指导》。编写这套书的目的是为理工科、经济类专业的学生和自学者提供一套指导学习理论和解题方法的参考书,为报考研究生的有关人员提供一套复习考试的指导书;同时也为有关的数学教师提供一套教学参考书。参加这套丛书编写的有董莹、王寄鲁、靳明忠、于淑兰、赵华祥、陈伟等人,他们都是具有多年教学经验的教授或副教授。在编写过程中参考了国内外有关的著作,查阅了大量的文献资料。系副主任靳明忠、副主任王寄鲁策划并组织了该套丛书的编写。陈绍著、刘桂真、郭新伟等教授主审了该套丛书。数学系的所有教师都对这套书的编写提出了一系列有益的建议并做了大量工作。在这里我们对山东大学威海分校的领导和有关部门的大力支持表示衷心的感谢。

　　由于水平所限,书中的错误和不足之处在所难免,希望广大读者批评指正。

　　本丛书的出版之时,正值山东大学威海分校校庆 20 周年纪念日。数学系谨以此丛书作为向校庆的献礼,愿山东大学威海分校兴旺、发达!

刘桂真

2004 年 7 月

目　录

第一章　随机事件及其概率

一、随机事件与样本空间

1. 随机事件

在随机试验中可能发生，也可能不发生的结果，简称事件。一般用大写字母 A,B,C 等表示。必然事件 Ω 和不可能事件 Φ 看作是特殊的随机事件。

2. 样本空间

在随机试验中所有的基本事件（也称作样本点）的集合。基本事件是最简单的、不能再分割的事件。

二、事件的关系与运算

（1）**包含关系**　若事件 A 发生时，事件 B 必然发生，则称事件 B 包含事件 A（也称作事件 A 包含于事件 B）。记作 $A \subset B$ 或 $B \supset A$。

（2）**相等（又称等价）**　即 $A \subset B$ 且 $B \subset A$。记作 $A = B$。相等的事件是同一个事件。

（3）**事件的和（并）**　事件 A 与事件 B 至少有一个发生。记作 $A \bigcup B$ 或 $A + B$。

（4）**事件的积（交）**　事件 A 与事件 B 都发生。记作 $A \bigcap B$ 或 AB。

（5）**事件的差**　事件 A 发生而事件 B 不发生。记作 $A - B$。

（6）**互不相容（互斥）**　事件 A 与事件 B 不可能同时发生，即 $AB = \Phi$。

（7）**互逆事件（对立事件）**　若事件 A 和 B 在一次试验中一定有且仅有一个发生，则称事件 A 和 B 互逆。记作 $\overline{A} = B, \overline{B} = A$。

注意：$A - B = A\overline{B}$.

三、事件的运算规律

（1）**交换律**　$A \bigcup B = B \bigcup A; AB = BA$.

（2）**结合律**　$A \bigcup (B \bigcup C) = (A \bigcup B) \bigcup C; A(BC) = (AB)C$.

（3）分配律　$A(B\cup C)=AB\cup AC;A\cup BC=(A\cup B)(A\cup C)$.

（4）对偶律（摩根律）　$\overline{A\cup B}=\overline{A}\,\overline{B};\overline{AB}=\overline{A}\cup\overline{B}$.

注意：事件之间的关系本质上就是集合之间的关系，因而事件的运算与集合的运算有着相同的运算规律.

四、概率的定义和性质

1.（公理化）定义

设试验 E 的样本空间为 Ω，若对于 Ω 中的每一个事件 A，都有一个实数 $P(A)$ 与之对应，且满足：

公理 1　非负性对于 Ω 中的任意一个事件 A，都有 $0\leqslant P(A)\leqslant 1$.

公理 2　规范性 $P(\Omega)=1$（Ω 是必然事件）.

公理 3　可列可加性对于 Ω 中的任意可列个两两互不相容的事件 $A_1,A_2,\cdots,A_n,\cdots$有

$$P(\bigcup_{i=1}^{\infty}A_i)=\sum_{i=1}^{\infty}P(A_i).$$

则称实数 $P(A)$ 是事件 A 的概率.

2. 概率的性质

（1）$P(\Phi)=0$.

（2）$P(\overline{A})=1-P(A)$.

（3）$P(A\overline{B})=P(A)-P(AB)$.

特别地，若 $A\supset B$，则 $P(A\overline{B})=P(A)-P(B)$.

（4）若 $A\supset B$，则 $P(A)\geqslant P(B)$.

（5）（广义加法公式）　$P(A\cup B)=P(A)+P(B)-P(AB)$.

一般地，对于 Ω 中的任意 n 个事件，有

$$P(\bigcup_{i=1}^{n}A_i)=\sum_{i=1}^{n}P(A_i)-\sum_{1\leqslant i<j\leqslant n}P(A_iA_j)+\sum_{1\leqslant i<j<k\leqslant n}P(A_iA_jA_k)$$
$$-\cdots+(-1)^{n+1}P(A_1A_2\cdots A_n).$$

五、古典概型及概率计算

1. 古典概型试验

古典概率试验是指满足下列条件的一类随机试验：

（1）有限性　试验的所有基本事件只有有限个.

（2）等可能性　每个基本事件发生的概率都相等.

2. 计算公式

在古典概型试验中，若样本空间中共包含 n 个样本点，而事件 A 包含了其中的 m 个，则有

$$P(A) = \frac{m}{n}.$$

六、重要公式

1. 条件概率

$$P(A \mid B) = \frac{P(AB)}{P(B)}, P(B) > 0.$$

2. 乘法公式

$$P(AB) = P(B)P(A \mid B), (P(B) > 0).$$

或

$$P(AB) = P(A)P(B \mid A), (P(A) > 0).$$

一般地，对于有限个事件 $A_1, A_2, \cdots, A_n$，有

$$P(A_1 A_2 \cdots A_n) = P(A_1)P(A_2 \mid A_1)P(A_3 \mid A_1 A_2) \cdots P(A_n \mid A_1 A_2 \cdots A_{n-1}).$$

3. 全概率公式

设样本空间 Ω 中的事件 $A_1, A_2, \cdots, A_n$ 满足：

(1) $A_i A_j = \Phi, (i \neq j)$，即两两互不相容；(2) $\bigcup\limits_{i=1}^{n} A_i = \Omega$.

则称 $A_1, A_2, \cdots, A_n$ 为样本空间 Ω 中的一个完备事件组（也称样本空间 Ω 的一个分划）.

设 $A_1, A_2, \cdots, A_n$ 为样本空间 Ω 中的一个完备事件组，则对于 Ω 中的任一事件 B，都有

$$P(B) = \sum_{i=1}^{n} P(A_i)P(B \mid A_i).$$

注意：完备事件组就是在一次试验中一定有且仅有一个发生的 n 个事件.

4. 贝叶斯公式

设事件 $A_1, A_2, \cdots, A_n$ 是样本空间 Ω 中的一个完备事件组，则对于 Ω 中的任一事件 B，都有

$$P(A_j \mid B) = \frac{P(A_j)P(B \mid A_j)}{\sum\limits_{i=1}^{n} P(A_i)P(B \mid A_i)}.$$

该公式又称作逆概率公式.

七、事件的独立性

(1) 若事件 A 与 B 满足 $P(AB) = P(A)P(B)$，则称事件 A 与 B 互相独立，

简称独立.

（2）若事件 A 与 B，$\overline{A}$ 与 B，A 与 $\overline{B}$，$\overline{A}$ 与 $\overline{B}$ 中有一对事件独立，则另外三对也独立.

（3）设事件 $A_1,A_2,\cdots,A_n$，如果对于其中任意的 k 个事件

$$A_{i_1},A_{i_2},\cdots,A_{i_k}\,(1\leqslant i_1<i_2<\cdots<i_k\leqslant n,2\leqslant k\leqslant n)\,,$$

都有

$$P(A_{i_1}A_{i_2}\cdots A_{i_k})=P(A_{i_1})P(A_{i_2})\cdots P(A_{i_k})$$

成立，则称事件 $A_1,A_2,\cdots,A_n$ 互相独立.

若只是在 $k=2$ 时成立，则称事件 $A_1,A_2,\cdots,A_n$ 两两独立.

应注意的几个问题：

（1）n 个事件两两独立要求 C_n^2 个等式成立；而互相独立则要求

$$C_n^2+C_n^3+\cdots+C_n^n=2^n-n-1$$

个等式成立.

（2）若 n 个事件互相独立，则其中的一部分事件一定也互相独立.

（3）若 n 个事件两两独立，则其中的一部分事件一定也两两独立.

（4）两两独立的 n 个事件不一定互相独立.

（5）若 n 个事件互相独立，则将其中的一部分事件换成它们的对立事件后得到的 n 个事件一定也互相独立.

（6）若 n 个事件互相独立，则由其中的一部分事件产生的事件与由另一部分事件产生的事件也互相独立.

例如，若事件 A,B,C,D,E 互相独立，则 $\overline{A\bigcup B}$ 与 $\overline{DE}$ 也互相独立.

（7）若 $P(A)$ 与 $P(B)$ 至少有一个等于 0 或 1，则 A 与 B 一定独立.

（8）互相独立和互不相容（互斥）没有必然联系. 一般地，若 $0<P(A)<1$，$0<P(B)<1$，则 A 与 B 不可能既互相独立又互不相容（互斥）.

八、贝努里试验与二项概率公式

（1）若随机试验 E 只有两个可能的结果，则称 E 为贝努里试验.

（2）将贝努里试验重复进行 n 次，且各次实验结果互相独立，则称为 n 重贝努里试验.

（3）在 n 重贝努里试验中，设每次试验只有 A 和 $\overline{A}$ 两个可能的结果，且 $P(A)=p$，$P(\overline{A})=1-p$，则事件 A 发生 k 次，而事件 $\overline{A}$ 发生 $(n-k)$ 次的概率为

$$P_n(k)=C_n^k p^k(1-p)^{n-k}.$$

这个公式称作二项概率公式.

九、超几何公式

设一批产品共 N 件,其中次品 M 件,正品($N-M$)件.从中任取 n 件,则事件"取出的 n 件产品中包含 m 件次品和($n-m$)件正品"的概率为

$$P(A)=\frac{C_M^m \cdot C_{N-M}^{n-m}}{C_N^n} \quad [m=0,1,2,\cdots,l=\min(n,M)].$$

注意:(1)(超几何公式的推广)例如:一批产品共 40 件,分成四等,其中第一、二、三、四等品分别有 7 件,9 件,10 件,14 件.从中任取 17 件,则事件"取出的 17 件产品中包含第一、二、三、四等品的件数分别是 2 件,4 件,5 件,6 件"的概率为

$$P(A)=\frac{C_7^2 C_9^4 C_{10}^5 C_{14}^6}{C_{40}^{17}}.$$

(2)不管是采用无放回方式还是一次抽取方式,只要所讨论的事件与抽取的次序无关,则都可以用超几何公式(或其推广的公式)来计算.

十、其他公式

(1)**加法原理** 设完成某一件事有 n 类方法(只要选择一种方法即可完成这件事情),若第 i 类方法有 m_i 种($i=1,2,\cdots,n$)),则完成这件事共有 $N=m_1+m_2+\cdots+m_n$ 种方法.

(2)**乘法原理** 设完成某一件事有 n 个步骤(只有每个步骤都完成,才能完成这件事情),若第 i 个步骤有 m_i 种($i=1,2,\cdots,n$)不同的方法去实现,则完成这件事共有 $N=m_1m_2\cdots m_n$ 种方法.

注意:加法原理与乘法原理的区别.

(3)**排列数** 从 n 个不同的元素中选出 m 个,并按照一定的次序排成一列,则所有可能的排列的个数(记作 P_n^m)为

$$P_n^m=n(n-1)\cdots(n-m+1)=\frac{n!}{(n-m)!}.$$

(4)**组合数** 从 n 个不同的元素中选出 m 个,并不考虑次序,则所有可能的选法的个数为(记作 C_n^m)为:

$$C_n^m=\frac{P_n^m}{m!}=\frac{n!}{m!(n-m)!}.$$

组合数的性质:

① $C_n^m=C_n^{n-m}$.

② $C_{n+1}^m=C_n^m+C_n^{m-1}$.

(5) 不全相异元素的全排列数　若 n 个元素中有 m 类不同的元素,其中第 i 类元素有 k_i 个 $(i=1,2,\cdots,m,k_1+k_2+\cdots+k_m=n)$,则将这 n 个元素全部取出的排列数为:

$$N=\frac{n!}{k_1!k_2!\cdots k_m!}.$$

例 1.1　设 $P(A)=0.4,P(A\bigcup B)=0.7.$

(1) 若 A 与 B 互不相容,求 $P(B)$.

(2) 若 A 与 B 互相独立,求 $P(B)$.

解　(1) 因 A 与 B 互不相容,由概率的可加性知,$P(A\bigcup B)=P(A)+P(B)$.故

$$P(B)=P(A\bigcup B)-P(A)=0.7-0.4=0.3.$$

(2) 由 $P(AB)=P(A)P(B)$ 以及 $P(A\bigcup B)=P(A)+P(B)-P(AB)$,得

$$0.7=0.4+P(B)-0.4P(B).$$

所以
$$P(B)=0.5.$$

要注意区分互不相容和互相独立这两个概念.

当 A 与 B 互不相容时,$AB=\Phi,P(AB)=0,P(A\bigcup B)=P(A)+P(B)$.

而当 A 与 B 互相独立时,$P(AB)=P(A)P(B)$.

例 1.2　甲、乙、丙三人各射击一次,记 A,B,C 分别表示甲击中、乙击中、丙击中的事件,试通过 A,B,C 三个事件的运算把下述事件表示出来.

(1) 甲没击中:$\overline{A}$;

(2) 甲击中而乙未击中:$A\overline{B}$ 或 $A-B$;

(3) 只有丙未击中:$AB\overline{C}$ 或 $AB-C$;

(4) 三人中只有一人击中:$A\overline{B}\,\overline{C}\bigcup\overline{A}B\,\overline{C}\bigcup\overline{A}\,\overline{B}C$;

(5) 三人中至少有一人击中:$A\bigcup B\bigcup C$ 或 $\overline{\overline{A}\,\overline{B}\,\overline{C}}$;

(6) 三人中至少有一人未击中:$\overline{A}\bigcup\overline{B}\bigcup\overline{C}$ 或 $\overline{ABC}$;

(7) 恰有两人击中:$AB\overline{C}\bigcup A\,\overline{B}C\bigcup\overline{A}BC$;

(8) 至少有两人击中:$AB\overline{C}\bigcup A\,\overline{B}C\bigcup\overline{A}BC\bigcup ABC$ 或 $AB\bigcup AC\bigcup BC$;

(9) 三人均未击中:$\overline{A}\,\overline{B}\,\overline{C}$ 或 $\overline{A\bigcup B\bigcup C}$;

(10) 至多有一人击中:$\overline{A}\,\overline{B}\,\overline{C}\bigcup A\,\overline{B}\,\overline{C}\bigcup\overline{A}B\,\overline{C}\bigcup\overline{A}\,\overline{B}C$;

(11) 至多有两人击中:$\overline{A}\bigcup\overline{B}\bigcup\overline{C}$ 或 $\overline{ABC}$.

注意:有些事件的表示形式不惟一,这恰恰体现了事件间的运算规律.

例 1.3(条件概率)　设口袋中装有 5 只小球,编号分别为 1~5.今从中有放

回地抽取两次,每次取一只,并观察取出的球的号码.记事件 A＝"两次取出的号码之和为 8";B＝"第一次取出的号码是偶数".试求:

$$P(A),P(B),P(A|B),P(B|A).$$

分析　用有序数组 (i,j) 表示试验的基本事件,其中 i 和 j 分别表示第一次、第二次取出的号码.这种可能的有序数组共有 $5\times5＝25$ 个,事件 A 包含其中的 3 个,即 $(3,5),(5,3),(4,4)$;事件 B 包含其中的 $2\times5＝10$ 个;既包含在 A 中,又包含在 B 中的只有一个 $(4,4)$.故

$$P(A)=\frac{3}{25};P(B)=\frac{10}{25}=\frac{2}{5};P(AB)=\frac{1}{25}.$$

$$P(A|B)=\frac{P(AB)}{P(B)}=\frac{1}{10},P(B|A)=\frac{P(AB)}{P(A)}=\frac{1}{3}.$$

注意:在求条件概率时,也可以只考虑作为条件的事件所包含的样本点.

例如,本例中事件 B 所包含的 10 个样本点中有 1 个同时也包含在事件 A 中,则可直接得到 $P(A|B)=\frac{1}{10}$;同理,$P(B|A)=\frac{1}{3}$.

例 1.4(乘法公式)　一口袋中有 a 个白球和 b 个黑球.先随机地取出一个,在观察颜色后放回,并放进与取出的球同色的球 c 个.这样连续取 3 次,求取出的前两个是黑球,最后一个是白球的概率.

解　记 A_i＝"第 i 个是黑球"$(i=1,2,3)$,则由乘法公式得

$$P(A_1A_2\overline{A_3})=P(A_1)P(A_2|A_1)P(\overline{A_3}|A_1A_2)=\frac{b}{a+b}\cdot\frac{b+c}{a+b+c}\cdot\frac{a}{a+b+2c}.$$

注意:一般地,当试验分几个阶段进行,所讨论的事件与次序有关,而且当前一阶段的结果已知时,随后的事件的条件概率好求时,可用乘法公式.

例 1.5(抽签问题)　设 50 张彩票中只有一张可中奖,又有 50 人排队依次抽取,取后不放回.求第 k 个人$(k=1,2,\cdots,50)$中奖的概率.

解　记 A_k＝"第 k 个中奖"$(k=1,2,\cdots,50)$.因只有一张可中奖,故 A_k 即表示"第 k 个才中奖",即 $A_k=\overline{A_1}\,\overline{A_2}\cdots\overline{A_{k-1}}A_k$.由乘法公式得

$$P(\overline{A_1}\,\overline{A_2}\cdots\overline{A_{k-1}}A_k)=P(\overline{A_1})P(\overline{A_2}|\overline{A_1})\cdots P(A_k|\overline{A_1}\,\overline{A_2}\cdots\overline{A_{k-1}})$$

$$=\frac{49}{50}\cdot\frac{48}{49}\cdot\cdots\cdot\frac{50-(k-1)}{51-(k-1)}\cdot\frac{1}{50-(k-1)}=\frac{1}{50}.$$

注意:抽签问题的结论是非常重要的.这说明,只要是无放回地取,则每个人取到的概率与次序无关.不仅如此,若 n 张彩票中有 m 张可以中奖,则每个人取到的概率也都是 $\frac{m}{n}$,与次序无关,请记住并学会运用这个结论.

例 1.6(全概率公式与贝叶斯公式)　茶杯成箱出售,每箱 20 只.设每箱中

含有 0 只,1 只,2 只次品的概率依次为 0.8,0.1,0.1.一位顾客要购买茶杯,售货员随意取出一箱,顾客打开并随意抽查 4 只,若未发现次品则买下这一箱茶杯,否则退回.

(1) 求顾客买下这一箱茶杯的概率;

(2) 若顾客买了这一箱茶杯,求确实没有残次品的概率.

解　记 B_i＝"该箱中含有 i 只次品"$(i=0,1,2)$;A＝"顾客买下这一箱".则有

$$P(B_0)=0.8;P(B_1)=P(B_2)=0.1;P(A|B_0)=1;$$

$$P(A|B_1)=\frac{C_{19}^4 C_1^0}{C_{20}^4};P(A|B_2)=\frac{C_{18}^4 C_2^0}{C_{20}^4}.$$

(1) 由全概率公式得

$$P(A)=\sum_{i=0}^{2}P(B_i)P(A|B_i)=0.94.$$

(2) 由贝叶斯公式得

$$P(B_0|A)=\frac{P(B_0)P(A|B_0)}{P(A)}=\frac{0.8\times1}{0.94}=0.85.$$

注意:首先搞清楚什么样的问题用全概率公式或贝叶斯公式来解决.一般地,若试验分为两个阶段,则第一阶段的结果要影响到第二阶段的试验结果.若第一阶段所有可能的结果及其概率已知,求第二阶段某个事件的概率时用全概率公式,此时可根据第一阶段的结果划分样本空间得到完备事件组;若已知第二阶段某个事件 A 已经发生,求完备事件组中某个事件 B_i 的条件概率时要用贝叶斯公式.

例 1.7　设有甲、乙两个口袋,甲袋中有 N 个白球和 M 个黑球;乙袋中有 n 个白球和 m 个黑球.今先从甲袋中随机地取出一个放入乙袋中,再从乙袋中随机地取出一个.问最后取出的是白球的概率是多少?

解法 1　记 $B,\overline{B}$ 分别表示第一次取到白球、黑球;A 表示第二次取到白球,则 $B,\overline{B}$ 构成完备事件组.由全概率公式得

$$P(A)=P(B)P(A|B)+P(\overline{B})P(A|\overline{B})$$

$$=\frac{N}{N+M}\cdot\frac{n+1}{n+m+1}+\frac{M}{N+M}\cdot\frac{n}{n+m+1}$$

$$=\frac{Nn+Mn+N}{(N+M)(n+m+1)}.$$

解法 2　记 $B,\overline{B}$ 分别表示第二次取到的球原来是在甲袋、乙袋中的;A 表示第二次取到白球,则 $B,\overline{B}$ 构成完备事件组.由全概率公式得

$$P(A)=P(B)P(A|B)+P(\overline{B})P(A|\overline{B})$$

$$=\frac{1}{m+n+1}\cdot\frac{N}{N+M}+\frac{m+n}{m+n+1}\cdot\frac{n}{m+n}$$

$$= \frac{Nn+Mn+N}{(N+M)(n+m+1)}.$$

例 1.8 一袋中有 $a+b$ 个球,其中 a 个黑球,b 个白球.不放回地每次从中任取一球. 试求:

(1) 第 i 次取出的为黑球的概率;

(2) 第 i 次才取出黑球的概率;

(3) 前 i 次能取到黑球的概率;

(4) 前 i 次能取到 k 个黑球和 $(i-k)$ 个白球的概率 $(0 \leqslant k \leqslant i)$.

解 记 $A_i=$"第 i 次取出的是黑球",$C=$"前 i 次能取到黑球". 当所讨论的事件与次序有关时,确定基本事件也应考虑次序,否则可以不考虑次序.将 $a+b$ 个球全部取出共有 $(a+b)!$ 种取法.

(1) 第 i 次取出的黑球可以是 a 个黑球中的任意一个,选定一个后,其他各次从 $(a+b-1)$ 个中任意选取,所以

$$P(A_i) = \frac{a[(a+b-1)!]}{(a+b)!} = \frac{a}{a+b}.$$

注意:也可以直接利用抽签问题的结论得 $P(A_i)=\dfrac{a}{a+b}.$

(2) 第 i 次取出的黑球可以是 a 个黑球中的任意一个,前 $(i-1)$ 次可以从 b 个白球中任选 $(i-1)$ 个(共有 P_b^{i-1} 种取法),其他各次可以从剩下的 $(a+b-i)$ 个中任选 $(a+b-i)$ 个[共有 $(a+b-i)!$ 种取法],故

$$P(\overline{A_1}\,\overline{A_2}\cdots\overline{A_{i-1}}A_i) = \frac{a \cdot \mathrm{P}_b^{i-1}[(a+b-i)!]}{(a+b)!} = \frac{a \cdot \mathrm{P}_b^{i-1}}{\mathrm{P}_{a+b}^i}.$$

注意:由于所讨论的事件只涉及到前 i 次,故也可以只考虑前 i 次,则可直接得到

$$P(\overline{A_1}\,\overline{A_2}\cdots\overline{A_{i-1}}A_i) = \frac{a \cdot \mathrm{P}_b^{i-1}}{\mathrm{P}_{a+b}^i}.$$

(3) 由于所讨论的事件比较复杂,故考虑其对立事件 $\overline{C}=$"前 i 次未能取到黑球". 事件 $\overline{C}$ 所包含的取法共有 $\mathrm{P}_b^i[(a+b-i)!]$ 种,于是

$$P(C) = 1-P(\overline{C}) = 1-\frac{\mathrm{P}_b^i[(a+b-i)!]}{(a+b)!} = 1-\frac{\mathrm{P}_b^i}{\mathrm{P}_{a+b}^i} = 1-\frac{\mathrm{C}_b^i}{\mathrm{C}_{a+b}^i}.$$

注意:一方面,可以只考虑前 i 次,则可直接得到 $P(C)=1-\dfrac{\mathrm{P}_b^i}{\mathrm{P}_{a+b}^i}$;另一方面,由于事件 $\overline{C}$ 也可以理解为"任取 i 个,结果全是白球",故也可以按照"一次取出"模式计算.此时由超几何公式可直接得到

$$P(C) = 1 - P(\overline{C}) = 1 - \frac{C_a^0 C_b^i}{C_{a+b}^i} = 1 - \frac{C_b^i}{C_{a+b}^i}.$$

这说明,只要所讨论的事件与次序无关,那么按照"无放回"模式和"一次取出"模式计算的概率相等.

(4) 由于事件本身不涉及到次序,故可按一次取出方式,即用超几何公式得到:

$$P(D) = \frac{C_a^i C_b^{i-k}}{C_{a+b}^i}.$$

例 1.9 设有来自三个地区的各10名,15名,25名考生的报名表,其中女生的报名表分别有 3 份,7 份,5 份.随机地抽取一个地区的报名表,从中先后抽取两份.

(1) 求先抽到的一份是女生表的概率 p;

(2) 已知后抽到的一份是男生表,求先抽到的一份是女生表的概率 q.

解 设 $B_i =$"抽到第 i 个地区的报名表"$(i=1,2,3)$;$A_j =$"第 j 次抽到男生表"$(j=1,2)$,则

$$P(B_1) = P(B_2) = P(B_3) = \frac{1}{3}; P(A_1|B_1) = \frac{7}{10};$$

$$P(A_1|B_2) = \frac{8}{10}; P(A_1|B_3) = \frac{20}{25}.$$

(1) $p = P(\overline{A_1}) = \sum_{i=1}^{3} P(B_i) P(\overline{A_1}|B_i) = \frac{1}{3}\left(\frac{3}{10} + \frac{7}{15} + \frac{5}{25}\right) = \frac{29}{90}.$

(2) 根据抽签问题的结论,易知

$$P(A_2|B_1) = \frac{7}{10}; P(A_2|B_2) = \frac{8}{10}; P(A_2|B_3) = \frac{20}{25}.$$

根据全概率公式

$$P(A_2) = \sum_{i=1}^{3} P(B_i) P(A_2|B_i) = \frac{1}{3}\left(\frac{7}{10} + \frac{8}{15} + \frac{20}{25}\right) = \frac{61}{90}.$$

$$P(\overline{A_1} A_2) = \sum_{i=1}^{3} P(B_i) P(\overline{A_1} A_2|B_i) = \frac{1}{3}\left(\frac{3}{10} \cdot \frac{7}{9} + \frac{7}{15} \cdot \frac{8}{14} + \frac{5}{25} \cdot \frac{20}{24}\right) = \frac{20}{90}.$$

因此

$$q = P(\overline{A_1}|A_2) = P(\overline{A_1} A_2) \big/ P(A_2) = \frac{20}{90} \big/ \frac{61}{90} = \frac{20}{61}.$$

例 1.10 将 n 个球随意放入 N 个箱子中去$(N \geqslant n)$,每个球等可能地放到任意一个箱子中.求下列事件的概率:

(1) $A =$"指定的 n 个箱子各放一球";

(2) $B =$"每个箱子最多放入一球";

（3）$C=$"某指定的箱子不空"；

（4）$D=$"某指定的箱子恰好放入 $k(k\leqslant n)$ 个球".

解　将 n 个球随意放入 N 个箱子共有 N^n 种放法.

（1）指定的 n 个箱子各放一球，其放法共有 $n!$ 种，故有 $P(A)=\dfrac{n!}{N^n}$.

（2）从 N 个箱子中任意指定 n 个，有 C_N^n 种指定方法；而指定的 n 个箱子各放一球，其放法共有 $n!$ 种，故有

$$P(B)=\frac{C_N^n \cdot n!}{N^n}=\frac{P_N^n}{N^n}.$$

（3）由于 C 的对立事件 $\overline{C}$ 表示"指定的箱子是空的"，它等价于将 n 个球随意放入其余 $N-1$ 个箱子中，共有 $(N-1)^n$ 种放法，从而

$$P(\overline{C})=\frac{(N-1)^n}{N^n},P(C)=1-\frac{(N-1)^n}{N^n}.$$

（4）先取 k 个球（共有 C_n^k 种取法）放入指定的箱子中，然后将其余 $n-k$ 个球随意放入其余 $N-1$ 个箱子中〔共有 $(N-1)^{n-k}$ 种取法〕. 于是

$$P(D)=\frac{C_n^k(N-1)^{n-k}}{N^n}.$$

例 1. 11　有甲、乙两个盒子，甲中有 2 个红球、1 个黑球；乙中有 2 个红球、2 个黑球. 先从两盒中各任取一球放在一起，再从这两个中任取一球. 求：

（1）最后一次取到的是红球的概率；

（2）若发现最后一次取到的是红球，求从第一盒中取到的是红球的概率.

解　记 B_1,B_2,B_3,B_4 分别表示取到的前两个球是"甲红乙红"、"甲红乙黑"、"甲黑乙红"、"甲黑乙黑"，A 表示"最后一次取到的是红球".

（1）由全概率公式，得

$$P(A)=\sum_{i=1}^{4}P(B_i)P(A|B_i)$$

$$=\frac{2}{3}\cdot\frac{2}{4}\cdot 1+\frac{2}{3}\cdot\frac{2}{4}\cdot\frac{1}{2}+\frac{1}{3}\cdot\frac{2}{4}\cdot\frac{1}{2}+\frac{1}{3}\cdot\frac{2}{4}\cdot 0=\frac{7}{12}.$$

（2）$P(B_1\bigcup B_2|A)=\dfrac{P(AB_1\bigcup AB_2)}{P(A)}=\left(\dfrac{2}{3}\cdot\dfrac{2}{4}\cdot 1+\dfrac{2}{3}\cdot\dfrac{2}{4}\cdot\dfrac{1}{2}\right)\Big/\dfrac{7}{12}=\dfrac{6}{7}.$

注意：这里的事件 $A\bigcup B$ 不是完备事件组中的事件，因而不能直接利用贝叶斯公式. 此时可利用条件概率的定义，类似于贝叶斯公式进行计算.

例 1. 12（几何概率）　将线段 $[0,1]$ 任意分成三段，求分成的三段能构成三角形的概率.

解　用点 (x,y) 表示三段的长度分别是 $x,y,1-x-y$. 将线段 $[0,1]$ 任意分成

三段,相当于点(x,y)等可能地落在区域$G=\{(x,y)|x>0,y>0,x+y<1\}$中;三条线段能构成三角形的充分必要条件是任意两边之和大于第三边,即

$$\begin{cases} x+y>1-x-y; \\ x+1-x-y>y; \\ y+1-x-y>x; \end{cases}$$

解上述不等式,得

$$\begin{cases} x<0.5; \\ y<0.5; \\ x+y>0.5. \end{cases}$$

记区域$D=\{(x,y)|x<0.5,y<0.5,x+y>0.5\}$,则能构成三角形相当于点$(x,y)$落在区域$D\bigcap G$中.这样就把任意分线段问题抽象成随机落点问题,从而转化成几何概率.容易计算区域G和$D\bigcap G$的面积分别是$\dfrac{1}{2}$和$\dfrac{1}{8}$,故所求概率为两面积之比为:$\dfrac{1}{4}$.

注意:如何把具体问题抽象成随机落点问题,从而转化成几何概率,是解题的关键.

例 1.13(配对问题)　某人写了n封信,又写了n个信封,如果他随意地将n封信装入n个信封中,问至少有一封信和信封的号码一致的概率是多少?

解　记$A_i=$"第i封信恰好装入第i个信封"$(i=1,2,\cdots,n)$,则有

$$P(A_i)=\frac{1}{n},(i=1,2,\cdots,n);$$

$$P(A_iA_j)=\frac{(n-2)!}{n!},(1\leqslant i<j\leqslant n);$$

$$P(A_iA_jA_k)=\frac{(n-3)!}{n!},(1\leqslant i<j<k\leqslant n);$$

$$\cdots\cdots$$

$$P(A_1A_2\cdots A_n)=\frac{1}{n!}.$$

所以

$$P(\bigcup_{i=1}^{n}A_i)=\sum_{i=1}^{n}P(A_i)-\sum_{1\leqslant i<j\leqslant n}P(A_iA_j)+\sum_{1\leqslant i<j<k\leqslant n}P(A_iA_jA_k)-\cdots$$

$$+(-1)^{n+1}P(A_1A_2\cdots A_n)$$

$$=C_n^1\cdot\frac{1}{n}-C_n^2\cdot\frac{(n-2)!}{n!}+C_n^3\cdot\frac{(n-3)!}{n!}-\cdots+(-1)^{n+1}C_n^n\cdot\frac{1}{n!}$$

$$=1-\frac{1}{2!}+\frac{1}{3!}-\cdots+(-1)^{n+1}\cdot\frac{1}{n!}.$$

习题一

一、填空题

1. 已知随机事件 A 的概率 $P(A)=0.5$，B 的概率 $P(B)=0.6$ 以及条件概率 $P(B|A)=0.8$，则和事件 $A\cup B$ 的概率 $P(A\cup B)=$_____.

2. 设随机事件 A,B 以及 $A\cup B$ 的概率分别是 $0.4,0.3$ 和 0.6．若 $\overline{B}$ 表示事件 B 的对立事件，那么积事件 $A\overline{B}$ 的概率 $P(A\overline{B})=$_____.

3. 甲、乙两人各自独立地对同一目标各射击一次，其命中率分别是 0.6 和 0.5．现已知目标被击中，则甲射中的概率是_____.

4. 一批产品中有 10 个正品和 2 个次品．任意抽取两次，每次取一个，取后不放回，则第二次取到的是次品的概率是_____.

5. 已知 A,B 两个事件满足 $P(AB)=P(\overline{A}\,\overline{B})$，且 $P(A)=p$，则 $P(B)=$_____.

6. 在区间 $(0,1)$ 中随机地取两个数，则事件"两数之和小于 $6/5$"的概率为_____.

7. 随机地向半圆 $0<y<\sqrt{2ax-x^2}$（a 为正常数）内掷一点，已知该点落在半圆内任何区域的概率与区域的面积成正比，则原点和该点的连线与 x 轴的夹角小于 $\pi/4$ 的概率为_____.

8. 设工厂 A 和工厂 B 的产品的次品率分别为 1% 和 2%．现从由 A 和 B 的产品分别占 60% 和 40% 的一批产品中随机抽取一件，发现是次品，则该次品是由工厂 A 生产的概率是_____.

9. 设两两独立的三事件 A,B 和 C 满足条件：$ABC=\Phi$，$P(A)=P(B)=P(C)<\dfrac{1}{2}$，且已知 $P(A\cup B\cup C)=\dfrac{9}{16}$，则 $P(A)=$_____.

10. 全部产品中是 4% 废品，而合格品中的 75% 是一等品，则任取一件是一等品的概率是_____.

11. 两个互相独立的事件 A 和 B 都不发生的概率为 $\dfrac{1}{9}$，A 发生 B 不发生的概率与 B 发生 A 不发生的概率相等，则 $P(A)=$_____.

12. 一名射手对同一目标独立地进行 4 次射击，若至少命中一次的概率为 $\dfrac{80}{81}$，则该射手的命中率为_____.

13. 设 A,B 为随机事件，且满足 $P(A)=0.7$，$P(A-B)=0.3$，则 $P(\overline{AB})=$_____.

14. 将 C，C，E，E，I，N，S 这七个字母随机地排成一行，那么恰好排成英文单词 SCIENCE 的概率为_____.

15. 设三个事件 A,B,C 满足 $P(A)=P(B)=P(C)=\dfrac{1}{4}$，$P(AB)=P(BC)=0$，$P(AC)=$

$\frac{1}{8}$,则 A,B,C 三个事件至少出现一个的概率是_____.

16. 假设一批产品中一、二、三等品分别占 $60\%,30\%,10\%$. 从中随意取出一件,结果不是三等品,则取到的是一等品的概率是_____.

17. 设 10 件产品中有 4 件不合格品. 今从中任取两件,已知取出的两件中至少有一件是不合格品,则这两件全是不合格品的概率是_____.

18. 一名实习生用同一台机器接连独立地制造三个同种零件,第 i 个零件是不合格品的概率为 $p_i = \frac{1}{i+1}(i=1,2,3)$,则他制造的三个零件中恰有两个是合格品的概率是_____.

19. 设 A,B 是任意两个事件,则 $P\{(\overline{A}+B)(A+B)(\overline{A}+\overline{B})(A+\overline{B})\} = $_____.

二、选择题

1. 设 A,B 是两个事件,且 $0<P(A)<1,P(B)>0,P(B|A)=P(B|\overline{A})$,则必有_____.
   (A) $P(A|B)=P(\overline{A}|B)$;　　　　　　(B) $P(A|B)\neq P(\overline{A}|B)$;
   (C) $P(AB)=P(A)P(B)$;　　　　　　　(D) $P(AB)\neq P(A)P(B)$.

2. 若两个事件 A,B 同时出现的概率 $P(AB)=0$,则有_____.
   (A) A 和 B 不相容(互斥);　　　　(B) AB 是不可能事件;
   (C) AB 未必是不可能事件;　　　　(D) $P(A)=0$ 或 $P(B)=0$.

3. 以 A 表示事件"甲种产品畅销,乙种产品滞销",则其对立事件 $\overline{A}$ 为_____.
   (A) "甲种产品滞销,乙种产品畅销";
   (B) "甲、乙两种产品均畅销";
   (C) "甲种产品滞销";
   (D) "甲种产品滞销或乙种产品畅销".

4. 设 A,B 是两个随机事件,且 $B\subset A$,则下列式子正确的是_____.
   (A) $P(A+B)=P(A)$;　　　　　　　(B) $P(AB)=P(A)$;
   (C) $P(B|A)=P(B)$;　　　　　　　　(D) $P(B-A)=P(B)-P(A)$.

5. 设 A,B 是任意两个概率不为零且互不相容的随机事件,则下列结论中肯定正确的是_____.
   (A) $\overline{A}$ 与 $\overline{B}$ 不相容;　　　　　(B) $\overline{A}$ 与 $\overline{B}$ 相容;
   (C) $P(AB)=P(A)P(B)$;　　　　　　(D) $P(A-B)=P(A)$.

6. 设事件 A 与 B 同时发生时,事件 C 必发生,则_____.
   (A) $P(C)\leqslant P(A)+P(B)-1$;　　(B) $P(C)\geqslant P(A)+P(B)-1$;
   (C) $P(C)=P(AB)$;　　　　　　　　(D) $P(C)=P(A\bigcup B)$.

7. 设两个事件 A,B 满足 $P(B|A)=1$,则_____.
   (A) A 是必然事件;　　　　　　　(B) $P(B|\overline{A})=0$;
   (C) $A\supset B$;　　　　　　　　　　(D) $A\subset B$.

8. 设 $0<P(A)<1,0<P(B)<1,P(A|B)+P(\overline{A}|\overline{B})=1$,则必有_____.
   (A) 事件 A 和 B 互不相容;　　　(B) 事件 A 和 B 互相对立;

　　(C) 事件 A 和 B 不独立；　　　　　　(D) 事件 A 和 B 互相独立.

9. 已知 $0<P(B)<1$，且 $P[(A_1+A_2)|B]=P(A_1|B)+P(A_2|B)$，则下列选项成立的是
_____.

　　(A) $P[(A_1+A_2)|\overline{B}]=P(A_1|\overline{B})+P(A_2|\overline{B})$；

　　(B) $P(A_1B+A_2B)=P(A_1B)+P(A_2B)$；

　　(C) $P(A_1+A_2)=P(A_1|B)+P(A_2|B)$；

　　(D) $P(B)=P(A_1)P(B|A_1)+P(A_2)P(B|A_2)$.

10. 设 A,B,C 是三个互相独立的随机事件，且 $0<P(C)<1$，则在下列给定的四对事件
中，不一定互相独立的是_____.

　　(A) $\overline{A+B}$ 与 C；　　　　　　　　(B) $\overline{AC}$ 与 $\overline{C}$；

　　(C) $\overline{A-B}$ 与 $\overline{C}$；　　　　　　　　(D) $\overline{AB}$ 与 $\overline{C}$.

11. 设 A,B,C 三个事件两两独立，则 A,B,C 互相独立的充分必要条件是_____.

　　(A) A 与 BC 独立；　　　　　　　　(B) AB 与 $A\cup C$ 独立；

　　(C) AB 与 AC 独立；　　　　　　　　(D) $A\cup B$ 与 $A\cup C$ 独立.

12. 设 A 和 B 是任意两事件，则与 $A\cup B=B$ 不等价的式子是_____.

　　(A) $A\subset B$；　　(B) $\overline{B}\subset\overline{A}$；　　(C) $A\overline{B}=\Phi$；　　(D) $\overline{A}B=\Phi$.

13. 将一枚硬币独立地抛掷两次，引进事件：$A_1=$"第一次出现正面"；$A_2=$"第二次出现
正面"；$A_3=$"正反面各出现一次"；$A_4=$"正面出现两次". 则有_____.

　　(A) A_1,A_2,A_3 相互独立；　　　　　　(B) A_2,A_3,A_4 相互独立；

　　(C) A_1,A_2,A_3 两两独立；　　　　　　(D) A_2,A_3,A_4 两两独立.

14. 对于任意两事件 A 和 B，有_____.

　　(A) 若 $AB\neq\Phi$，则 A 和 B 一定独立；

　　(B) 若 $AB\neq\Phi$，则 A 和 B 有可能独立；

　　(C) 若 $AB=\Phi$，则 A 和 B 一定独立；

　　(D) 若 $AB=\Phi$，则 A 和 B 一定不独立.

15. 设 A,B 为随机事件，则 $AB\cup A\overline{B}=$_____.

　　(A) Φ；　　　　(B) Ω；　　　　(C) A；　　　　(D) B.

16. 下列事件的运算关系正确的是_____.

　　(A) $B=BA+B\overline{A}$；　　　　　　　　(B) $B=\overline{B}A+\overline{B}\overline{A}$；

　　(C) $B=BA+\overline{B}A$；　　　　　　　　(D) $B=1-\overline{B}$.

17. 甲、乙两人射击，A,B 分别表示甲、乙击中目标，则 $\overline{AB}$ 表示_____.

　　(A) 都没有击中；　　　　　　　　(B) 至少一人没有击中；

　　(C) 两人都击中；　　　　　　　　(D) 至少一人击中.

18. 下列事件的运算关系正确的是_____.

　　(A) $\overline{A+B}=\overline{A}+\overline{B}$；　　　　　　　　(B) $\overline{A}\,\overline{B}=\overline{AB}$；

　　(C) $A+B=B+A\overline{B}$；　　　　　　　　(D) $A+B=B+\overline{A}B$.

19. 设 A,B 为随机事件，则与事件 $\overline{A}B+\overline{A}\,\overline{B}+A\overline{B}$ 相等的事件是_____.

(A) $\overline{A+B}$;　　(B) $\overline{AB}$;　　(C) $\overline{B}$;　　　　(D) $\overline{A}$.

20. 从 52 张扑克牌中随意抽出 5 张,其中没有 K 字牌的概率是_____.

(A) $\dfrac{48}{52}$;　　　　　　　　　(B) $\dfrac{C_{48}^{5}}{C_{52}^{5}}$;

(C) $\dfrac{C_{48}^{5}}{52}$;　　　　　　　　　(D) $\dfrac{48^{5}}{52^{5}}$.

21. 10 张奖券中有 3 张可中奖,若每人购买一张,则前 3 个购买者中恰有一人中奖的概率是_____.

(A) $\dfrac{7}{40}$;　　(B) 0.3;　　(C) $\dfrac{21}{40}$;　　(D) $C_{10}^{3} \times 0.7^{2} \times 0.3$.

22. 有 50 个产品,其中 46 个正品,4 个次品.现从中抽取 5 次,每次任取一个(取后放回)产品,则取到的全是正品的概率是_____.

(A) $\dfrac{46}{50}$;　　(B) $\dfrac{C_{46}^{5}}{C_{50}^{5}}$;　　(C) $\dfrac{C_{46}^{5}}{50^{5}}$;　　(D) $\dfrac{46^{5}}{50^{5}}$.

23. 袋中有 3 个红球,2 个白球,第一次任意取出一球,不放回,第二次再任取一个,则两次都是红球的概率是_____.

(A) $\dfrac{9}{25}$;　　(B) $\dfrac{3}{10}$;　　(C) $\dfrac{6}{25}$;　　(D) $\dfrac{3}{20}$.

24. 设 $\Omega = \{x \mid -\infty < x < +\infty\}$, $A = \{x \mid 0 \leqslant x \leqslant 2\}$, $B = \{x \mid 1 \leqslant x < 3\}$, 则 $A\overline{B} = $_____.

(A) $\{x \mid 0 \leqslant x < 1\}$;

(B) $\{x \mid 0 < x < 1\}$;

(C) $\{x \mid 1 \leqslant x \leqslant 2\}$;

(D) $\{x \mid -\infty < x < 0\} \bigcup \{x \mid 1 \leqslant x < +\infty\}$.

25. 有一摸奖游戏是这样设计的:在一只箱子内放有 100 个红球,50 个绿球,20 个黄球,10 个红球,如果摸奖者不放回地摸出 3 个都是红球,他就中了一等奖.则中一等奖的概率是_____.

(A) $\dfrac{10}{180}$;　　　　　　　　　(B) $\dfrac{10^{3}}{180^{3}}$;

(C) $\dfrac{10}{180} \times \dfrac{9}{180} \times \dfrac{8}{180}$;　　　　　(D) $\dfrac{10}{180} \times \dfrac{9}{179} \times \dfrac{8}{178}$.

26. 有三个人,每个人以同样的概率 $\dfrac{1}{4}$ 分配到四个房间中的任意一间中,则三个人分到同一间中去的概率是_____.

(A) $\dfrac{1}{64}$;　　(B) $\dfrac{1}{16}$;　　(C) $\dfrac{1}{8}$;　　(D) $\dfrac{3}{8}$.

27. 有三个人,每个人以同样的概率 $\dfrac{1}{4}$ 分配到四个房间中的任意一间中,则三个人分到不同房间中去的概率是_____.

(A) $\dfrac{1}{64}$;　　(B) $\dfrac{1}{16}$;　　(C) $\dfrac{1}{8}$;　　(D) $\dfrac{3}{8}$.

28. 有 6 本中文书和 4 本外文书,将它们随意摆放到书架上,则 4 本外文书放在一起的概率是_____.

(A) $\dfrac{4! \cdot 6!}{10!}$;　　(B) $\dfrac{7}{10}$;　　(C) $\dfrac{4! \cdot 7!}{10!}$;　　(D) $\dfrac{4}{10}$.

29. 若事件 A,B 满足 $P(A)+P(B)>1$,则事件 A,B 一定_____.

(A) 不独立;　(B) 互不相容;　(C) 互相独立;　(D) 不互斥.

30. 设盒中有 10 个木质球,6 个玻璃球,木质球中有 3 个为红色,7 个为蓝色;玻璃球中有 2 个为红色,4 个为蓝色.现从盒中任取一球,用 A 表示"取到蓝色球";B 表示"取到玻璃球",则 $P(B|A)=$_____.

(A) $\dfrac{6}{10}$;　　(B) $\dfrac{6}{16}$;　　(C) $\dfrac{4}{7}$;　　(D) $\dfrac{4}{11}$.

31. 设 $P(A)=0.8, P(A|B)=0.8$,则下列结论正确的是_____.

(A) 事件 A 与 B 互相独立;　　　(B) 事件 A 与 B 互不相容;

(C) $B \subset A$;　　　　　　　　　(D) $A \subset B$.

32. 设事件 A 与 B 互不相容,且 $P(A)>0, P(B)>0$,则结论正确的是_____.

(A) $P(A|B)>0$;　　　　　　　　(B) $P(A|B)=P(A)$;

(C) $P(A|B)=0$;　　　　　　　　(D) $P(AB)=P(A)P(B)$.

33. 若事件 A 与 B 满足_____,则 $P(\overline{A \cup B})=[1-P(A)][1-P(B)]$.

(A) 事件 A 与 B 互相独立;　　(B) 事件 A 与 B 互不相容;

(C) $B \subset A$;　　　　　　　　(D) $\overline{A}$ 与 $\overline{B}$ 互不相容.

34. 袋中有 5 个球(其中 3 个新球,2 个旧球),每次取一个,有放回地取两次,则第二次取到新球的概率是_____.

(A) $\dfrac{3}{5}$;　　(B) $\dfrac{3}{4}$;　　(C) $\dfrac{2}{4}$;　　(D) $\dfrac{3}{10}$.

35. 若事件 A 与 B 满足 $P(A)>0, P(B)>0$,则下列各式一定成立的是_____.

(A) $P(A \cup B)<P(A)+P(B)$;　(B) $P(A \cup B) \leqslant P(A)+P(B)$;

(C) $P(A|B)>P(AB)$;　　　　　(D) $P(A)>P(A-B)$.

36. 设事件 $\overline{A}$ 与 B 互不相容,则 $P(\overline{A \cup B})=$_____.

(A) $1-P(A)$;　　　　　　　　(B) $1-P(A)-P(B)$;

(C) 0;　　　　　　　　　　　(D) $P(\overline{A})P(\overline{B})$.

37. 设事件 A 与 B 满足 $P(A)=\dfrac{1}{2}, P(B)=\dfrac{1}{3}, P(AB)=\dfrac{1}{6}$,则 A 与 B 的关系为_____.

(A) 互不相容;　(B) 互相独立;　(C) 互为对立事件;(D) 都不对.

38. 对于任意两事件 A 与 B,有 $P(A-B)=$_____.

(A) $P(A)-P(B)$;　　　　　　(B) $P(AB)+P(A)-P(B)$;

(C) $P(A)-P(AB)$;　　　　　(D) $P(A)+P(\overline{B})-P(A\overline{B})$.

39. 若事件 A 与 B 互不相容,且满足 $P(A)>0, P(B)>0$,则一定成立的是_____.

(A) $P(A\overline{B})=0$;　　　　　(B) $P(A \cup B)=P(A)+P(B)$;

　　(C) $P(B|\overline{A})=0$;　　　　　　　(D) $P(\overline{AB})=1$.

40. 当事件 A 与 B 互相独立时,不能推出_____.

　　(A) $\overline{A}$ 与 B 互相独立;　　　　(B) A 与 B 互斥;

　　(C) A 与 $\overline{A}$ 互相独立;　　　　(D) $\overline{A}$ 与 $\overline{B}$ 互逆.

41. 已知 $P(B)>0,P(A)>0,P(A|B)=P(A)$,则成立的是_____.

　　(A) A 与 B 相容;　　　　　　　　(B) A 与 B 互斥;

　　(C) $P(B|A)=P(B)$;　　　　　　　(D) $P(\overline{A}|\overline{B})=P(\overline{A})$.

42. 设市场上某种商品由甲、乙、丙三个工厂生产,它们的供应量和产品质量情况如下:

甲厂供应 40%,其中一级品占 80%,二级品占 20%;

乙厂供应 30%,其中一级品占 70%,二级品占 30%;

丙厂供应 30%,其中一级品占 60%,二级品占 40%.

现从市场上买到的该种商品为一级品,则该商品_____.

　　(A) 由甲厂生产的可能性最大;

　　(B) 由乙厂生产的可能性最大;

　　(C) 由丙厂生产的可能性最大;

　　(D) 不能确定哪一个厂生产的可能性最大.

43. 设灯泡使用寿命在 2000 小时以上的概率为 0.15,如果要求 3 个灯泡在使用 2000 小时以后只有一个未损坏的概率,则只需用_____即可算出.

　　(A) 全概率公式;　　　　　　　　　(B) 古典概型计算公式;

　　(C) 贝叶斯公式;　　　　　　　　　(D) 二项概率公式.

44. 某人打靶的命中率为 0.8,他独立射击 5 次,则他击中 2 次的概率为_____.

　　(A) $0.8^2 \times 0.2^3$;　　　　　　　(B) 0.8^2;

　　(C) $\dfrac{2}{5} \times 0.8^2$;　　　　　　　(D) $C_5^2 \times 0.8^2 \times 0.2^3$.

45. 在 500 人中有一人是 12 月 31 日生日的概率为_____.

　　(A) $\dfrac{1}{365^{500}}$;　　　　　　　(B) $\dfrac{1}{365} \times \left(\dfrac{364}{365}\right)^{499}$;

　　(C) $\dfrac{1}{500}$;　　　　　　　　　(D) $500 \times \dfrac{1}{365} \times \left(\dfrac{364}{365}\right)^{499}$.

46. 100 件产品中有 10 件废品,有放回地取 5 次,每次取一个,则取到 2 件废品的概率为_____.

　　(A) $\dfrac{C_{10}^2 C_{90}^8}{C_{100}^5}$;　　　　　　　(B) $\dfrac{2}{10}$;

　　(C) $C_5^2 \times 0.1^2 \times 0.9^3$;　　　　(D) $\dfrac{10^2 \times 90^3}{100^5}$.

47. 设每次试验成功的概率均为 $p(0<p<1)$,则在 3 次重复独立试验中至少失败一次的概率为_____.

　　(A) $(1-p)^3$;　　　　　　　　　(B) $1-p^3$;

　　(C) $3(1-p)$;　　　　　　　　　(D) $(1-p)^3+p(1-p)^2+p^2(1-p)$.

三、计算与证明题

1. 从学校乘汽车到火车站的途中有三个交通岗. 假设在各个交通岗遇到红灯的事件是互相独立的,并且概率都是 0.4,求汽车在途中遇到 k 次($k=0,1,2,3$)红灯的概率.

2. 假设某工厂生产的每台仪器,以概率 0.70 可以直接出厂,以概率 0.30 需进一步调试,需调试的仪器经调试后以概率 0.80 可以出厂,以概率 0.20 定为不合格品而不能出厂. 现该厂生产了 $n(n \geqslant 2)$ 台仪器,假设各台仪器的生产过程互相独立,求:

(1) 全部能出厂的概率 α;

(2) 其中恰好有两台不能出厂的概率 β;

(3) 其中至少有两台不能出厂的概率 θ.

3. 考虑一元二次方程 $x^2+Bx+C=0$,其中 B,C 分别是将一枚骰子接连掷两次先后出现的点数,求该方程有实根的概率 p 以及有重根的概率 q.

4. 从一副扑克牌的 13 张黑桃牌中一张接一张有放回地连抽 3 次,设每张牌抽到的可能性都相等,问抽到的 3 张牌中没有相同的牌的概率是多少?

5. 一口袋中装有 10 个球,编号分别为 1～10 号. 现从中任取 3 个,并观察它们的号码. 求:

(1) 最小号码是 5 的概率;

(2) 最大号码是 5 的概率;

(3) 中间号码是 5 的概率.

6. 将一部 5 卷的文集,随机地排放在书架上,求下列事件的概率:

(1) 第一卷出现在两边;

(2) 第一卷及第五卷出现在两边;

(3) 第一卷或第五卷出现在两边;

(4) 第一卷和第二卷靠在一起.

7. 盒中放有 12 个乒乓球,其中有 9 个是新球. 第一次比赛时从盒中任取 3 个来用,比赛后仍放回盒中,第二次比赛时又从盒中任取了 3 个.

(1) 求第二次取出的都是新球的概率;

(2) 若第二次取出的都是新球,求第一次取出的都是新球的概率.

8. 从 0～9 十个数字中任取三个不同的数字,求下列事件的概率:

(1) $A=$"不含 0 和 5";

(2) $B=$"不含 0 或不含 5";

(3) $C=$"含 0 不含 5".

9. 某人掷 n 次均匀硬币,求出现的正面次数 X 多于反面次数 Y 的概率.

10. 甲、乙两人掷均匀硬币,甲掷 $n+1$ 次,乙掷 n 次. 求甲掷出的正面次数大于乙掷出的正面次数的概率.

11. 在 n 重贝努里试验中,设事件 A 在每次试验时出现的概率为 p,求事件 A 在 n 次试验中出现偶数次的概率 p_1 以及出现奇数次的概率 p_2.

12. 甲、乙两队进行比赛(没有和局),设甲队每局获胜的概率都是 p,且 $p>0.5$,若分别采用三局两胜制和五局三胜制,求甲队获胜的概率.哪一赛制对强队更有利?

13. 设 A,B 是两个事件且 $0<P(A)<1$,求证:$P(B|A)=P(B|\bar{A})$ 是 A 与 B 独立的充要条件.

14. 若事件 A,B,C 满足 $ABC \subset D$,求证:$P(A)+P(B)+P(C)-P(D) \leqslant 2$.

15. 设 A,B 是任意的两个事件,求证:$P(A \cup B)P(AB) \leqslant P(A)P(B)$.

16. 已知 100 件产品中有 10 件正品.每次使用正品时肯定不会发生故障,而使用非正品时有 0.1 的概率发生故障.现从这 100 件产品中随机取一件,若使用了 n 次均无故障,问当 n 为多大时才能有 70%但的把握认为所取产品为正品?

17. 从数字 1~9 中(可重复地)任取 n 次,求所取到的 n 个数字之积能被 10 整除的概率.

18. 在正方形 $D=\{(p,q)\,|\,|p| \leqslant 1, |q| \leqslant 1\}$ 中任取一点 (p,q),求方程 $x^2+px+q=0$ 有两个实根的概率.

19. 三门高射炮击中飞机的概率分别是 0.4,0.5,0.7.当击中 1 发、2 发、3 发时飞机被击落的概率分别是 0.2,0.6 和 1.今三门高射炮各自独立地射击一次,求飞机被击落的概率.

20. 某厂晶体管的次品率为 4%但,从中任取 3 只进行检验,若检验出次品则不许出厂;否则允许出厂.已知是次品而被发现的概率是 0.95,是正品而被误认为是次品的概率是 0.01,又假设每只产品的检验过程是互相独立的,求这批产品能出厂的概率.

21. 某人忘记了电话号码的最后一位数字,因而他随意拨号.

(1) 求他拨号不超过 3 次而拨通的概率.

(2) 若他记得最后一位是偶数,此概率是多少?

22. 某交通车上有 25 名乘客,途经 9 个车站.设交通车只在有乘客下车时才停车,各位乘客下车与否互相独立,且都是等可能地在 9 个车站中的任意一站下车,求下列事件的概率:

(1) 在第 i 站停车;

(2) 在第 i 站和第 j 站至少有一站停车;

(3) 在第 i 站和第 j 站都停车;

(4) 在第 i 站有三人下车.

23. 一个袋子中有 5 个红球,3 个白球,2 个黑球.今从中任取 3 个,求恰好取出红球、白球、黑球各一个的概率.

24. 一个均匀的四面体,它的第一面涂有红色,第二面涂有白色,第三面涂有蓝色,第四面涂有红、白、蓝三种颜色.随机地掷一次四面体,以 A,B,C 分别表示底面"有红色"、"有白色"、"有蓝色"三个事件,判断事件 A,B,C 是否互相独立,是否两两独立.

25. 为了减少比赛场次,把 20 个队分成两组,每组 10 个队,求最强的两队不在同一组的概率.

26. 若 n 个人站成一行,其中有 A,B 两个人,问夹在 A,B 之间恰有 r 个人的概率是多少?如果 n 个人围成一圈,求按顺时针方向从 A 到 B 之间恰有 r 个人的概率.

27. (巴拿赫火柴盒问题)某数学家有两盒火柴,每一盒装有 n 根.每次使用时,他从任意一盒中取一根,一直到有一盒空出为止.求另一盒中还剩 k 根的概率?

28. 有 m 个坛子,每个坛子中装有 n 个球,编号都是 $1\sim n$. 今从每个坛子中各任取一球,求取出的最大号码是 k 的概率.

29. 在某一通信中,有可能传送 $AAAA,BBBB,CCCC$ 三者之一. 由于噪声干扰,正确接收到被传送字母的概率为 0.6,而接收到其他两个字母的概率均为 0.2.若所有字母的传送过程是互相独立的,求:

(1) 收到字符 $ABCA$ 的概率;

(2) 若收到字符为 $ABCA$,求被传送字符为 $AAAA$ 的概率.

30. 某一电路由电池 A 与两个串联电池 B,C 并联而成. 设三个电池的工作状态互相独立,且它们损坏的概率分别为 $0.3,0.2,0.2$.求电路发生间断的概率.

31. 从 n 双型号不同的鞋子中任取 $2r$ 只$(2r\leqslant n)$,求下列事件的概率:

(1) $A=$ "没有一双配对";

(2) $B=$ "恰有一双配对";

(3) $C=$ "恰好取出 r 双".

32. 设有 10 本书,其中有 3 本是一套,另外 4 本是一套,其他的书不成套. 将这 10 本书随机地放到书架上,求下列事件的概率:

(1) $A=$ "3 本一套的放到一起";

(2) $B=$ "4 本一套的放到一起";

(3) $C=$ "两套各自放到一起";

(4) $D=$ "两套中至少有一套放到一起";

(5) $E=$ "两套各自放到一起,还按次序排好".

33. 将一均匀骰子掷 n 次,求下列事件概率:

(1) $A=$ "恰好有 3 次点数相同";

(2) $B=$ "至少有两次出现 6 点";

(3) $C=$ "最小点数是 3".

34. 从 $1\sim100$ 这些数字中任取一个,已知取出的数不大于 50,求它是 2 或 3 的倍数的概率.

35. 某城市中发行三种报纸 A,B,C.经调查,订阅 A 报的有 45%,订阅 B 报的有 35%,订阅 C 报的有 30%,同时订阅 A 和 B 的有 10%,同时订阅 A 和 C 的有 8%,同时订阅 B 和 C 的有 5%,同时订阅 A,B,C 三种的有 3%.试求下列事件的概率:

(1) 只订 A 报的;   (2) 只订 A 和 B 报的;

(3) 只订一种报的;   (4) 正好订两种报的;

(5) 至少订一种报纸的;   (6) 不订任何报纸的;

(7) 至多订一种报纸的.

36. 袋中有 $(2n-1)$ 个白球和 $2n$ 个黑球,一次取出 n 个球,发现是同一颜色的,求这种颜色是黑色的概率.

37. 平面上的一个质点从原点出发作随机游动,若每秒走一步(步长为1),向右走的概率为 p,向上走的概率为 $q=1-p(0<p<1)$. 求:

(1) 8 秒末质点走到点 $A(5,3)$ 的概率;

(2) 已知 8 秒末质点走到点 $A(5,3)$，求它前 5 步均向右走，后 3 步均向上走的概率．

38. 随机地向正方形 $\{(x,y)|0<y<1,-0.5<x<0.5\}$ 内掷一点，该点落在正方形内任何区域的概率与区域面积成正比，求原点与落点的连线与 x 轴正向的夹角小于 $\dfrac{3}{4}\pi$ 的概率．

39. 平面上画有一组平行线，其间隔交替地为 2 厘米和 8 厘米．任意地向该平面内投一半径为 2 厘米的圆，求此圆不与平行线相交的概率．

40. 甲袋中有 5 个白球，5 个黑球，乙袋和丙袋为空袋．今先从甲袋中任取 5 个球放入乙袋，再从乙袋中任取 3 个球放入丙袋，最后再从丙袋中任取一个球．求：

(1) 最后取出的是白球的概率；

(2) 如果最后取出的是白球，求一开始从甲袋中取出的全是白球的概率．

41. 假设参加比赛的 15 名选手中有 5 名是种子选手．现将 15 名选手随意分成 5 组（每组 3 人），试求每组恰有一名种子选手的概率．

42. 假设事件 A 在一次试验中出现的概率为 p，为使事件 A 至少出现一次的概率不小于 q，需要重复进行多少次试验？

43. 做一系列独立试验，每次试验成功的概率为 p，求事件 $A=$"在 n 次成功之前恰失败 m 次"的概率．

44. 袋中有 3 个白球，5 个黑球和 4 个红球．现从中一个接一个地取出所有的球，试求红球比白球出现得早的概率．

45. 半径为 r 的圆形钱币任意抛于边长为 $a(r<a)$ 的正方形桌面上，求钱币不与正方形的边相交的概率．

46. 设有 $N+1$ 个匣子 $A_0,A_1,A_2,\cdots,A_N$，匣子 A_k 中有 k 个红球和 $N-k$ 个白球（$k=0,1,\cdots,N$）．从这 $N+1$ 个匣子中随便取一个，再从取出的这个匣子中有放回地每次取一个球．求前 n 次取出的全为红球的概率．

47. 在 $1\sim2000$ 的整数中随机地取出一个，求取到的整数既不能被 6 整除，又不能被 8 整除的概率．

48. 将 15 名新生随机地平均分配到三个班级中去，已知这 15 名新生中有 3 名是优秀生，问：

(1) 每一个班级各分到一名优秀生的概率是多少？

(2) 三名优秀生分在同一个班级的概率是多少？

49. 某光学仪器厂制造的透镜，第一次落下时打破的概率为 1/2，若第一次落下未打破，则第二次落下时打破的概率为 7/10，若前两次未打破，则第三次落下时打破的概率为 9/10．试求透镜落下三次而未打破的概率．

50. 桥牌游戏中四个人各从 52 张牌中分得 13 张，求 4 张 A 集中在一个人手中的概率．

51. n 个朋友随机地围绕圆桌而坐，求下列事件的概率：

(1) 甲、乙两人坐在一起，且从甲到乙构成顺时针方向；

(2) 甲、乙、丙三人坐在一起；

(3) 如果 n 个人并排坐在长板凳上，求上述概率．

52. 从数 $1,2,\cdots,n$ 中任取两数，求所取两数之和为偶数的概率．

53. 已知 5% 的男人和 0.25% 的女人是色盲患者，现随机地挑选一名色盲患者，问此人是男人的概率是多少？

第二章　随机变量及其分布

一、随机变量

定义 2.1　设随机试验 E 的样本空间为 Ω. 若对于 Ω 中的任一基本事件 $e \in \Omega$，都有一个确定的实数 $X(e)$ 与之对应，则称实值函数 $X(e)$ 为 Ω 上的随机变量，通常用 X, Y, Z（或 ξ, η）等表示.

二、分布函数及其性质

1. 定义

定义 2.2　设 X 是一个随机变量，x 是任意实数，则函数
$$F(x) = P(X \leqslant x), (-\infty < x < +\infty)$$
称作 X 的分布函数.

2. 分布函数的性质

(1) $0 \leqslant F(x) \leqslant 1$；

(2) 单调不减，即若 $x_1 < x_2$，则 $F(x_1) \leqslant F(x_2)$；

(3) 右连续，即对于任意实数 x_0，有 $\lim\limits_{x \to x_0+} F(x) = F(x_0)$；

(4) $\lim\limits_{x \to -\infty} F(x) = 0$；$\lim\limits_{x \to +\infty} F(x) = 1$.

注意：(1) 只要一个函数 $f(x)$ 满足以上四条性质，就可以作为某个随机变量的分布函数.

(2) 对于任意实数 a, b，都有 $P\{a < x \leqslant b\} = F(b) - F(a)$.

三、离散型随机变量及其分布

1. 定义

定义 2.3　若一个随机变量最多有可列个可能的取值，则称其为离散型随机变量.

定义 2.4　表示离散型随机变量 X 的所有可能的取值及其概率的整标函数

$$P\{X=x_i\}=p_i(i=1,2,\cdots,n,\cdots)$$

称为 X 的分布列(或称分布律).分布列也可用下列表格形式给出.

x_i	x_1	x_2	$\cdots$	x_n	$\cdots$
p_i	p_1	p_2	$\cdots$	p_n	$\cdots$

2. 分布列的性质

(1) $0 \leqslant p_i \leqslant 1$; (2) $\sum\limits_{i=1}^{\infty} p_i = 1$.

3. 分布列与分布函数的关系

$$F(x)=\sum_{x_i \leqslant x} P\{X \leqslant x_i\}=\sum_{x_i \leqslant x} p_i.$$

上式表示对所有的满足 $x_i \leqslant x$ 的概率 p_i 求和即得到 $F(x)$.

注意:离散型随机变量的分布函数是一个阶梯函数,其图像在概率不为 0 的点 x_i 发生跳跃,跳跃的高度等于概率 $P\{X=x_i\}=p$.当然,它也要满足一般分布函数的性质.

四、连续型随机变量及其分布

1. 定义

定义 2.5 设随机变量 X 的分布函数为 $F(x)$,如果存在非负可积函数 $f(x)$,使得对于任意实数 x,都有

$$F(x)=\int_{-\infty}^{x} f(t)\mathrm{d}t,(-\infty<x<+\infty)$$

则称 X 为连续型随机变量;称 $f(x)$ 为 X 的概率密度(或密度函数,或分布密度).

2. 概率密度 $f(x)$ 的性质

(1) $f(x) \geqslant 0,(-\infty<x+\infty)$. (2) $\int_{-\infty}^{+\infty} f(x)\mathrm{d}x=1$.

只要一个函数 $f(x)$ 满足以上两条性质,就可以作为某个连续型随机变量的概率密度.

3. $F'(x)=f(x)$ 在 $f(x)$ 的所有连续点处成立.

4. 设 X 为连续型随机变量,则对于任意实数 x_0,都有 $P\{X=x_0\}=0$.从而说明:

(1) 概率为零的事件不一定是不可能事件;

(2) 当 $P(AB)=0$ 时,事件 A 与 B 不一定互不相容;

(3) 事件 $\{a \leqslant X \leqslant b\}$,$\{a \leqslant X<b\}$,$\{a<X \leqslant b\}$,$\{a<X<b\}$ 的概率相等.事实

上，它们的概率都是 $F(b)-F(a)=\int_a^b f(x)\mathrm{d}x$.

五、常见的随机变量的分布

1.（0～1）分布

设离散型随机变量 X 的分布列为

x_i	0	1
$P\{X=x_i\}$	p	$1-p$

其中 $0<p<1$，则称 X 服从参数是 p 的（0～1）分布. 记作 $X\sim(0\sim1)-p$. （0～1）分布常用来表示某个事件在一次试验中发生与否. 若 X 表示在一次试验中事件 A 发生的次数，且事件在试验中发生的概率是 p，则 $X\sim(0-1)-p$.

（0～1）分布的分布列也可用如下解析式表示：

$$P\{X=k\}=p^k(1-p)^{1-k} \quad (k=0,1;0<p<1).$$

2. 二项分布

设离散型随机变量 X 的分布列为

$$P\{X=k\}=\mathrm{C}_n^k p^k(1-p)^{n-k}(k=0,1,\cdots,n;0<p<1).$$

则称 X 服从参数是 (n,p) 的二项分布. 记作 $X\sim B(n,p)$.

在 n 重贝努里试验中，设每次试验时事件 A 发生的概率都是 p，若 X 表示在 n 次试验中事件 A 发生的次数，则 $X\sim B(n,p)$.

当 $n=1$ 时的二项分布即是（0～1）分布. 换句话说，（0～1）分布是特殊的二项分布.

3. 泊松分布

设离散型随机变量 X 的分布列为

$$P\{X=k\}=\frac{\lambda^k}{k!}\mathrm{e}^{-\lambda} \quad (k=0,1,\cdots,n,\cdots;\lambda>0).$$

则称 X 服从参数是 λ 的泊松分布. 记作 $X\sim P(\lambda)$ 或 $X\sim\pi(\lambda)$.

定理 2.1（泊松定理） 在 n 重贝努里试验中，设每次试验时事件 A 发生的概率都是 p_n（与试验总次数 n 有关），如果当 $n\to\infty$ 时，$np_n\to\lambda(\lambda>0$ 为常数），则对于任意给定的非负整数 k，有

$$\lim_{n\to\infty}\mathrm{C}_n^k p^k(1-p)^{n-k}=\frac{\lambda^k}{k!}\mathrm{e}^{-\lambda}.$$

根据泊松定理，当 n 很大，p 很小，$np=\lambda$ 适中时，有下列近似公式：

$$\mathrm{C}_n^k p^k(1-p)^{n-k}\approx\frac{\lambda^k}{k!}\mathrm{e}^{-\lambda}.$$

4. 超几何分布

设离散型随机变量 X 的分布列为

$$P(X=k)=\frac{C_M^k C_{N-M}^{n-k}}{C_N^n} \quad [k=0,1,\cdots,l=\min(M,n)].$$

则称 X 服从超几何分布. 记作 $X\sim H(N,M,n)$.

超几何分布是"无放回"和"一次取出"模式下最常见的重要分布. 若 N 个元素中包含第一类、第二类元素分别有 M 个和 $N-M$ 个,从中任取 n 个,用 X 表示取出的第一类元素的个数,则 $X\sim H(N,M,n)$.

5. 几何分布

设离散型随机变量 X 的分布列为

$$P\{X=k\}=(1-p)^{k-1}p \quad (k=1,2,\cdots,n,\cdots;0<p<1).$$

称 X 服从参数是 p 的几何分布. 记作 $X\sim G(p)$.

在贝努里试验序列中,设每次试验时事件 A 发生的概率为 p,则直到事件 A 发生为止试验的次数 X 服从参数是 p 的几何分布.

定理 2.2　设 X 服从几何分布,即

$$P\{X=k\}=(1-p)^{k-1}p \quad (k=1,2,\cdots).$$

则对于任意两个自然数 m,n,都有

$$P\{X>m+n\mid X>m\}=P\{X>n\}.$$

这个结论也称作是几何分布的"无记忆性".

6. 均匀分布

设连续型随机变量 X 的概率密度为

$$f(x)=\begin{cases}\dfrac{1}{b-a}, & a\leqslant x\leqslant b;\\[2mm] 0, & \text{其他};\end{cases}$$

则称 X 服从区间 $[a,b]$ 上的均匀分布. 记作 $X\sim U_{[a,b]}$. 此时 X 的分布函数为

$$F(x)=\begin{cases}0, & x<a;\\[2mm] \dfrac{x-a}{b-a}, & a\leqslant x<b;\\[2mm] 1, & x\geqslant b.\end{cases}$$

7. 指数分布

设连续型随机变量 X 的概率密度为

$$f(x)=\begin{cases}0, & x<0;\\ \lambda e^{-\lambda x}, & x\geqslant 0;\end{cases}$$

则称 X 服从参数是 λ 的指数分布. 记作 $X\sim e(\lambda)$. 此时 X 的分布函数为

$$F(x) = \begin{cases} 0, & x < 0; \\ 1 - e^{-\lambda x}, & x \geq 0. \end{cases}$$

定理 2.3 设随机变量 X 服从参数是 $\lambda > 0$ 的指数分布,则对于任意正数 r 和 s,有

$$P\{X > r + s \mid X > s\} = P\{X > r\}.$$

这个结论也称作是指数分布的"无记忆性".

8. 正态分布

设连续型随机变量 X 的概率密度为

$$f(x) = \frac{1}{\sqrt{2\pi}\sigma} e^{-\frac{(x-\mu)^2}{2\sigma^2}} \quad (-\infty < x < +\infty).$$

则称 X 服从参数是 (μ, σ^2) 的正态分布,记作 $X \sim N(\mu, \sigma^2)$. 此时 X 的分布函数为

$$F(x) = \frac{1}{\sqrt{2\pi}\sigma} \int_{-\infty}^{x} e^{-\frac{(x-\mu)^2}{2\sigma^2}} dx \quad (不是初等函数).$$

特别地,当 $\mu = 0, \sigma = 1$ 时的正态分布称为标准正态分布,记作 $N(0,1)$. 标准正态分布的概率密度记作 $\varphi(x)$,分布函数记作 $\Phi(x)$,即

$$\varphi(x) = \frac{1}{\sqrt{2\pi}} e^{-\frac{x^2}{2}} ; \Phi(x) = \frac{1}{\sqrt{2\pi}} \int_{-\infty}^{x} e^{-\frac{t^2}{2}} dt.$$

注意关于正态分布的计算:

(1) 标准正态分布的分布函数 $\Phi(x)$ 满足 $\Phi(-x) = 1 - \Phi(x)$.

(2) **定理 2.4** 设 $X \sim N(\mu, \sigma^2)$,则 X 的分布函数 $F(x)$ 与 $\Phi(x)$ 的关系:

$$F(x) = \Phi\left(\frac{x-\mu}{\sigma}\right).$$

9. Γ-函数及其性质

$$\Gamma(s) = \int_{0}^{+\infty} x^{s-1} e^{-x} dx \quad (s > 0);$$

$$\Gamma(1) = 1 ; \Gamma(s+1) = s\Gamma(s) ; \Gamma\left(\frac{1}{2}\right) = \sqrt{\pi} ; \Gamma(n+1) = n!$$

六、随机变量的函数及其分布

1. 离散型

设离散型随机变量 X 的分布列为

$$P(X = x_i) = p_i (i = 1, 2, \cdots, n, \cdots).$$

$y = g(x)$ 为连续函数,则随机变量 $Y = g(X)$ 的分布列为

$$P\{Y = g(x_i)\} = p_i (i = 1, 2, \cdots, n, \cdots).$$

但要注意,当 $y=g(x)$ 在某些不同的 x_i 函数值相等时,要将这些 x_i 所对应的概率相加.

2. 连续型

设连续型随机变量 X 的概率密度为 $f_X(x)$,$y=g(x)$ 为连续函数,如何求随机变量 $Y=g(X)$ 的概率密度 $f_Y(y)$ 或分布函数 $F_y(y)$? 这是本章的重点和难点.下面分别介绍两种方法:

方法 1:分布函数法.一般步骤:

(1) 确定 $f_X(x)\neq0$ 的区间,得到 X 的所有可能的取值范围 $[a,b]$;

(2) 求当 $x\in[a,b]$ 时,$y=g(x)$ 的值域,得到 Y 的所有可能的取值范围 $[\alpha,\beta]$;

(3) 分区间求 $F_Y(y)$:

当 $y<\alpha$ 时,$F_Y(y)=0$;当 $y\geqslant\beta$ 时,$F_Y(y)=1$;

当 $\alpha\leqslant y<\beta$ 时,$F_Y(y)=P\{Y\leqslant y\}=P\{g(X)\leqslant y\}=\displaystyle\int_{g(x)\leqslant y}f_X(x)\mathrm{d}x$.

(4) 分段求导得 $f_Y(y)=F'_Y(y)$.

方法 2:公式法.给出定理如下:

定理 2.5　设连续型随机变量 X 的概率密度为 $f_X(x)$,又设 $y=g(x)$ 单调可微,其反函数 $x=g^{-1}(y)$ 有连续导数,则 $Y=g(X)$ 是连续型随机变量,其概率密度为

$$f_Y(y)=\begin{cases}f_X[g^{-1}(y)]|[g^{-1}(y)]'|, & \alpha\leqslant y\leqslant\beta;\\ 0, & \text{其他};\end{cases}$$

其中 $\alpha=\min[g(-\infty),g(+\infty)]$;$\beta=\max[g(-\infty),g(+\infty)]$.

3. 有关正态分布的几个性质

(1) **定理 2.6**　正态分布随机变量的线性函数仍然服从正态分布. 即

设 $X\sim N(\mu,\sigma^2)$,$Y=aX+b$(a,b 为常数且 $a\neq0$),则 $Y\sim N(a\mu+b,a^2\sigma^2)$.

(2) **推论 2.6.1**　设 $X\sim N(\mu,\sigma^2)$,则 $Y=\dfrac{X-\mu}{\sigma}\sim N(0,1)$.

一般地,称 $Y=\dfrac{X-EX}{\sqrt{DX}}$ 为将 X 标准化的随机变量.

(3) **定义 2.5**　若 $Y=\ln X$ 服从正态分布,则称随机变量 X 服从对数从正态分布.

例 2.1　设随机变量 X 的概率密度为

$$f(x)=k\mathrm{e}^{-\frac{1}{2}x^2-x},\quad-\infty<x<+\infty,\text{则}\ k=\underline{\qquad}.$$

解法 1　利用概率密度的性质 $\displaystyle\int_{-\infty}^{+\infty}f(x)\mathrm{d}x=1$,得

$$\int_{-\infty}^{+\infty} k\mathrm{e}^{-\frac{1}{2}x^2-x}\mathrm{d}x = k\int_{-\infty}^{+\infty} \mathrm{e}^{-\frac{(x+1)^2}{2}+\frac{1}{2}}\mathrm{d}x = k\sqrt{\mathrm{e}}\int_{-\infty}^{+\infty} \mathrm{e}^{-\frac{(x+1)^2}{2}}\mathrm{d}x = k\sqrt{\mathrm{e}}\cdot\sqrt{2\pi} = 1.$$

故　$k = \dfrac{1}{\sqrt{2\pi\mathrm{e}}}$.

解法 2　将概率密度 $f(x)$ 变形后与常见的随机变量的概率密度比较系数. 经观察，$f(x)$ 可化为正态分布的概率密度形式：

$$f(x) = k\mathrm{e}^{-\frac{1}{2}x^2-x} = k\sqrt{\mathrm{e}}\cdot\mathrm{e}^{-\frac{(x+1)^2}{2}}.$$

若 $k\sqrt{\mathrm{e}} = \dfrac{1}{\sqrt{2\pi}}$，则 $f(x)$ 就是 $\mu = -1, \sigma = 1$ 的正态分布的概率密度，于是 $k = \dfrac{1}{\sqrt{2\pi\mathrm{e}}}$.

例 2.2　设随机变量 X 的分布律为

$$P\{X=k\} = \frac{a}{3^k\cdot k!}(k=0,1,2,\cdots), \text{则 } a = \underline{\qquad}.$$

解法 1　利用分布率的性质 $\sum\limits_{i=1}^{\infty} p_i = 1$，得

$$\sum_{k=0}^{\infty} \frac{a}{3^k\cdot k!} = a\sum_{k=0}^{\infty} \frac{(1/3)^k}{k!} = a\mathrm{e}^{\frac{1}{3}} = 1.$$

于是　$a = \mathrm{e}^{-\frac{1}{3}}$.

解法 2　注意到若 $a = \mathrm{e}^{-\frac{1}{3}}$，则 X 的分布律为

$$P\{X=k\} = \frac{(1/3)^k}{k!}\cdot\mathrm{e}^{-\frac{1}{3}}(k=0,1,2,\cdots),$$

即 X 服从参数 $\lambda = \dfrac{1}{3}$ 的泊松分布，故 $a = \mathrm{e}^{-\frac{1}{3}}$.

例 2.3　设 $X \sim N(2,\sigma^2)$，且 $P\{2<X<4\} = 0.3$，则 $P\{X<0\} = \underline{\qquad}$.

解法 1　由　$P\{2<X<4\} = \Phi\left(\dfrac{4-2}{\sigma}\right) - \Phi\left(\dfrac{2-2}{\sigma}\right) = \Phi\left(\dfrac{2}{\sigma}\right) - 0.5 = 0.3$

得　$\Phi\left(\dfrac{2}{\sigma}\right) = 0.8$. 故

$$P\{X<0\} = \Phi\left(\frac{0-2}{\sigma}\right) = 1 - \Phi\left(\frac{2}{\sigma}\right) = 1 - 0.8 = 0.2.$$

解法 2　由于 X 的概率密度函数关于直线 $X=2$ 对称，故有

$$P\{X<2\} = 0.5, P\{2<X<4\} = P\{0<X<2\} = 0.3,$$

于是　$P\{X<0\} = P\{X<2\} - P\{0<X<2\} = 0.5 - 0.3 = 0.2$.

解法 1 的基本思路是先确定分布参数 σ，然后计算概率；解法 2 则充分利用

了概率密度的对称性.事实上,如果将本题的条件 $X \sim N(2, \sigma^2)$ 改为"X 的概率密度关于直线 $x = 2$ 对称",则解法 2 同样成立.

例 2.4　设随机变量 X 的概率密度为

$$f(x) = A\mathrm{e}^{-|x|} \quad (-\infty < x < +\infty),$$

试求:

(1) 系数 A 的值;　(2) $P\{0 < X < 1\}$;　(3) X 的分布函数.

解　(1) 由 $\displaystyle\int_{-\infty}^{+\infty} f(x)\mathrm{d}x = \int_{-\infty}^{+\infty} A\mathrm{e}^{-|x|}\mathrm{d}x = 1$,即 $\displaystyle 2A\int_0^{+\infty} \mathrm{e}^{-x}\mathrm{d}x = 1$,可得

$$2A = 1, A = \frac{1}{2}.$$

(2) 据(1),$A = \dfrac{1}{2}$. 故 $f(x) = \dfrac{1}{2}\mathrm{e}^{-|x|}$.

$$P\{0 < X < 1\} = \int_0^1 \frac{1}{2}\mathrm{e}^{-x}\mathrm{d}x = \frac{1 - \mathrm{e}^{-1}}{2} \approx 0.316.$$

(3) $F(x) = \displaystyle\int_{-\infty}^x \frac{1}{2}\mathrm{e}^{-|x|}\mathrm{d}x.$

当 $x < 0$ 时,$F(x) = \displaystyle\int_{-\infty}^x \frac{1}{2}\mathrm{e}^x\mathrm{d}x = \frac{1}{2}\mathrm{e}^x.$

当 $x \geqslant 0$ 时,$F(x) = \dfrac{1}{2}\displaystyle\int_{-\infty}^0 \mathrm{e}^x\mathrm{d}x + \frac{1}{2}\int_0^x \mathrm{e}^{-x}\mathrm{d}x = 1 - \frac{1}{2}\mathrm{e}^{-x}.$

故 X 的分布函数为 $F(x) = \begin{cases} \dfrac{1}{2}\mathrm{e}^x, & x < 0; \\[2mm] 1 - \dfrac{1}{2}\mathrm{e}^{-x}, & x \geqslant 0. \end{cases}$

例 2.5　假设一大型设备在任何长为 t 的时间内发生故障的次数 $N(t)$ 服从参数是 λt 的泊松分布.

(1) 求相继两次故障之间的时间间隔 T 的概率分布;

(2) 求在设备已经无故障工作 8 小时的情形下,再无故障运行 8 小时的概率 q.

解　(1) 因为 $N(t)$ 表示长为 $t(t \geqslant 0)$ 的时间内发生故障的次数,T 表示相继两次故障之间的时间间隔,所以当 $T > t$ 时,必有 $N(t) = 0$(即没有发生故障),于是,当 $t \geqslant 0$ 时:

$$F(t) = P\{T \leqslant t\} = 1 - P\{T > t\} = 1 - P\{N(t) = 0\} = 1 - \frac{(\lambda t)^0}{0!}\mathrm{e}^{-\lambda t} = 1 - \mathrm{e}^{-\lambda t}.$$

当 $t < 0$ 时,$F(t) = 0$.

由 T 的分布函数可知,T 服从参数是 λ 的指数分布.

(2) $q = P\{T \geqslant 16 \mid T \geqslant 8\} = \dfrac{P\{T \geqslant 16, T \geqslant 8\}}{P\{T \geqslant 8\}} = \dfrac{P\{T \geqslant 16\}}{P\{T \geqslant 8\}} = \dfrac{1 - F(16)}{1 - F(8)}$

$\quad = \dfrac{\mathrm{e}^{-16\lambda}}{\mathrm{e}^{-8\lambda}} = \mathrm{e}^{-8\lambda}.$

例 2.6　假设随机变量 X 的绝对值不大于 1；$P\{X = -1\} = \dfrac{1}{8}$，$P\{X = 1\} = \dfrac{1}{4}$；在事件 $\{-1 < X < 1\}$ 出现的条件下，X 在 $(-1, 1)$ 内的任意子区间上取值的条件概率与该子区间的长度成正比.

(1) 试求 X 的分布函数 $F(x) = P\{X \leqslant x\}$；

(2) 求 X 取负值的概率 p.

解　(1) 显然当 $x < -1$ 时，$F(x) = 0$；当 $x = -1$ 时，$F(-1) = \dfrac{1}{8}$；当 $X \geqslant 1$ 时，$F(x) = 1$.

以下考虑 $-1 < x < 1$ 时的情形. 由于

$$P\{-1 < X < 1\} = 1 - P\{X = -1\} - P\{X = 1\} = 1 - \dfrac{1}{8} - \dfrac{1}{4} = \dfrac{5}{8},$$

另据已知，条件概率与区间长度成正比，即有

$$P\{-1 < X \leqslant x \mid -1 < X < 1\} = \dfrac{x+1}{2}.$$

对于 $-1 < x < 1$，显然有 $(-1, x] \subset (-1, 1)$，于是

$$P\{X \leqslant x\} = P\{X = -1\} + P\{-1 < X < x\}$$

$$= \dfrac{1}{8} + P\{-1 < X < 1\} P\{-1 < X < x \mid -1 < X < 1\}$$

$$= \dfrac{1}{8} + \dfrac{5}{8} \cdot \dfrac{x+1}{2} = \dfrac{5x+7}{16}.$$

综上，X 的分布函数为

$$F(x) = \begin{cases} 0, & x < -1; \\ (5x+7)/16, & -1 \leqslant x < 1; \\ 1, & x \geqslant 1. \end{cases}$$

(2) $p = P\{X < 0\} = F(0) = \dfrac{7}{16}.$

例 2.7　假设一台设备开机后无故障工作的时间 X 服从指数分布，平均无故障工作的时间（EX）为 5 小时. 设备定时开机，出现故障时自动关机，而在无故障的情况下工作 2 小时便自动关机. 求该设备每天开机后的实际工作时间 Y 的分布函数 $F_Y(y)$.

解　设 X 的分布参数为 λ. 由于 $EX = \dfrac{1}{\lambda} = 5$, 可见 $\lambda = \dfrac{1}{5}$. 显然, $Y = \min(X, 2)$.

当 $y < 0$ 时, $F_Y(y) = 0$; 当 $y \geqslant 2$ 时, $F_Y(y) = 1$.

当 $0 \leqslant y < 2$ 时,

$$F_Y(y) = P\{Y \leqslant y\} = P\{\min(X, 2) \leqslant y\} = P\{X \leqslant y\} = 1 - e^{-\frac{y}{5}}.$$

于是, Y 的分布函数为 $F_Y(y) = \begin{cases} 0, & y < 0; \\ 1 - e^{-\frac{y}{5}}, & 0 \leqslant y < 2; \\ 1, & y \geqslant 2. \end{cases}$

例 2.8　设 X 的概率密度 $f(x) = \begin{cases} 2x, & 0 < x < 1; \\ 0, & \text{其他}; \end{cases}$ 以 Y 表示对 X 的三次独立观察中事件 $\{X \leqslant 0.5\}$ 出现的次数, 则 $P\{Y = 2\} = \underline{\hspace{2cm}}$.

解　事件 $\{X \leqslant 0.5\}$ 在每次观察中出现的概率为

$$p = P\{X \leqslant 0.5\} = \int_0^{0.5} 2x \,\mathrm{d}x = \frac{1}{4}.$$

则 $Y \sim B\left(3, \dfrac{1}{4}\right)$. 于是 $P\{Y = 2\} = C_3^2 \left(\dfrac{1}{4}\right)^2 \cdot \dfrac{3}{4} = \dfrac{9}{64}$.

例 2.9　设 X 在 $[0, 2\pi]$ 上服从均匀分布, 求随机变量 $Y = \cos X$ 的概率密度.

解　当 $X \in [0, 2\pi]$ 时, $Y \in [-1, 1]$. 于是:

当 $y < -1$ 时, $F_Y(y) = 0, f_Y(y) = 0$; 当 $y \geqslant 1$ 时, $F_Y(y) = 1, f_Y(y) = 0$.

当 $-1 \leqslant y < 1$ 时,

$$F_Y(y) = P\{Y \leqslant y\} = P\{\cos X \leqslant y\}$$

$$= P\{\arccos y \leqslant X \leqslant 2\pi - \arccos y\} = \frac{2\pi - 2\arccos y}{2\pi} = 1 - \frac{\arccos y}{\pi};$$

$$f_Y(y) = F_Y'(y) = \frac{1}{\pi \sqrt{1 - y^2}}.$$

综上所述, 有

$$f_Y(y) = \begin{cases} \dfrac{1}{\pi \sqrt{1 - y^2}}, & -1 \leqslant y < 1; \\ 0, & \text{其他}. \end{cases}$$

注意: 本题中由于 $y = \cos x$ 在 $[-1, 1]$ 上不满足单调性, 故不能用公式法求 Y 的概率密度, 而只能用分布函数法.

例 2.10　设随机变量 X 的概率密度为

$$f(x) = \begin{cases} \dfrac{1}{3 \cdot \sqrt[3]{x^2}}, & 1 \leqslant x \leqslant 8; \\ 0, & \text{其他}. \end{cases}$$

$F(x)$ 是 X 的分布函数,求 $Y = F(X)$ 的分布函数.

解 先求分布函数 $F(x)$:

当 $x < 1$ 时,$F(x) = 0$;当 $x \geqslant 8$ 时,$F(x) = 1$.

当 $1 \leqslant x < 8$ 时,$F(x) = P\{X \leqslant x\} = \int_1^x \dfrac{1}{3 \cdot \sqrt[3]{x^2}} \mathrm{d}x = \sqrt[3]{x} - 1$.

所以 X 的分布函数是

$$F(x) = \begin{cases} 0, & x < 1; \\ \sqrt[3]{x} - 1, & 1 \leqslant x < 8; \\ 1, & x \geqslant 8. \end{cases}$$

下面求 $Y = F(X) = \begin{cases} 0, & X < 1 \\ \sqrt[3]{X} - 1, & 1 \leqslant X < 8 \\ 1, & X \geqslant 8 \end{cases}$ 的分布函数:

解法 1 因为 $y = F(x)$ 在区间 $1 \leqslant x < 8$ 上是单调可微的,故可以用公式法. $y = F(x)$ 的值域是 $[0, 1]$,在区间 $1 \leqslant x < 8$ 上的反函数是 $x = (y+1)^3$,于是

当 $y < 0$ 或 $y \geqslant 1$ 时,$f_Y(y) = 0$;

当 $0 \leqslant y < 1$ 时,

$$f_Y(y) = f[(y+1)^3] |3(y+1)^2| = \dfrac{1}{3 \cdot \sqrt[3]{(y+1)^{3 \times 2}}} \cdot 3(y+1)^2 = 1.$$

即 $f_Y(y) = \begin{cases} 1, & 0 \leqslant y < 1; \\ 0, & \text{其他}. \end{cases}$ 由 Y 的概率密度可知 Y 服从 $[0, 1]$ 上的均匀分布,故 Y 的分布函数为

$$F_Y(y) = \begin{cases} 0, & y < 0; \\ y, & 0 \leqslant y < 1; \\ 1, & y \geqslant 1. \end{cases}$$

解法 2 分布函数法.

由 $F(x) = \begin{cases} 0, & x < 1 \\ \sqrt[3]{x} - 1, & 1 \leqslant x < 8 \\ 1, & x \geqslant 8 \end{cases}$ 可知随机变量 Y 的取值在 $[0, 1]$ 上,于是

当 $y < 0$ 时,$F_Y(y) = 0$;当 $y \geqslant 1$ 时,$F_Y(y) = 1$;当 $0 \leqslant y < 1$ 时,

$$F_Y(y)=P\{Y\leqslant y\}=P\{\sqrt[3]{X}-1\leqslant y\}=P\{X\leqslant(y+1)^3\}$$
$$=F[(y+1)^3]=\sqrt[3]{(y+1)^3}-1=y.$$

总之,有

$$F_Y(y)=\begin{cases}0, & y<0;\\ y, & 0\leqslant y<1;\\ 1, & y\geqslant 1.\end{cases}$$

例 2.11 若每只母鸡产蛋的个数 X 服从参数是 λ 的泊松分布,而每个蛋孵化成小鸡的概率都是 p,且每个蛋孵化成小鸡的过程互相独立,求证:每只母鸡的后代(小鸡)的只数 Y 服从参数是 λp 的泊松分布.

证明 据已知,$P\{X=k\}=\dfrac{\lambda^k}{k!}e^{-\lambda}$ $(k=0,1,2,3,\cdots)$.对于任意非负整数 i,每只母鸡要想有 i 只小鸡,它至少要有 i 个蛋.在蛋的个数确定的条件下,小鸡的只数服从二项分布.由全概率公式

$$P\{Y=i\}=\sum_{k=i}^{\infty}P\{X=k\}P\{Y=i\,|\,X=k\}$$
$$=\sum_{k=i}^{\infty}\frac{\lambda^k}{k!}e^{-\lambda}\cdot C_k^i p^i(1-p)^{k-i}=\sum_{k=i}^{\infty}\frac{\lambda^k}{k!}e^{-\lambda}\cdot\frac{k!}{i!(k-i)!}p^i(1-p)^{k-i}$$
$$=\frac{e^{-\lambda}}{i!}\cdot(\lambda p)^i\cdot\sum_{k=i}^{\infty}\frac{[\lambda(1-p)]^{k-i}}{(k-i)!}=\frac{e^{-\lambda}}{i!}\cdot(\lambda p)^i\cdot e^{\lambda(1-p)}=\frac{(\lambda p)^i}{i!}e^{-\lambda p}.$$

即 Y 服从参数是 λp 的泊松分布.

例 2.12 在贝努里试验序列中,设每次试验成功的概率为 p,试验进行到成功与失败均出现为止,求试验次数 X 的分布列.

解 X 的所有可能的取值为 $2,3,\cdots$ $X=k$ 表示前面的 $k-1$ 次试验失败,第 k 次试验成功,或者前面的 $k-1$ 次试验成功,第 k 次试验失败.于是 X 的分布列为

$$P\{X=k\}=(1-p)^{k-1}p+p^{k-1}(1-p) \quad (k=2,3,\cdots).$$

例 2.13 将 3 只球随机地放入编号分别为 $1,2,3,4$ 的四个盒子中,求有球的盒子的最小号码 X 的分布列.

解 X 的所有可能的取值为 $1,2,3,4$.事件 $\{X=k\}$ 表示前面的 $k-1$ 个盒子中没有球,第 k 个盒子中至少有一个球.注意到直接求事件 $\{X=k\}$ 的概率比较复杂,但事件 $\{X\geqslant k\}$ 的概率好求,并且

$$P\{X\geqslant k\}=P\{X\geqslant k+1\}+P\{X=k\}.$$

于是

$$P\{X=k\}=P\{X\geqslant k\}-P\{X\geqslant k+1\} \quad (k=1,2,3,4).$$

即

$$P\{X=1\}=1-\left(\frac{3}{4}\right)^3=\frac{37}{64};$$

$$P\{X=2\}=\left(\frac{3}{4}\right)^3-\left(\frac{2}{4}\right)^3=\frac{19}{64};$$

$$P\{X=3\}=\left(\frac{2}{4}\right)^3-\left(\frac{1}{4}\right)^3=\frac{7}{64};$$

$$P\{X=4\}=\left(\frac{1}{4}\right)^3=\frac{1}{64}.$$

于是，X 的分布列为

x_i	1	2	3	4
$P\{X=x_i\}$	37/64	19/64	7/64	1/64

注意：一般地，可用分布列的性质 $\sum\limits_{k=1}^{\infty}p_k=1$ 检验所求分布列的正确性.

例 2.14　设 $Y=\ln X\sim N(\mu,\sigma^2)$，即 X 服从对数正态分布，求 X 的密度函数.

解　本题已知随机变量 Y 的分布，求 $X=e^Y$ 的分布，用公式法.

已知 Y 的概率密度为 $f_Y(y)=\dfrac{1}{\sqrt{2\pi}\sigma}e^{-\frac{(y-\mu)^2}{2\sigma^2}}$，$x=e^y$ 单调可微，且 $x>0$，其反函数是 $y=\ln x$，故 X 的密度函数是

$$f_X(x)=\begin{cases}f_Y(\ln x)|(\ln x)'|, & x\geqslant 0 \\ 0, & x<0\end{cases}=\begin{cases}\dfrac{1}{\sqrt{2\pi}\sigma x}e^{-\frac{(\ln x-\mu)^2}{2\sigma^2}}, & x\geqslant 0; \\ 0, & x<0.\end{cases}$$

例 2.15　用了 t 小时的计算机，在以后的 Δt 小时内损坏的概率为 $\lambda\Delta t+o(\Delta t)$，其中 λ 为不依赖于 t 的常数.假设在不相重叠的时间内，计算机损坏与否互相独立，求计算机的寿命 T 的分布函数.

解　设 T 的分布函数为 $F(t)$.显然，当 $t<0$ 时，$F(t)=0$.

当 $t\geqslant 0$ 时，据已知，有

$$P\{t<T\leqslant t+\Delta t\,|\,T>t\}=\frac{P\{t<T\leqslant t+\Delta t\}}{P\{T>t\}}$$

$$=\frac{F(t+\Delta t)-F(t)}{1-F(t)}=\lambda\Delta t+o(\Delta t),$$

所以

$$\frac{F(t+\Delta t)-F(t)}{\Delta t[1-F(t)]}=\lambda+\frac{o(\Delta t)}{\Delta t}.$$

上式令 $\Delta t \to 0$,两端取极限,得 $\dfrac{F'(t)}{1-F(t)}=\lambda$.

解上述微分方程,得 $F(t)=1-Ce^{-\lambda t}$. 又由 $F(0)=P\{T\leqslant 0\}=0$,得 $C=1$. 所以

$$F(t)=\begin{cases} 1-e^{-\lambda t}, & t\geqslant 0; \\ 0, & t<0. \end{cases}$$

习题二

一、填空题

1. 若随机变量 ξ 在 $[1,6]$ 上服从均匀分布,则方程 $x^2+\xi x+1=0$ 有实根的概率是 _____.

2. 设 $X\sim N(10,0.02^2)$,已知 $\Phi(x)=\displaystyle\int_{-\infty}^{x}\dfrac{1}{\sqrt{2\pi}}e^{-\frac{t^2}{2}}\mathrm{d}t$,$\Phi(2.5)=0.9938$,则 X 落在区间 $[9.95,10.05]$ 内的概率为 _____.

3. 已知随机变量 X 的概率密度为 $f(x)=\dfrac{1}{2}e^{-|x|}$ $(-\infty<x<+\infty)$. 则 X 的概率分布函数 $F(x)=$ _____.

4. 若随机变量 X 服从 $[0,2]$ 上的均匀分布,则当 $0<y<4$ 时,随机变量 $Y=X^2$ 的概率密度 $f_Y(y)=$ _____.

5. 设随机变量 $X\sim N(\mu,\sigma^2)$ $(\sigma>0)$,且二次方程 $y^2+4y+X=0$ 无实根的概率为 0.5,则 $\mu=$ _____.

6. 设随机变量 X 的概率密度为 $f_X(x)=\begin{cases} e^{-x}, & x\geqslant 0; \\ 0, & x<0; \end{cases}$ 则随机变量 $Y=e^X$ 的概率密度 $f_Y(y)=$ _____.

7. 设随机变量 X 的分布函数为 $F(x)=\begin{cases} 0, & x<0; \\ A\sin x, & 0\leqslant x\leqslant \dfrac{\pi}{2}; \\ 1, & x>\dfrac{\pi}{2}. \end{cases}$

则 $A=$ _____,$P\{|X|<\dfrac{\pi}{6}\}=$ _____.

8. 设随机变量 X 的分布函数为 $F(x)=P\{X\leqslant x\}=\begin{cases} 0, & x<-1; \\ 0.4, & -1\leqslant x<1; \\ 0.8, & 1\leqslant x<3; \\ 1, & x\geqslant 3. \end{cases}$

则 X 的概率分布为 _____.

9. 设随机变量 X 服从参数为 $(2,p)$ 的二项分布,随机变量 Y 服从参数为 $(3,p)$ 的二项分

布,若 $P\{X\geqslant 1\}=\dfrac{5}{9}$,则 $P\{Y\geqslant 1\}=$ _____.

10. 设随机变量 X 的概率密度为 $f(x)=\begin{cases}1/3, & x\in[0,1];\\ 2/9, & x\in[3,6];\\ 0, & 其他.\end{cases}$

若 k 满足 $P\{X\geqslant k\}=\dfrac{2}{3}$,则 k 的取值范围是 _____.

11. 设连续型随机变量 X 的概率密度为 $f(x)=\begin{cases}cx\mathrm{e}^{-x}, & x>0;\\ 0, & x\leqslant 0;\end{cases}$ 则 $c=$ _____.

12. 设随机变量 $X\sim N(\mu,\sigma^2)$,且 $P\{X>c\}=P\{X\leqslant c\}$,则 $\mu=$ _____.

13. 设 $X\sim N(0,1)$,则方程 $4y^2+4Xy+X+2=0$ 有实根的概率是 _____.

14. 设离散型随机变量的分布律为 $P\{X=k\}=b\lambda^k(k=1,2,3,\cdots,b>0)$,则 $\lambda=$ _____.

15. 设 X 是任意的一个随机变量,用其分布函数 $F(x)$ 表示事件的概率,则有 $P\{X=a\}$ = _____,$P\{X<a\}=$ _____.

二、选择题

1. 下列函数中不能作为随机变量的分布函数的是 _____.

(A) $F(x)=\begin{cases}0, & x<0;\\ \dfrac{1}{3}, & 0\leqslant x<1;\\ \dfrac{1}{2}, & 1\leqslant x<2;\\ 1, & x\geqslant 2;\end{cases}$ 　　(B) $F(x)=\begin{cases}0, & x<0;\\ \dfrac{\ln(1+x)}{1+x}, & x\geqslant 0;\end{cases}$

(C) $F(x)=\begin{cases}0, & x<0;\\ \dfrac{1}{4}x^2, & 0\leqslant x<2;\\ 1, & x\geqslant 2;\end{cases}$ 　　(D) $F(x)=\begin{cases}1-\mathrm{e}^{-x}, & x\geqslant 0;\\ 0, & x<0.\end{cases}$

2. 设随机变量 X 的密度函数为 $f(x)$,且 $f(-x)=f(x)$,$F(x)$ 是 X 的分布函数,则对于任意实数 a,有 _____.

(A) $F(-a)=1-\displaystyle\int_0^a f(x)\mathrm{d}x$; 　　(B) $F(-a)=\dfrac{1}{2}-\displaystyle\int_0^a f(x)\mathrm{d}x$;

(C) $F(-a)=F(a)$; 　　(D) $F(-a)=2F(a)-1$.

3. 设随机变量 X 服从正态分布 $N(\mu,\sigma^2)$,则随着 σ 的增大,概率 $P\{|X-\mu|<\sigma\}$ _____.

(A) 单调增大; 　　(B) 单调减小;

(C) 保持不变; 　　(D) 增减性与参数有关.

4. 设 $F_1(x)$ 与 $F_2(x)$ 分别是随机变量 X 与 Y 的分布函数,为使 $F(x)=aF_1(x)-bF_2(x)$ 是某一随机变量的分布函数,在下列给定的各组数据中应取 _____.

(A) $a=\dfrac{3}{5},b=-\dfrac{2}{5}$; 　　(B) $a=\dfrac{2}{3},b=\dfrac{2}{3}$;

(C) $a=-\dfrac{1}{2},b=\dfrac{3}{2}$；　　　　　　　　　　(D) $a=\dfrac{1}{2},b=-\dfrac{3}{2}$．

5. 设随机变量 X 服从指数分布，则随机变量 $Y=\min\{X,2\}$ 的分布函数_____．

　　(A) 是连续函数；　　　　　　　　　(B) 至少有两个间断点；

　　(C) 是阶梯函数；　　　　　　　　　(D) 恰好有一个间断点．

6. 在电炉上安装了 4 个温控器，其显示温度的误差是随机的．在使用过程中，只要有两个温控器显示的温度不低于临界温度 t_0，电炉就断电．以 E 表示事件"电炉断电"，而 $T_1\leqslant T_2\leqslant T_3\leqslant T_4$ 为 4 个温控器显示的按递增顺序排列的温度值，则事件 E 等于_____．

　　(A) $\{T_1\geqslant t_0\}$；　　(B) $\{T_2\geqslant t_0\}$；　　　(C) $\{T_3\geqslant t_0\}$；　　　(D) $\{T_4\geqslant t_0\}$．

7. 下列函数中可作为某个随机变量的分布函数的是_____．

　　(A) $F(x)=\dfrac{1}{1+x^2}$；

　　(B) $F(x)=\dfrac{1}{\pi}\arctan x+\dfrac{1}{2}$；

　　(C) $F(x)=\begin{cases}\dfrac{1}{2}(1-\mathrm{e}^{-x}), & x>0,\\[2mm] 0, & x\leqslant 0;\end{cases}$

　　(D) $F(x)=\displaystyle\int_{-\infty}^{x}f(t)\mathrm{d}t$，其中 $\displaystyle\int_{-\infty}^{+\infty}f(t)\mathrm{d}t=1$．

8. 设 $X\sim N(\mu,4^2)$，$Y\sim N(\mu,5^2)$，记 $p_1=P\{X\leqslant\mu-4\}$，$p_2=P\{Y\geqslant\mu-5\}$，则有_____．

　　(A) 对任何实数 μ，都有 $p_1=p_2$；　　(B) 对任何实数 μ，都有 $p_1<p_2$；

　　(C) 对任何实数 μ，都有 $p_1>p_2$；　　(D) 只对 μ 的个别值，才有 $p_1=p_2$．

9. 已知随机变量 X 的分布函数为 $F_X(x)$，则 $Y=5X-3$ 的分布函数 $F_Y(y)=$_____．

　　(A) $F_X(5y-3)$；　　　　　　　　　(B) $5F_X(y)-3$；

　　(C) $F_X\left(\dfrac{y+3}{5}\right)$；　　　　　　　　(D) $\dfrac{1}{5}F_X(y)-3$．

10. 下列函数中可作为某个随机变量的密度函数的是_____．

　　(A) $f(x)=\begin{cases}2(1-|x|), & |x|<1;\\ 0, & |x|\geqslant 1;\end{cases}$

　　(B) $f(x)=\begin{cases}\dfrac{1}{2}, & |x|<2;\\[2mm] 0, & |x|\geqslant 2;\end{cases}$

　　(C) $f(x)=\begin{cases}\dfrac{1}{\sqrt{2\pi}\sigma}\mathrm{e}^{-\frac{(x-\mu)^2}{2\sigma^2}}, & x\geqslant 0;\\[2mm] 0, & x<0;\end{cases}$

　　(D) $f(x)=\begin{cases}\mathrm{e}^{-x}, & x\geqslant 0;\\ 0, & x<0.\end{cases}$

11. 设函数 $f(x)=\begin{cases}0, & x\leqslant 0;\\[1mm]\dfrac{x}{2}, & 0<x\leqslant 1;\\[1mm] 1, & x>1;\end{cases}$ 则 $f(x)$_____．

(A) 一定是分布函数;

(B) 一定不是分布函数;

(C) 是连续型的分布函数;

(D) 是既非离散,又非连续型的分布函数.

12. 设离散型随机变量 X 的概率分布为

x_i	-1	0	1	2	3
p_i	$\frac{1}{10}$	$\frac{1}{5}$	$\frac{1}{10}$	$\frac{1}{5}$	$\frac{2}{5}$

则下列各式成立的是_____.

(A) $P\{X=1.5\}=0$; (B) $P\{X>-1\}=1$;

(C) $P\{X<3\}=1$; (D) $P\{X<0\}=0$.

13. 设离散型随机变量 X 的概率分布为 $X\sim\begin{pmatrix} 0 & 1 & 2 & 3 \\ 0.1 & 0.2 & 0.4 & 0.2 \end{pmatrix}$, $F(x)$ 为 X 的分布函数,则 $F(2)=$_____.

(A) 0.2; (B) 0.4; (C) 0.8; (D) 1.

14. 表达式 $P\{X=k\}=\frac{1}{k(k+1)}$ 在_____情况下可作为随机变量的概率分布.

(A) $k=0,1,2,3,\cdots,n,\cdots$; (B) $k=1,2,3,\cdots,n,\cdots$;

(C) $k=2,3,4,5,\cdots,n,\cdots$; (D) $k=3,4,5,6,\cdots,n,\cdots$.

15. 设离散型随机变量 X 的概率分布为 $P\{X=k\}=ak(k=1,2,\cdots,n)$,则常数 $a=$ _____.

(A) $\frac{1}{10}$; (B) $\frac{1}{n}$; (C) $\frac{1}{n^2}$; (D) $\frac{2}{n(n+1)}$.

16. 独立重复试验 n 次,每次试验事件 A 发生的概率为 p,不发生的概率为 $q=1-p$,X 表示事件 A 发生的次数,则 $P\{X=k\}=$_____.

(A) $p^k q^{n-k}$; (B) $C_n^k p^k q^{n-k}$; (C) $\frac{C_m^k C_{N-m}^{n-k}}{C_N^n}$; (D) pq^{n-k}.

17. 每张奖券中奖的概率为 0.1,某人购买了 20 张号码杂乱的奖券,设他中奖的张数为 X,则 X 服从_____.

(A) 二项分布; (B) 泊松分布; (C) 指数分布; (D) 正态分布.

18. 在研究生入学考试的试题中有 10 道单项选择题,每题列出 4 个供选择的答案,其中只有一个是正确的.某考生全凭随意猜测,则他至少能猜对 6 道的概率是_____.

(A) 0.01; (B) 0.02; (C) 0.03; (D) 0.04.

19. 在三重贝努里试验中,至少一次试验成功的概率为 37/64,则每次试验成功的概率为_____.

(A) $\frac{1}{4}$; (B) $\frac{1}{3}$; (C) $\frac{3}{4}$; (D) $\frac{2}{3}$.

20. 一台电话交换机有 300 台分机,假设每台分机要外线的概率为 3%但,为使要外线时以不低于 70% 但的概率得到满足,需设 k 条外线,则 k 应满足_____.

(A) $0.03^k \times 0.97^{300-k} \geqslant 0.7$;　　　(B) $300 \times 0.03^k \times 0.97^{300-k} \geqslant 0.7$;

(C) $\sum\limits_{m=0}^{k} \frac{3^m}{m!} e^{-3} \leqslant 0.7$;　　　(D) $\sum\limits_{m=0}^{k} \frac{3^m}{m!} e^{-3} \geqslant 0.7$.

21. 设随机变量 Z 服从参数为 λ 的泊松分布,且 $P\{Z=1\}=P\{Z=2\}$,则 $P\{Z=4\}=$ _____.

(A) $\dfrac{2^4 e^{-2}}{4!}$;　　(B) $\dfrac{3^4 e^{-3}}{4!}$;　　　(C) $\dfrac{4^4 e^{-4}}{4!}$;　　(D) $\dfrac{e^{-1}}{4!}$.

22. 一本书共 300 页,共有 150 个错误.假设每个错误出现在任意一页上都是等可能的,则每页中的错误个数应近似服从参数是_____的泊松分布.

(A) 0.5;　　(B) 1;　　　(C) 1.5;　　(D) 2.

23. 设随机变量 X 的概率密度为 $f(x)=\begin{cases} x, & 0 \leqslant x \leqslant 1; \\ 2-x, & 1 < x \leqslant 2; \\ 0, & \text{其他.} \end{cases}$

则 $P\{X \leqslant 1.5\}=$ _____.

(A) $f(1.5)=0.5$;　　　(B) $\displaystyle\int_0^{1.5} x \, dx$;

(C) $\displaystyle\int_0^{1.5} (2-x) \, dx$;　　　(D) $\displaystyle\int_0^1 x \, dx + \int_1^{1.5} (2-x) \, dx$.

24. 任何一个连续型随机变量的概率密度 $f(x)$ 一定满足_____.

(A) $0 \leqslant f(x) \leqslant 1$;　　　(B) 在定义域内单调不减;

(C) $\displaystyle\int_{-\infty}^{+\infty} f(x) \, dx = 1$;　　　(D) $\lim\limits_{n \to +\infty} f(x) = 1$.

25. 下列函数中可以作为随机变量的分布函数的有_____.

(A) $\dfrac{1}{1+x^2}$;　　　(B) $\dfrac{3}{4} + \dfrac{1}{2\pi} \cdot \arctan x$;

(C) $\begin{cases} \dfrac{x}{1+x}, & \text{若 } x>0; \\ 0, & \text{若 } x \leqslant 0; \end{cases}$　　　(D) $\begin{cases} 0, & \text{若 } x < -1; \\ \dfrac{1}{2} x^3 + \dfrac{1}{2}, & \text{若 } -1 \leqslant x \leqslant 1; \\ 1, & \text{若 } x \geqslant 1. \end{cases}$

26. 下列函数中,可以作为随机变量的概率密度的是_____.

(A) $\begin{cases} \sin x, & 0 < x < \dfrac{\pi}{2}; \\ 0, & \text{其他}; \end{cases}$　　　(B) $\begin{cases} \sin x, & 0 < x < \pi; \\ 0, & \text{其他}; \end{cases}$

(C) $\begin{cases} \sin x, & 0 < x < \dfrac{3\pi}{2}; \\ 0, & \text{其他}; \end{cases}$　　　(D) $\begin{cases} \sin x, & \pi < x < 2\pi; \\ 0, & \text{其他}. \end{cases}$

27. 设连续型随机变量 X 的分布函数为

$$F(x)=\begin{cases} A e^{-\frac{x^2}{2}} + B, & x \geqslant 0; \\ 0, & x < 0. \end{cases}$$

则常数 A,B 的值为_____.

　　(A) $A=-1,B=1$;　　　　　　　　(B) $A=1,B=-1$;

　　(C) $A=1,B=1$;　　　　　　　　　(D) $A=-1,B=-1$.

28. 设随机变量 X 服从参数是 $\lambda=\dfrac{1}{4}$ 的指数分布,则 $P\{2<X<4\}=$_____.

　　(A) $F(1)-F\left(\dfrac{1}{2}\right)$;　　　　　　(B) $\dfrac{1}{4}\left(\dfrac{1}{\sqrt{e}}-\dfrac{1}{e}\right)$;

　　(C) $\dfrac{1}{\sqrt{e}}-\dfrac{1}{e}$;　　　　　　　　(D) $\displaystyle\int_2^4 e^{-\frac{x}{4}}\,dx$.

29. 设 $X\sim N(\mu,\sigma^2)$,其概率密度为

$$f(x)=\frac{1}{\sqrt{6\pi}}e^{-\frac{1}{6}(x^2-4x+4)}\quad(-\infty<x<+\infty),$$

则_____.

　　(A) $\mu=2,\sigma^2=3$;　　　　　　　(B) $\mu=2,\sigma^2=9$;

　　(C) $\mu=2,\sigma^2=\sqrt{3}$;　　　　　　(D) $\mu=1,\sigma^2=3$.

30. 已知 $X\sim N(2,2^2)$,若 $aX-1\sim N(0,1)$,则 $a=$_____.

　　(A) 1;　　　　(B) 2;　　　　(C) $\dfrac{1}{2}$;　　　　(D) $\dfrac{1}{4}$.

31. 设 $X\sim N(1,1)$,其概率密度为 $f(x)$,分布函数为 $F(x)$,则_____.

　　(A) $P\{X\leqslant 0\}=P\{X\geqslant 0\}=0.5$;

　　(B) $f(-x)=f(x),(-\infty<x<+\infty)$;

　　(C) $P\{X\leqslant 1\}=P\{X\geqslant 1\}=0.5$;

　　(D) $F(x)=1-F(-x),(-\infty<x<+\infty)$.

三、计算与证明题

1. 设随机变量 X 在 $[2,5]$ 上服从均匀分布,现在对 X 进行三次独立观察,求至少有两次观察值大于 3 的概率.

2. 某仪器装有 3 只独立工作的同型号的电子元件,其寿命(单位:小时)都服从同一指数分布,分布密度为

$$f(x)=\begin{cases}\dfrac{1}{600}e^{-\frac{1}{600}},&x>0,\\[2mm]0,&x\leqslant 0.\end{cases}$$

试求:在仪器使用的最初 200 小时内,至少有一只电子元件损坏的概率.

3. 某地抽样调查结果表明,考生的外语成绩(百分制)近似服从正态分布,平均成绩为 72 分,96 分以上的考生占总数的 2.3%但.试求考生的外语成绩在 60~84 分之间的概率(附标准正态分布表略).

4. 在电源电压不超过 200 伏,在 200~240 伏和超过 240 伏三种情况下,某种电子元件损坏的概率分别为 0.1,0.001 和 0.2.假设电源电压 X 服从正态分布 $N(220,25^2)$,求:

(1) 该电子元件损坏的概率 α;

(2) 该电子元件损坏时,电源电压在 200～240 伏的概率 β(附表略).

5. 设随机变量 X 服从参数为 2 的指数分布,求证:$Y=1-\mathrm{e}^{-2X}$ 在区间 $(0,1)$ 上服从均匀分布.

6. 假设一个电路装有三个同种电器元件,其工作状态互相独立,且无故障工作时间都服从参数为 $\lambda>0$ 的指数分布. 只有当三个元件都无故障时,电路正常工作,否则整个电路不能正常工作. 试求整个电路正常工作的时间 T 的概率分布.

7. 设随机变量 X 的概率密度为 $f_X(x)=\dfrac{1}{\pi(1+x^2)}$,求随机变量 $Y=1-\sqrt[3]{X}$ 的概率密度.

8. 设随机变量 X 的概率密度为 $f(x)=\begin{cases}\dfrac{A}{\sqrt{1-x^2}}, & |x|<1;\\[2mm] 0, & |x|\geqslant1.\end{cases}$

求 A 的值,并求 X 的分布函数.

9. 设连续型随机变量 X 的分布函数为

$$F(x)=\begin{cases}0, & x<-a;\\[1mm] A+B\arcsin\dfrac{x}{a}, & -a\leqslant x<a;\\[2mm] 1, & x\geqslant a.\end{cases}$$

试求:

(1) A 和 B;　　(2) $P\left\{-a<X<\dfrac{a}{2}\right\}$;　　(3) X 的密度函数.

10. 设某段时间内来百货公司的顾客数服从参数是 λ 的泊松分布,而百货公司里的每个顾客购买电视机的概率均为 p,且顾客之间是否购买电视机互相独立. 试求这段时间内购买电视机的顾客数的概率分布.

11. 一本 500 页的书中共有 100 个错别字,每个错别字等可能地出现在任意一页上. 试求在给定的一页上至少有两个错别字的概率.

12. 设有一批同类型设备,各台工作状态互相独立,发生故障的概率都是 0.01. 若每台故障只需一个人修理,每个人只能同时修理一台有故障的设备,考虑两种方案:

(1) 每人看管 20 台;　　(2) 每 3 人看管 80 台.

分别求设备发生故障而不能及时维修的概率.

13. 已知 $X\sim\begin{pmatrix}-1 & 0 & 1 & 2\\ 0.1 & 0.2 & 0.3 & 0.4\end{pmatrix}$,试求 $Y=2X^2+1$ 的分布列以及分布函数.

14. 向半径为 R,中心在原点的圆周上任抛一点,试求:

(1) 落点 $M(X,Y)$ 的横坐标 X 的概率密度 $f_X(x)$;

(2) 该点到点 $(-R,0)$ 的距离 Z 的概率密度 $f_Z(z)$.

15. 由统计物理学知,分子运动的速率 X 服从马克斯韦尔分布(Maxwell),其分布密度为

$$f_X(x)=\begin{cases}\dfrac{4x^2}{a^3\sqrt{\pi}}\mathrm{e}^{-\frac{x^2}{a^2}}, & x>0;\\[3mm] 0, & x\leqslant0.\end{cases}$$

其中 $a>0$ 为常数,求分子动能 $Y=\dfrac{1}{2}mX^2$ 的分布密度(分子的质量 m 是常数).

16. 设电子管寿命 X(单位:小时)的分布密度为

$$f(x)=\begin{cases}\dfrac{100}{x^2},x>100;\\[3mm]0,\quad x\leqslant100.\end{cases}$$

若一台收音机上装有三个这种电子管,随机变量 Y 表示最初使用的 150 小时内损坏的电子管的个数,求 Y 的分布律.

17. 设测量到某一目标的距离所产生的误差 X 的分布密度为

$$f(x)=\frac{1}{40\sqrt{2\pi}}e^{-\frac{(x-20)^2}{3200}}\quad(-\infty<x<+\infty).$$

(1) 求测量误差的绝对值不超过 30 的概率;

(2) 若接连独立地测量 3 次,求至少有一次测量误差的绝对值不超过 30 的概率.

18. 设随机变量 $X\sim N(0,1)$,求:(1) $Y=2X^2+1$;(2) $Z=|X|$ 的概率密度.

19. 设随机变量 X 的概率分布为　$P(X=k)=\dfrac{1}{2^k},k=1,2,3,\cdots$

试求随机变量 $Y=\sin\left(\dfrac{\pi}{2}X\right)$ 的分布律.

20. 设随机变量 X 服从自由度为 n 的 χ^2 分布,其概率密度为

$$f(x)=\begin{cases}\dfrac{1}{2^{\frac{n}{2}}\Gamma\left(\dfrac{n}{2}\right)}x^{\frac{n}{2}-1}e^{-\frac{x}{2}},\ x>0;\\[5mm]0,\qquad\qquad x\leqslant0.\end{cases}$$

求 $Y=\sqrt{\dfrac{X}{n}}$ 的概率密度.

21. 设 $F(x)$ 是一个连续型随机变量的分布函数,$a>0$ 为常数,求证:

$$\int_{-\infty}^{+\infty}[F(x+a)-F(x)]dx=a.$$

22. 设随机变量 X 的密度函数为 $f(x)$,令 $Y=aX+b$,$(a\neq0$ 为常数),求证:Y 的密度函数为

$$f_Y(y)=\frac{1}{|a|}f\left(\frac{y-b}{a}\right).$$

23. 设连续型随机变量 X 具有严格单调增加的分布函数 $F(x)$. 求证:随机变量 $Y=F(X)$ 一定服从 $[0,1]$ 上的均匀分布.

24. 已知 $y=\ln X\sim N(1,2^2)$,求 $P(0.5<X<2)$.

25. 设随机变量 X 在区间 $(1,2)$ 上服从均匀分布,试求随机变量 $Y=e^{2X}$ 的概率密度.

26. 已知患色盲者占总人口的 0.25% 但,试求:

(1) 为发现一例色盲者,至少要检查 25 人的概率;

(2) 为使发现色盲者的概率不小于 0.9,至少要对多少人的辨色力进行检查?

27. 设有一个均匀的陀螺,在其圆周的半圆上都标有刻度 1,另外的半圆上均匀地刻上 $[0,1]$ 上的数字. 转动这个陀螺,当它停下时与桌面相切的点的刻度为随机变量 X,求 X 的分布函数. 它是什么类型的随机变量?

28. 设随机变量 X 服从 $[0,1]$ 上的均匀分布,求 $Y=\sin X$ 的概率密度.

29. 设随机变量 X 服从 $[0,2]$ 上的均匀分布,求 $Y=4X^2-1$ 的概率密度.

30. 设随机变量 X 的分布列为 $X \sim \begin{pmatrix} 0 & \dfrac{\pi}{2} & \pi & \dfrac{3}{2}\pi & 2\pi \\ 0.1 & 0.3 & 0.2 & 0.3 & 0.1 \end{pmatrix}$. 求:

(1) $Y_1=\sin X$ 的分布列;　　(2) $Y_2=2\cos X$ 的分布列.

31. 已知随机变量 X 的概率密度为

$$f(x)=\frac{2}{\pi}\cdot\frac{1}{e^x+e^{-x}}\quad(-\infty<x<+\infty),$$

试求随机变量 $Y=g(X)$ 的概率分布,其中 $g(x)=\begin{cases}-1, & \text{若 } x<0; \\ 1, & \text{若 } x\geqslant 0.\end{cases}$

32. 已知随机变量 X 的概率密度为

$$f(x)=\begin{cases}cx^a e^{-\lambda x}, & \text{若 } x>0; \\ 0, & \text{其他.}\end{cases}$$

其中 $\lambda>0,a>0$ 为已知常数,求未知常数 c 的值.

33. 在超几何分布中,求证:$\displaystyle\sum_{k=0}^{l}\frac{C_M^k C_{N-M}^{n-k}}{C_N^n}=1.$

其中 N,M,n 均为正整数,$n\leqslant M,n\leqslant N-M,N\geqslant M,l=\min(n,M).$

34. 设连续型随机变量 X 的分布函数为

$$F(x)=\begin{cases}a, & x<1; \\ b x\ln x+cx+d, & 1\leqslant x\leqslant c; \\ d, & x>c.\end{cases}$$

试确定 a,b,c,d 的值.

35. 同时掷两颗骰子,观察它们出现的点数,用 X 表示出现的最大点数,求 X 的分布列.

36. 在平面直角坐标系 xOy 内过点 $A(4,0)$ 任意画一条直线(倾角为 θ),设其在 y 轴上的截距为 Y,求 Y 的概率密度.

37. 设随机变量 X 具有关于 y 轴对称的概率密度 $f(x)$,即 $f(-x)=f(x)$,其分布函数为 $F(x)$,试证明对于任意正数 $a>0$,有

(1) $F(-a)=1-F(a)=\dfrac{1}{2}-\displaystyle\int_0^a f(x)\mathrm{d}x;$

(2) $P\{|X|<a\}=2F(a)-1;$

(3) $P\{|X|>a\}=2[1-F(a)].$

38. 某单位计划招聘 2500 人,按考试成绩(满分为 100 分)从高分到低分依次录用,共有 10000 人报名.假设报名者的成绩 $X\sim N(\mu,\sigma^2)$,已知 90 分以上的有 359 人,60 分以下的有 1151 人,问被录用者中最低分为多少?

第三章 多维随机变量及其分布

一、二维随机变量

设 X,Y 是定义在同一个样本空间 Ω 上的两个随机变量,则称二元随机有序数组 (X,Y) 为 Ω 上的二维随机变量(或者称为二维随机向量). X 和 Y 称为 (X,Y) 的两个分量.

注意:(X,Y) 总是可以看作向 (s,t) 平面上投点时随机落点的坐标.

二、联合分布函数

1. 定义

定义 3.1 设 (X,Y) 是二维随机变量,称二元函数

$$F(x,y)=P\{X\leqslant x, Y\leqslant y\}\,(-\infty<x,y<+\infty)$$

为二维随机变量 (X,Y) 的分布函数,或者称为随机变量 X 与 Y 的联合分布函数.

注意:$F(x,y)$ 是向 (s,t) 平面上投点时,随机落在点 (x,y) 的左下方区域的概率.

2. 联合分布函数性质

任意一个二维随机变量 (X,Y) 的分布函数 $F(x,y)$ 都满足:

(1) $0\leqslant F(x,y)\leqslant 1$;

(2) $F(x,y)$ 关于 x 和 y 都是单调不减的;

(3) $F(x,y)$ 关于 x 和 y 都是右连续的;

(4) 对于任意确定的实数 x 和 y,都有

$$F(x,-\infty)=\lim_{y\to-\infty}F(x,y)=0;F(-\infty,y)=\lim_{x\to-\infty}F(x,y)=0;$$

$$F(-\infty,-\infty)=0;F(+\infty,+\infty)=1;$$

(5) 对于任意的实数 $x_1<x_2,y_1<y_2$,有

$$P\{x_1<X\leqslant x_2, y_1<Y\leqslant y_2\}$$

$$= F(x_2,y_2) - F(x_2,y_1) - F(x_1,y_2) + F(x_1,y_1).$$

三、边缘分布函数

1. 定义

定义 3.2 设 (X,Y) 是二维随机变量, 称一元函数

$$F_X(x) = P\{X \leqslant x\} \quad (-\infty < x < \infty)$$

为 (X,Y) 关于 X 的边缘分布函数.

类似地, 称一元函数

$$F_Y(x) = P\{Y \leqslant y\} \quad (-\infty < y < \infty)$$

为 (X,Y) 关于 Y 的边缘分布函数.

注意：(1) $F_X(x)$ 和 $F_Y(y)$ 分别表示向 (s,t) 平面上投点时, 随机点落在直线 $s=x$ 的左面和直线的下面的概率.

(2) 边缘分布函数与第二章中的一维随机变量的分布函数没有本质的区别, 它们都是事件的概率. 只不过边缘分布所对应的试验 x 是向平面上投点, 而一维随机变量的分布所对应的试验是向轴上投点. 事实上, 二维随机变量的每一个分量也都是一维随机变量. 当我们只考虑落点的横坐标 (纵坐标) 时, 就得到关于 X (关于 Y) 的边缘分布.

四、二维离散型随机变量的分布

1. 定义

定义 3.3 如果二维随机变量 (X,Y) 的所有可能的取值最多有可列个二元有序数组, 则称 (X,Y) 是二维离散型随机变量.

定义 3.4 表示二维离散型随机变量 (X,Y) 的所有可能的取值及其概率的式子

$$P\{(X,Y) = (x_i,y_j)\} = p_{ij} \quad (i,j = 1,2,3,\cdots)$$

称作 (X,Y) 的分布列 (或称分布律、概率分布), 也称作随机变量 X 与 Y 的联合分布列 (律).

上式也可写作

$$P\{X = x_i, Y = y_j\} = p_{ij} \quad (i,j = 1,2,3,\cdots).$$

联合分布律也可用下列表格形式给出：

X＼Y	y_{11}	y_{12}	...	y_{1j}	...
x_{11}	p_{11}	p_{12}	...	p_{1j}	...
x_{12}	p_{21}	p_{22}	...	p_{2j}	...
⋮	⋮	⋮		⋮	
x_{1j}	p_{i1}	p_{i2}	...	p_{ij}	...
⋮	⋮	⋮		⋮	⋮

联合分布律的性质：

(1) $0 \leqslant p_{ij} \leqslant 1$；　　(2) $\sum\limits_{i=1}^{\infty} \sum\limits_{j=1}^{\infty} p_{ij} = 1$.

定义 3.5　设二维离散型随机变量 (X,Y) 的分布列为

$$P\{(X,Y)=(x_i,y_j)\}=p_{ij} \quad (i,j=1,2,3,\cdots),$$

则随机变量 X 和 Y 的分布列分别为

$$P\{X=x_i\}=\sum\limits_{j=1}^{\infty} p_{ij}=p_i. \quad (i=1,2,\cdots),$$

$$P\{Y=y_j\}=\sum\limits_{i=1}^{\infty} p_{ij}=p_j. \quad (j=1,2,\cdots).$$

它们分别称作关于 X 和关于 Y 的边缘分布列(律).

注意：(1) 关于随机变量 X(或 Y)的边缘分布列表示的是随机变量 (X,Y) 的分量 X(或 Y)的所有可能的取值及其概率.边缘分布列是由联合分布列惟一确定的.事实上,只要逐行(或逐列)求和即得到关于随机变量 X(或 Y)的边缘分布列.

(2) 边缘分布列与边缘分布函数的关系与一维随机变量的分布列与分布函数的关系是完全相同的.

定义 3.6　设二维离散型随机变量 (X,Y) 的分布列为

$$P\{(X,Y)=(x_i,y_j)\}=p_{ij} \quad (i,j=1,2,3,\cdots).$$

若对于某个确定的 y_j 满足 $P\{Y=y_j\}=p._j>0$,那么在已知事件 $\{Y=y_j\}$ 发生的条件下,对于随机变量 X 的每一个可能的取值 x_i,事件 $\{X=x_i\}$ 的条件概率为

$$P\{X=x_i|Y=y_j\}=\frac{P\{X=x_i,Y=y_j\}}{P\{Y=y_j\}}=\frac{p_{ij}}{p._j} \quad (i=1,2,\cdots).$$

这些表示在 $\{Y=y_j\}$ 条件下 X 的所有可能的取值及其条件概率的式子称作

在$\{Y=y_j\}$条件下 X 的条件分布列.

同样,若对于某个确定的 x_i 满足 $P\{X=x_i\}=p_i.>0$,那么在已知事件$\{X=x_i\}$发生的条件下,对于随机变量 Y 的每一个可能的取值 y_j,事件$\{Y=y_j\}$的条件概率为

$$P\{y=y_j\,|\,X=x_i\}=\frac{P\{X=x_i,Y=y_j\}}{P\{X=x_i\}}=\frac{p_{ij}}{p_i.}\quad(j=1,2,\cdots).$$

这些表示在$\{X=x_i\}$条件下 Y 的所有可能的取值及其条件概率的式子称作在$\{X=x_i\}$条件 Y 下的条件分布列.

注意:(1) 只有当 $P\{Y=y_j\}>0(P\{X=x_i\}>0)$时,在$\{Y=y_j\}$($\{X=x_i\}$)条件下 $X(Y)$的条件分布列才有意义. 这一点是由条件概率的定义决定的. 条件分布列中的概率都是条件概率.

(2) 条件分布也可以用分布函数来表示,这就是条件分布函数.

(3) 条件分布列与条件分布函数的关系同一维随机变量的分布列与分布函数的关系完全相同.

五、二维连续型随机变量的分布

1. 定义

定义 3.7 设二维随机变量(X,Y)的分布函数是 $F(x,y)$,如果存在非负可积函数 $f(x,y)$,使得对于任意的有序数组(x,y),都有

$$F(x,y)=\iint\limits_{\substack{s\leqslant x\\t\leqslant y}}f(s,t)\mathrm{d}s\mathrm{d}t.$$

则称(X,Y)是二维连续型随机变量,并称 $f(x,y)$ 是(X,Y)的概率密度(密度函数、分布密度),或称为随机变量 X 与 Y 的联合概率密度(联合密度函数、联合分布密度).

2. 联合概率密度的性质

(1) $f(x,y)\geqslant0$.

(2) $\displaystyle\int_{-\infty}^{+\infty}\int_{-\infty}^{+\infty}f(x,y)\mathrm{d}x\mathrm{d}y=1$.

(3) 若 $f(x,y)$在点(x,y)连续,则$\dfrac{\partial^2F(x,y)}{\partial x\partial y}=f(x,y)$.

(4) 对于平面上的任意区域 D,都有

$$P\{(X,Y)\in D\}=\iint\limits_{D}f(x,y)\mathrm{d}x\mathrm{d}y.$$

3. 边缘概率密度

设二维连续型随机变量 (X,Y) 的概率密度为 $f(x,y)$,则关于随机变量 X 和 Y 的边缘概率密度分别是

$$f_X(x)=\int_{-\infty}^{+\infty}f(x,y)\mathrm{d}y;f_Y(y)=\int_{-\infty}^{+\infty}f(x,y)\mathrm{d}x.$$

注意:

(1) 边缘概率密度与边缘分布函数都是表示二维随机变量的每一个分量的分布规律的工具. 两者的关系同一维随机变量的概率密度与分布函数的关系完全相同:

$$F_X(x)=\int_{-\infty}^{x}f_X(t)\mathrm{d}t;F_Y(y)=\int_{-\infty}^{y}f_Y(t)\mathrm{d}t.$$

(2) 联合概率密度可以惟一确定边缘概率密度,反之不一定.

(3) 由联合概率密度求边缘概率密度是本章的重点和难点之一,有关方法见本章例题.

4. 条件概率密度

设二维连续型随机变量 (X,Y) 的概率密度为 $f(x,y)$.

(1) 若对于某个实数 y 满足 $f_Y(y)>0$,则在 $\{Y=y\}$ 的条件下随机变量 X 的条件概率密度为

$$f_{X|Y}(x|y)=\frac{f(x,y)}{f_Y(y)}\quad(-\infty<x<+\infty)$$

(2) 若对于某个实数 x 满足 $f_X(x)>0$,则在 $\{X=x\}$ 的条件下随机变量 Y 的条件概率密度为

$$f_{Y|X}(y|x)=\frac{f(x,y)}{f_X(x)}\quad(-\infty<y<+\infty)$$

注意:(1) 条件分布也可以用分布函数来表示,这就是条件分布函数.

(2) 条件概率密度与条件分布函数都是表示在已知二维随机变量的一个分量的取值的条件下另外一个分量的分布规律的工具. 两者的关系同一维随机变量的概率密度与分布函数的关系完全相同.

六、随机变量的独立性

1. 定义

定义 3.8 设随机变量 (X,Y) 的联合分布函数是 $F(x,y)$,边缘分布函数分别是 $F_X(x)$ 和 $F_Y(y)$,如果对于任意的实数 x,y,都有 $F(x,y)=F_X(x)\cdot F_Y(y)$ 成立,则称随机变量 X 与 Y 互相独立,简称独立.

2. 独立的等价条件

定理 3.1 二维离散型随机变量 (X,Y) 的两个分量 X 与 Y 互相独立的充

要条件是对于所有的(x_i, y_j),都有

$$P\{(X,Y)=(x_i, y_j)\}=P\{X=x_i\} \cdot P\{Y=y_j\}.$$

定理 3.2 二维连续型随机变量(X,Y)的两个分量X与Y互相独立的充要条件是

$$f(x,y)=f_Y(x) \cdot f_Y(y)$$

在所有的连续点(x,y)处都成立.

3. 注意的几个问题

(1) 随机变量X与Y互相独立的充要条件是由X所生成的任一事件与由Y所生成的任一事件互相独立.

(2) 如果随机变量X与Y互相独立,则对于任意的函数$g(x),h(y)$,均有$g(X)$与$h(Y)$互相独立.

七、二维随机变量函数的分布

1. 离散型

设二维离散型随机变量(X,Y)的分布列为

$$P\{(X,Y)=(x_i, y_j)\}=p_{ij} \quad (i,j=1,2,3,\cdots),$$

随机变量$Z=g(X,Y)$的所有可能的取值为$z_k(k=1,2,3,\cdots)$,则随机变量Z的分布列为

$$P\{Z=z_k\}=\sum p_{ij} \quad (k=1,2,3,\cdots),$$

这里的和式表示对所有的满足$g(x_i, y_j)=z_k$的(x_i, y_j)的概率p_{ij}求和.

2. 连续型

设连续型随机变量(X,Y)的概率密度为$f(x,y)$,$z=g(x,y)$为连续函数,则随机变量$Z=g(X,Y)$仍然是连续型随机变量.要求随机变量Z的概率密度$f_Z(z)$,一般是先求它的分布函数$F_Z(z)$,然后由$f_Z(z)=F'_Z(z)$得到概率密度.这种方法称作分布函数法.

$$F_Z(z)=P\{Z \leqslant z\}=P\{g(X,Y) \leqslant z\}=\iint\limits_{D_z} f(x,y)\mathrm{d}x\mathrm{d}y.$$

这里积分区域是$D_z=\{(x,y) \mid g(x,y) \leqslant z\}$.

注意:(1) 积分区域$D_z=\{(x,y) \mid g(x,y) \leqslant z\}$与$z$有关,如何求区域$D_z$是问题的关键.实际计算时一般要根据自变量$z$的不同区间讨论.这是本章的又一个重点和难点,请关注后面的有关例题.

(2) 事件$\{g(X,Y) \leqslant z\}$与事件$\{(X,Y) \in D_z\}$是等价(即相等)的事件,故概率相等.

（3）由分布函数求导数即得到密度函数.

（4）**定理 3.3**　当已知 (X,Y) 的概率密度 $f(x,y)$，求 $Z=X+Y$ 的概率密度时，有下面的卷积公式：

$$f_Z(z)=\int_{-\infty}^{+\infty}f(z-y,y)\mathrm{d}y \text{ 或 } f_Z(z)=\int_{-\infty}^{+\infty}f(x,z-x)\mathrm{d}x.$$

特别地，当已知 X 与 Y 的概率密度 $f_X(x)$ 和 $f_Y(y)$，并且 X 与 Y 互相独立时，上述卷积公式即为：

$$f_Z(z)=\int_{-\infty}^{+\infty}f_X(z-y)f_Y(y)\mathrm{d}y \text{ 或 } f_Z(z)=\int_{-\infty}^{+\infty}f_X(x)f_Y(z-x)\mathrm{d}x.$$

八、常见的二维随机变量及其函数的分布

1. 二维均匀分布

设 D 为 xOy 平面上的有界区域，其面积为 $S(D)$. 如果二维连续型随机变量 (X,Y) 的概率密度为

$$f(x,y)=\begin{cases}\dfrac{1}{S(D)}, & (x,y)\in D;\\[2mm] 0, & (x,y)\notin D;\end{cases}$$

则称 (X,Y) 服从区域 D 上的均匀分布.

2. 二维正态分布

（1）**定义 3.9**　若二维连续型随机变量 (X,Y) 的概率密度为

$$f(x,y)=\frac{1}{2\pi\sigma_1\sigma_2\sqrt{1-\rho^2}}\mathrm{e}^{-\frac{1}{2(1-\rho^2)}\left\{\frac{(x-\mu_1)^2}{\sigma_1^2}-\frac{2\rho(x-\mu_1)(y-\mu_2)}{\sigma_1\sigma_2}+\frac{(y-\mu_2)^2}{\sigma_2^2}\right\}},$$

其中 $\mu_1,\mu_2,\sigma_1^2,\sigma_2^2,\rho$ 均为常数，且 $\sigma_1>0,\sigma_2>0,-1<\rho<1$. 则称 (X,Y) 服从参数是 $\mu_1,\mu_2;\sigma_1^2,\sigma_2^2;\rho$ 的二维正态分布，记作 $(X,Y)\sim N(\mu_1,\mu_2;\sigma_1^2,\sigma_2^2;\rho)$.

（2）重要定理

定理 3.4　设 $(X,Y)\sim N(\mu_1,\mu_2;\sigma_1^2,\sigma_2^2;\rho)$，则 (X,Y) 的边缘分布是：

$$X\sim N(\mu_1,\sigma_1^2);Y\sim N(\mu_1,\sigma_2^2).$$

该定理说明，当 (X,Y) 服从二维正态分布时，其边缘分布与参数 ρ 无关. 换句话说，改变参数 ρ 的值（其他参数不变）时，边缘分布并不改变. 这也说明，边缘分布不能确定联合分布.

定理 3.5　设 $(X,Y)\sim N(\mu_1,\mu_2;\sigma_1^2,\sigma_2^2;\rho)$，则 X 与 Y 互相独立的充要条件是 $\rho=0$.

定理 3.6　设 $(X,Y)\sim N(\mu_1,\mu_2;\sigma_1^2,\sigma_2^2;\rho)$，$a,b,c,d$ 是任意常数且 $\begin{vmatrix}a & b\\ c & d\end{vmatrix}\neq$

0,则随机变量 $U=aX+bY$ 与 $V=cX+dY$ 的联合分布仍然是二维正态分布且

$$(U,V)=(aX+bY,cX+dY)\sim N(\overline{\mu_1},\overline{\mu_2};\overline{\sigma_1^2},\overline{\sigma_2^2};\overline{\rho}).$$

这里的分布参数分别是：

$$\overline{\mu_1}=EU=a\mu_1+b\mu_2;$$

$$\overline{\mu_2}=EV=c\mu_1+d\mu_2;$$

$$\overline{\sigma_1^2}=DU=a^2\sigma_1^2+b^2\sigma_2^2+2ab\rho\sigma_1\sigma_2;$$

$$\overline{\sigma_2^2}=DV=c^2\sigma_1^2+d^2\sigma_2^2+2cd\rho\sigma_1\sigma_2;$$

$$\overline{\rho}=\rho_{UV}=\frac{ac\sigma_1^2+bd\sigma_2^2+(ad+bc)\rho\sigma_1\sigma_2}{\sqrt{a^2\sigma_1^2+b^2\sigma_2^2+2ab\rho\sigma_1\sigma_2}\cdot\sqrt{c^2\sigma_1^2+d^2\sigma_2^2+2cd\rho\sigma_1\sigma_2}}.$$

推论 3.6.1 设随机变量 $X\sim N(\mu_1,\sigma_1^2)$，$Y\sim N(\mu_2,\sigma_1^2)$，并且 X 与 Y 互相独立,则对于任意不全为零的常数 a,b,有

$$aX+bY\sim N(a\mu_1+b\mu_2,a^2\sigma_1^2+b^2\sigma_2^2).$$

特别地,当 $a=1,b=\pm1$ 时,得到以下推论：

推论 3.6.2 设随机变量 $X\sim N(\mu_1,\sigma_1^2)$，$Y\sim N(\mu_2,\sigma_2^2)$，并且 X 与 Y 互相独立,则

$$X\pm Y\sim N(\mu_1\pm\mu_2,\sigma_1^2+\sigma_2^2).$$

该推论也称作正态分布的参数可加性. 类似的定理还有

定理 3.7 设随机变量 X 与 Y 互相独立,则有

(1) 若 $X\sim B(n,p)$，$Y\sim B(m,p)$,则 $X+Y\sim B(m+n,p)$；

(2) 若 $X\sim P(\lambda_1)$，$Y\sim P(\lambda_2)$,则 $X+Y\sim P(\lambda_1+\lambda_2)$.

3. 最大、最小值的分布

定理 3.8 设随机变量 X 与 Y 互相独立,它们的分布函数分别是 $F_X(x)$ 和 $F_Y(y)$,最大、最小值分别是 $M=\max(X,Y)$，$N=\min(X,Y)$,则 M 和 N 的分布函数分别是

$$F_M(z)=F_X(z)\cdot F_Y(z);$$

$$F_N(z)=1-[1-F_X(z)]\cdot[1-F_Y(z)].$$

定理 3.9 设随机变量 $X_1,X_2,\cdots,X_n$ 独立同分布,它们的分布函数都是 $F(x)$,则它们的最大值 $M=\max(X_1,X_2,\cdots,X_n)$ 和最小值 $N=\min(X_1,X_2,\cdots,X_n)$ 的分布函数分别是

$$F_M(x)=F^n(x);$$

$$F_N(x)=1-[1-F(x)]^n.$$

例 3.1　设二维随机变量 (X,Y) 的概率密度为

$$f(x,y)=\begin{cases}C(R-\sqrt{x^2+y^2}),& x^2+y^2\leqslant R^2;\\[2mm]0,&\text{其他}.\end{cases}$$

(1) 求 C 的值；

(2) 求 $P\{X^2+Y^2\leqslant r^2\}(0<r<R)$.

解　(1) 由 $\displaystyle\int_{-\infty}^{+\infty}\int_{-\infty}^{+\infty}f(x,y)\mathrm{d}x\mathrm{d}y=1$，以及 $f(x,y)$ 的表达式，得

$$\iint\limits_{x^2+y^2\leqslant R^2}C(R-\sqrt{x^2+y^2})\mathrm{d}x\mathrm{d}y=1.$$

将上式转化成极坐标计算，得

$$1=C\int_0^{2\pi}\mathrm{d}\theta\int_0^R(R-\rho)\rho\mathrm{d}\rho=C\left(\pi R^3-\int_0^{2\pi}\frac{R^3}{3}\mathrm{d}\theta\right)=\frac{1}{3}\pi R^3C.$$

所以 $C=\dfrac{3}{\pi R^3}$.

(2) $\displaystyle P\{X^2+Y^2\leqslant r^2\}=\iint\limits_{x^2+y^2\leqslant r^2}f(x,y)\mathrm{d}x\mathrm{d}y$

$$=\iint\limits_{x^2+y^2\leqslant r^2}\frac{3}{\pi R^3}(R-\sqrt{x^2+y^2})\mathrm{d}x\mathrm{d}y$$

$$=\frac{3}{\pi R^3}\int_0^{2\pi}\mathrm{d}\theta\int_0^r(R-\rho)\rho\mathrm{d}\rho=\frac{3r^2}{R^2}\left(1-\frac{2r}{3R}\right).$$

例 3.2　设二维随机变量 (X,Y) 的概率密度为

$$f(x,y)=\frac{1}{200\pi}\mathrm{e}^{-\frac{x^2+y^2}{200}},(-\infty<x,y<+\infty).\text{ 求 }P\{X<Y\}.$$

解法 1　记 $D_1=\{(x,y)\,|\,x<y\}$，$D_2=\{(x,y)\,|\,x>y\}$，则有

$$P\{X<Y\}=\iint\limits_{D_1}f(x,y)\mathrm{d}x\mathrm{d}y.$$

下面利用极坐标计算.

$$P\{X<Y\}=\int_{\frac{\pi}{4}}^{\frac{5\pi}{4}}\mathrm{d}\theta\int_0^{+\infty}\frac{1}{200\pi}\mathrm{e}^{-\frac{\rho^2}{200}}\rho\mathrm{d}\rho$$

$$=\int_{\frac{\pi}{4}}^{\frac{5\pi}{4}}\left(\frac{1}{2\pi}\mathrm{e}^{-\frac{1}{200}r^2}\Big|_0^{+\infty}\right)\mathrm{d}\theta=\int_{\frac{\pi}{4}}^{\frac{5\pi}{4}}\frac{1}{2\pi}\mathrm{d}\theta=\frac{1}{2}.$$

解法 2　注意到区域 D_1 和 D_2 关于直线 $y=x$ 对称，概率密度(即被积函数) $f(x,y)$ 满足 $f(x,y)=f(y,x)$，根据二重积分的性质，有

$$\iint\limits_{D_1}f(x,y)\mathrm{d}x\mathrm{d}y=\iint\limits_{D_2}f(x,y)\mathrm{d}x\mathrm{d}y$$

成立；又根据概率密度的性质，有

$$\iint\limits_{D_1} f(x,y)\mathrm{d}x\mathrm{d}y + \iint\limits_{D_2} f(x,y)\mathrm{d}x\mathrm{d}y = 1$$

成立. 所以

$$\iint\limits_{D_1} f(x,y)\mathrm{d}x\mathrm{d}y = \iint\limits_{D_2} f(x,y)\mathrm{d}x\mathrm{d}y = \frac{1}{2}.$$

注意的几个问题：

1. 求二维连续型随机变量 (X,Y) 的概率密度 $f(x,y)$ 中的待定常数（不妨设为 C）的一般步骤为：

（1）根据 $f(x,y)$ 的表达式确定区域 $D = \{(x,y) \mid f(x,y) \neq 0\}$；

（2）计算二重积分 $\iint\limits_{D} f(x,y)\mathrm{d}x\mathrm{d}y$ 的值；

（3）解方程 $\iint\limits_{D} f(x,y)\mathrm{d}x\mathrm{d}y = 1$ 求出 C 的值.

2. 已知二维连续型随机变量 (X,Y) 的概率密度 $f(x,y)$，求事件的概率 $P\{(X,Y) \in G\}$ 的一般步骤为：

（1）根据 $f(x,y)$ 的表达式确定区域 $D = \{(x,y) \mid f(x,y) \neq 0\}$；

（2）确定公共区域 $D \cap G$（最好在 xOy 平面上画出它的图形，以便于计算）；

（3）计算 $P\{(X,Y) \in G\} = \iint\limits_{D \cap G} f(x,y)\mathrm{d}x\mathrm{d}y.$

3. 以上运算都要求读者熟练掌握二重积分的计算方法. 如何在直角坐标系下化为累次积分？如何利用极坐标计算？如何利用积分区域的对称性以及被积函数的奇偶性简化运算？在本章中还有许多计算要用到这些方法.

例3.3　设二维随机变量 (X,Y) 在由曲线 $y = \dfrac{1}{x}$ 和直线 $y=0, x=1, x=\mathrm{e}^2$ 围成的区域 D 上服从均匀分布，试分别求关于 X，关于 Y 的边缘概率密度 $f_X(x)$ 和 $f_Y(y)$.

解　先画出区域 D 的图形（图略），并求出区域 D 的面积 $S(D)$：

$$S(D) = \int_1^{\mathrm{e}^2} \frac{1}{x}\mathrm{d}x = \ln x \Big|_1^{\mathrm{e}^2} = 2.$$

所以 (X,Y) 的概率密度为 $f(x,y) = \begin{cases} \dfrac{1}{2}, & (x,y) \in D; \\ 0, & (x,y) \notin D. \end{cases}$

于是

$$f_X(x)=\int_{-\infty}^{+\infty}f(x,y)\mathrm{d}y=\begin{cases}\int_0^{\frac{1}{x}}\dfrac{1}{2}\mathrm{d}y,&1<x<\mathrm{e}^2\\0,&\text{其他}\end{cases}=\begin{cases}\dfrac{1}{2x},1<x<\mathrm{e}^2;\\0,\text{其他}.\end{cases}$$

$$f_Y(x)=\int_{-\infty}^{+\infty}f(x,y)\mathrm{d}x=\begin{cases}\int_1^{\mathrm{e}^2}\dfrac{1}{2}\mathrm{d}x,&0<y<\mathrm{e}^{-2}\\\int_1^{\frac{1}{y}}\dfrac{1}{2}\mathrm{d}x,&\mathrm{e}^{-2}<y<1\\0,&\text{其他}\end{cases}=\begin{cases}\dfrac{\mathrm{e}^2-1}{2},0<y<\mathrm{e}^{-2};\\\dfrac{1-y}{2y},\mathrm{e}^{-2}<y<1;\\0,\text{其他}.\end{cases}$$

注意：由(X,Y)的概率密度$f(x,y)$求关于X(或关于Y)的边缘概率密度$f_X(x)[$或$f_Y(y)]$的一般步骤为：

(1) 在平面直角坐标系中画出区域$D=\{(x,y)|f(x,y)\neq0\}$；

(2) 找出区域D中点的横坐标(或纵坐标)的变化范围$a\leqslant x\leqslant b$(或$c\leqslant y\leqslant d$)；

(3) 在区间$[a,b]$(或$[c,d]$)上任取一点x(或y)，作垂直于x轴(或y轴)的直线.该直线被区域D截下一段.观察这一段上点的纵坐标(或横坐标)的变化范围并用x(或y)表示出来，不妨设为$\varphi_1(x)\leqslant y\leqslant\varphi_2(x)[$或$\Psi_1(y)\leqslant x\leqslant\Psi_2(y)]$，这就是积分区间.

(4) 写出概率密度

$$f_X(x)=\begin{cases}\int_{\varphi_1(x)}^{\varphi_2(x)}f(x,y)\mathrm{d}y,&a\leqslant x\leqslant b;\\0,&\text{其他}.\end{cases}$$

或

$$f_Y(y)=\begin{cases}\int_{\Psi_1(y)}^{\Psi_2(y)}f(x,y)\mathrm{d}x,&c\leqslant y\leqslant d;\\0,&\text{其他}.\end{cases}$$

例 3.4　设二维连续型随机变量(X,Y)的概率密度为

$$f(x,y)=\begin{cases}3x,&0<x<1,0<y<x;\\0,&\text{其他}.\end{cases}$$

求$Z=X-Y$的概率密度.

解　求二维随机变量函数的概率密度，一般先求分布函数.首先画出区域$D=\{(x,y)|f(x,y)\neq0\}$(如图 3-1).对于任意实数z，有

$$F_Z(z)=P\{X-Y\leqslant z\}=\iint\limits_{x-y\leqslant z}f(x,y)\mathrm{d}x\mathrm{d}y.$$

这里的积分区域$\{(x,y)|x-y\leqslant z\}$随着自变量z的不同取值而变化，需讨论.如

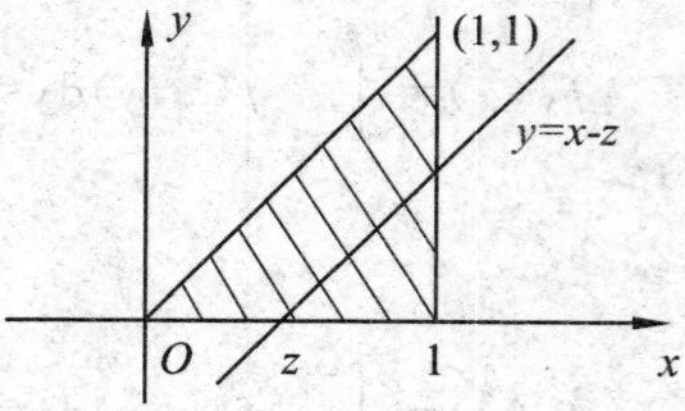

图 3-1,积分区域 $G_z = \{(x,y) \mid x-y \leqslant z\}$ 是直线 $x-y=z$ 上方区域,z 是直线在 x 轴的截距.

当 $z < 0$ 时,在 G_z 中恒有 $f(x,y)=0$,所以 $F_z(z)=0$.

当 $z \geqslant 1$ 时,区域 D 完全包含在区域 G_z 中,于是 $F_z(z)=1$.

当 $0 \leqslant z < 1$ 时,

$$F_z(z) = P\{X-Y \leqslant z\} = \iint\limits_{x-y \leqslant z} f(x,y)\mathrm{d}x\mathrm{d}y$$

$$= 1 - \iint\limits_{x-y > z} f(x,y)\mathrm{d}x\mathrm{d}y = 1 - \int_z^1 \mathrm{d}x \int_0^{x-z} 3x\mathrm{d}y = \frac{1}{2}z(3-z^2).$$

即

$$F_z(z) = \begin{cases} 0, & z < 0; \\ \dfrac{1}{2}z(3-z^2), & 0 \leqslant z < 1; \\ 1, & z \geqslant 1. \end{cases}$$

于是

$$f_Z(z) = F_Z'(z) = \begin{cases} \dfrac{3}{2}(1-z^2), & 0 \leqslant z < 1; \\ 0, & 其他. \end{cases}$$

注意:由 (X,Y) 的概率密度求随机变量 $Z=g(X,Y)$ 的概率密度 $f_Z(z)$ 的一般步骤为:

(1) 确定并画出区域 $D = \{(x,y) \mid f(x,y) \neq 0\}$;

(2) 求 $Z=g(X,Y)$ 的分布函数

$$F_Z(z) = P\{g(X,Y) \leqslant z\} = \iint\limits_{g(x,y) \leqslant z} f(x,y)\mathrm{d}x\mathrm{d}y.$$

这是关键的一步.一般要根据 z 的不同取值进行讨论.积分区域是

$$G_z = \{(x,y) \mid g(x,y) \leqslant z\} \text{ 和 } D = \{(x,y) \mid f(x,y) \neq 0\}$$

的公共部分.根据它们的公共部分的不同形状确定 $F_Z(z)$ 的自变量 z 的分段点.

(3) 由分布函数分段求导即得概率密度.即 $f_Z(z) = F_Z'(z)$.

例 3.5 设二维连续型随机变量 (X,Y) 的概率密度为

$$f(x,y) = \begin{cases} \mathrm{e}^{-y}, & 0 < x < y; \\ 0, & 其他. \end{cases}$$

试求:

(1) 边缘概率密度 $f_X(x)$ 和 $f_Y(y)$;

(2) 条件概率密度 $f_{X|Y}(x \mid y)$ 和 $f_{Y|X}(y \mid x)$,并判断 X 与 Y 的独立性;

(3) $P\{X>2\,|\,Y=4\}$;

(4) $P\{X+Y\leqslant 1\}$.

解 首先画出区域 $D=\{(x,y)\,|\,f(x,y)\neq 0\}$. 如图 3-2(a)所示.

(1) $f_X(x)=\displaystyle\int_{-\infty}^{+\infty}f(x,y)\mathrm{d}y=\begin{cases}\displaystyle\int_x^{+\infty}\mathrm{e}^{-y}\mathrm{d}y,x>0\\[2mm]0,\qquad\quad\text{其他}\end{cases}=\begin{cases}\mathrm{e}^{-x},&x>0;\\[2mm]0,&\text{其他}.\end{cases}$

$f_Y(y)=\displaystyle\int_{-\infty}^{+\infty}f(x,y)\mathrm{d}x=\begin{cases}\displaystyle\int_0^y\mathrm{e}^{-y}\mathrm{d}x,&y>0\\[2mm]0,&\text{其他}\end{cases}=\begin{cases}y\mathrm{e}^{-y},&y>0;\\[2mm]0,&\text{其他}.\end{cases}$

(2) 当 $y>0$ 时,$f_Y(y)>0$,在 $Y=y$ 条件下 X 的条件概率密度存在,并且

$$f_{X|Y}(x\,|\,y)=\frac{f(x,y)}{f_Y(y)}=\begin{cases}\dfrac{\mathrm{e}^{-y}}{y\mathrm{e}^{-y}}=\dfrac{1}{y},&0<x<y;\\[3mm]0,&\text{其他}.\end{cases}$$

当 $x>0$ 时,$f_X(x)>0$ 在 $X=x$ 条件下 Y 的条件概率密度存在,并且

$$f_{Y|X}(y\,|\,x)=\frac{f(x,y)}{f_X(x)}=\begin{cases}\dfrac{\mathrm{e}^{-y}}{\mathrm{e}^{-x}}=\mathrm{e}^{x-y},&y>x;\\[3mm]0,&\text{其他}.\end{cases}$$

因为 $f_X(x)f_Y(y)=\begin{cases}y\mathrm{e}^{-x-y},&x>0,y>0;\\[2mm]0,&\text{其他}.\end{cases}$

所以 $f_X(x)f_Y(y)\neq f(x,y)$,即 X 与 Y 不独立.

(3) 将 $y=4$ 代入 $f_{X|Y}(x\,|\,y)$ 的表达式,即得到在 $\{Y=4\}$ 的条件下 X 的条件概率密度:

$$f_{X|Y}(x\,|\,4)=\begin{cases}\dfrac{1}{4},&0<x<4;\\[3mm]0,&\text{其他}.\end{cases}$$

所以 $P\{X>2\,|\,Y=4\}=\displaystyle\int_2^{+\infty}f_{X|Y}(x\,|\,4)\mathrm{d}x=\int_2^4\frac{1}{4}\mathrm{d}x=\frac{1}{2}$.

(4) 如图 3-2(b)所示,即求随机变量落在阴影部分的概率.

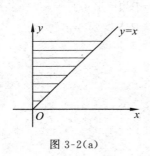

图 3-2(a)

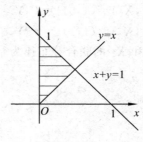

图 3-2(b)

$$P\{X+Y\leqslant 1\}=\iint\limits_{x+y\leqslant 1}f(x,y)\mathrm{d}x\mathrm{d}y$$

$$=\int_0^{\frac{1}{2}}\mathrm{d}x\int_x^{1-x}\mathrm{e}^{-y}\mathrm{d}y=-\int_0^{\frac{1}{2}}[\mathrm{e}^{x-1}-\mathrm{e}^{-x}]\mathrm{d}x=1+\mathrm{e}^{-1}-2\mathrm{e}^{-\frac{1}{2}}.$$

注意有关条件概率的几个问题：

(1) 只有当 $f_Y(y)>0$ 时,在 $Y=y$ 条件下 X 的条件概率密度 $f_{X|Y}(x|y)$ 才存在.同样地,只有当 $f_X(x)>0$ 时,在 $X=x$ 条件下 Y 的条件概率密度 $f_{Y|X}(y|x)$ 才存在.

(2) 由条件概率密度积分即可得到条件分布函数或事件的条件概率：

$$F_{X|Y}(x|y)=\int_{-\infty}^x f_{X|Y}(t|y)\mathrm{d}t;\ F_{Y|X}(y|x)=\int_{-\infty}^y f_{Y|X}(t|x)\mathrm{d}t;$$

$$P\{X\in D|Y=y\}=\int_D f_{X|Y}(x|y)\mathrm{d}x;\ P\{Y\in G|X=x\}=\int_G f_{Y|X}(y|x)\mathrm{d}y.$$

(3) 条件概率密度与条件分布函数的关系类似于一维随机变量的概率密度与分布函数的关系,只不过它们都是表示条件概率的工具.

例 3.6 设随机变量 Y 服从参数为 $\lambda=1$ 的指数分布,随机变量 X_1 和 X_2 定义如下：

$$X_k=\begin{cases}1,Y>k,\\0,Y\leqslant k;\end{cases}\quad(k=1,2).$$

试求：

(1) X_1 和 X_2 的联合分布律；

(2) 判断 X_1 和 X_2 是否独立.

解 (1) Y 的分布函数为 $F(y)=\begin{cases}1-\mathrm{e}^{-y},&y\geqslant 0;\\0,&y<0.\end{cases}$

(X_1,X_2) 只有四个可能的取值：$(0,0),(0,1),(1,0),(1,1)$. 概率分别是

$$P\{(X_1,X_2)=(0,0)\}=P\{Y\leqslant 1,Y\leqslant 2\}=P\{Y\leqslant 1\}=1-\mathrm{e}^{-1};$$

$$P\{(X_1,X_2)=(0,1)\}=P\{Y\leqslant 1,Y>2\}=0;$$

$$P\{(X_1,X_2)=(1,0)\}=P\{Y>1,Y\leqslant 2\}=P\{1<Y\leqslant 2\}=\mathrm{e}^{-1}-\mathrm{e}^{-2};$$

$$P\{(X_1,X_2)=(1,1)\}=P\{Y>1,Y>2\}=P\{Y>2\}=\mathrm{e}^{-2}.$$

于是得 X_1 和 X_2 的联合分布律为

X_1 $\diagdown$ X_2	0	1
0	$1-\mathrm{e}^{-1}$	0
1	$\mathrm{e}^{-1}-\mathrm{e}^{-2}$	e^{-2}

（2）$P\{X_1=0\}=1-\mathrm{e}^{-1}, P\{X_2=0\}=1-\mathrm{e}^{-2}$，

　　　$P\{(X_1,X_2)=(0,0)\}=1-\mathrm{e}^{-1}$.

因为　　　　　　　$P\{(X_1,X_2)=(0,0)\}\neq P\{X_1=0\}P\{X_2=0\}$，

所以 X_1 与 X_2 不独立.

　　例 3.7　设二维离散型随机变量(X,Y)满足 $P\{XY=0\}=1$，已知其联合分布与边缘分布中的部分数值（如下表），请将缺少的数据补上，填写下列概率分布表.

X $\diagdown$ Y	-1	0	$P\{X=x_i\}$
-1			1/6
0			1/2
1			1/3
$P\{Y=y_j\}$	1/3		

　　解　由 $P\{XY=0\}=1$，得 $P\{XY\neq0\}=0$. 又因为

　　　$\{XY\neq0\}=\{(X,Y)=(-1,-1)\}\bigcup\{(X,Y)=(1,-1)\}$，

故　　　　　　　$P\{(X,Y)=(-1,-1)\}=P\{(X,Y)=(1,-1)\}=0$.

　　根据联合分布列与边缘分布列的性质以及两者之间的关系，易得其他概率值（过程略，结果见下表）.

X $\diagdown$ Y	-1	0	$P\{X=x_i\}$
-1	0	1/6	1/6
0	1/3	1/6	1/2
1	0	1/3	1/3
$P\{Y=y_j\}$	1/3	2/3	

例 3.8　假设一电路装有三个同种电气元件,其工作状态互相独立,且无故障工作时间都服从参数为 $\lambda > 0$ 的指数分布. 当三个元件都无故障时,电路正常工作,否则整个电路不能正常工作. 试求电路正常工作的时间的概率分布.

　　解　设三个元件的寿命分别为 T_1, T_2, T_3,则 $T = \min\{T_1, T_2, T_3\}$. 由于 T_1, T_2, T_3 的分布函数均为

$$F(t) = \begin{cases} 1 - e^{-\lambda t}, & t \geqslant 0; \\ 0, & t < 0. \end{cases}$$

从而 T 的分布函数为

$$F_T(t) = P\{T \leqslant t\} = 1 - [1 - F(t)]^3 = \begin{cases} 1 - e^{-3\lambda t}, & t \geqslant 0; \\ 0, & t < 0. \end{cases}$$

即 T 服从参数是 3λ 的指数分布.

　　例 3.9　设随机变量 X 与 Y 独立,其中 X 的概率分布为 $X \sim \begin{pmatrix} 1 & 2 \\ 0.3 & 0.7 \end{pmatrix}$, 而 Y 的概率密度为 $f(y)$,求随机变量 $U = X + Y$ 的概率密度 $g(u)$.

　　解　设 $G(u)$ 是 Y 的分布函数,由全概率公式

$$\begin{aligned} G(u) &= P\{X + Y \leqslant u\} \\ &= P\{X = 1\}P\{X + Y \leqslant u \mid X = 1\} + P\{X = 2\}P\{X + Y \leqslant u \mid X = 2\} \\ &= P\{X = 1\}P\{Y \leqslant u - 1 \mid X = 1\} + P\{X = 2\}P\{Y \leqslant u - 2 \mid X = 2\}. \end{aligned}$$

由于 X 与 Y 独立,故

$$G(u) = 0.3P\{Y \leqslant u - 1\} + 0.7P\{Y \leqslant u - 2\} = 0.3F(u - 1) + 0.7F(u - 2).$$

于是

$$g(u) = G'(u) = 0.3f(u - 1) + 0.7f(u - 2).$$

　　例 3.10　设随机变量 X 与 Y 独立,其概率密度分别为

$$f_X(x) = \begin{cases} \dfrac{1}{2}e^{-\frac{x}{2}}, & x \geqslant 0 \\ 0, & x < 0 \end{cases} \quad \text{和} \quad f_Y(y) = \begin{cases} \dfrac{1}{3}e^{-\frac{y}{3}}, & y \geqslant 0; \\ 0, & y < 0. \end{cases}$$

求随机变量 $Z = X + Y$ 的概率密度.

　　解　利用卷积公式: $f_Z(z) = \displaystyle\int_{-\infty}^{+\infty} f_X(z - y)f_Y(y)\mathrm{d}y.$

当 $z < 0$ 时,由于 $f_X(z - y)f_Y(y) \equiv 0$,故有 $f_Z(z) = 0$;

当 $z \geqslant 0$ 时,

$$\begin{aligned} f_Z(z) &= \int_0^z f_X(z - y)f_Y(y)\mathrm{d}y = \int_0^z \frac{1}{2}e^{-\frac{z-y}{2}} \cdot \frac{1}{3}e^{-\frac{y}{3}}\mathrm{d}y \\ &= \frac{1}{6}\int_0^z e^{-\frac{3z-y}{6}}\mathrm{d}y = e^{-\frac{z}{3}} - e^{-\frac{z}{2}}. \end{aligned}$$

总之，$f_Z(z)=\begin{cases}\mathrm{e}^{-\frac{z}{3}}-\mathrm{e}^{-\frac{z}{2}}, & z\geqslant 0;\\ 0, & z<0.\end{cases}$

例 3.11　设随机变量 X 与 Y 独立，其概率密度分别为

$$f_X(x)=\begin{cases}1, & 0\leqslant x\leqslant 1\\ 0, & \text{其他}\end{cases}\text{和}\ f_Y(y)=\begin{cases}\mathrm{e}^{-y}, & y\geqslant 0;\\ 0, & y<0.\end{cases}$$

求随机变量 $Z=X+Y$ 的概率密度.

解　由卷积公式：$f_Z(z)=\displaystyle\int_{-\infty}^{+\infty}f_X(z-y)f_Y(y)\mathrm{d}y.$

由　$\begin{cases}y\geqslant 0\\ 0\leqslant z-y\leqslant 1\end{cases}$　得　$\begin{cases}z-1\leqslant y\leqslant z;\\ y\geqslant 0.\end{cases}$

当 $z<0$ 时，由于 $f_X(z-y)f_Y(y)=0$，故有 $f_Z(z)=0$；

当 $0\leqslant z<1$ 时，

$$f_Z(z)=\int_0^z f_X(z-y)f_Y(y)\mathrm{d}y=\int_0^z \mathrm{e}^{-y}\mathrm{d}y=1-\mathrm{e}^{-z};$$

当 $z\geqslant 1$ 时，

$$f_Z(z)=\int_{z-1}^z f_X(z-y)f_Y(y)\mathrm{d}y=\int_{z-1}^z \mathrm{e}^{-y}\mathrm{d}y=\mathrm{e}^{1-z}-\mathrm{e}^{-z}.$$

总之，$f_Z(z)=\begin{cases}0, & z<0;\\ 1-\mathrm{e}^{-z}, & 0\leqslant z<1;\\ \mathrm{e}^{1-z}-\mathrm{e}^{-z}, & z\geqslant 1.\end{cases}$

例 3.12　系统 L 由两个互相独立的子系统 L_1,L_2 连接而成. 设 L_1,L_2 的寿命分别为 X 和 Y，并且已知它们的概率密度分别为

$$f_X(x)=\begin{cases}\alpha\cdot\mathrm{e}^{-\alpha x}, & x\geqslant 0\\ 0, & x<0\end{cases}\text{和}\ f_Y(y)=\begin{cases}\beta\cdot\mathrm{e}^{-\beta\cdot y}, & y\geqslant 0;\\ 0, & y<0.\end{cases}$$

试分别在(1) L_1,L_2 串联；(2) L_1,L_2 并联两种连接方式下，求系统 L 的寿命的概率密度.

解　X 与 Y 的分布函数分别为

$$F_X(x)=\begin{cases}1-\mathrm{e}^{-\alpha x}, & x\geqslant 0\\ 0, & x<0\end{cases}\text{和}\ F_Y(y)=\begin{cases}1-\mathrm{e}^{-\beta\cdot y}, & y\geqslant 0;\\ 0, & y<0.\end{cases}$$

(1) 在 L_1,L_2 串联时，系统 L 的寿命是 $N=\min(X,Y)$，其分布函数为

$$F_N(z)=1-[1-F_X(z)][1-F_Y(z)]=\begin{cases}1-\mathrm{e}^{-(\alpha+\beta)z}, & z\geqslant 0;\\ 0, & \text{其他}.\end{cases}$$

所以　　　　　　　$f_N(z)=\begin{cases}(\alpha+\beta)\mathrm{e}^{-(\alpha+\beta)z}, & z\geqslant 0;\\ 0, & \text{其他}.\end{cases}$

(2) 在 L_1,L_2 并联时，系统 L 的寿命是 $M=\max(X,Y)$，其分布函数为

$$F_M(z) = F_X(z)F_Y(z) = \begin{cases} 1 - e^{-\alpha z} - e^{-\beta z} + e^{-(\alpha+\beta)z}, & z \geq 0; \\ 0, & z < 0. \end{cases}$$

所以

$$f_M(z) = \begin{cases} \alpha \cdot e^{-\alpha z} + \beta \cdot e^{-\beta z} - (\alpha+\beta)e^{-(\alpha+\beta)z}, & z \geq 0; \\ 0, & z < 0. \end{cases}$$

例 3.13　设随机变量 X 与 Y 互相独立，其概率密度分别为

$$f_X(x) = \frac{1}{\sqrt{2\pi}}e^{-\frac{1}{2}x^2} \quad (-\infty < x < +\infty);$$

$$f_Y(y) = \begin{cases} \dfrac{2\left(\dfrac{n}{2}\right)^{\frac{n}{2}}}{\Gamma\left(\dfrac{n}{2}\right)} y^{n-1}e^{-\frac{n}{2}y^2}, & y \geq 0; \\ 0, & y < 0. \end{cases}$$

求随机变量 $Z = \dfrac{X}{Y}$ 的概率密度.

解　利用公式 $f_Z(z) = \displaystyle\int_{-\infty}^{+\infty} f_X(yz)f_Y(y)|y|\mathrm{d}y.$

当 $y < 0$ 时，$f_Y(y) = 0$，于是

$$f_Z(z) = \int_{-\infty}^{+\infty} f_X(yz)f_Y(y)|y|\mathrm{d}y = \int_0^{+\infty} f_X(yz)f_Y(y)|y|\mathrm{d}y$$

$$= \int_0^{+\infty} \frac{1}{\sqrt{2\pi}}e^{-\frac{1}{2}y^2z^2} \cdot \frac{2\left(\dfrac{n}{2}\right)^{\frac{n}{2}}}{\Gamma\left(\dfrac{n}{2}\right)} y^{n-1}e^{-\frac{n}{2}y^2}|y|\mathrm{d}y$$

$$= \frac{2\left(\dfrac{n}{2}\right)^{\frac{n}{2}}}{\sqrt{2\pi}\,\Gamma\left(\dfrac{n}{2}\right)} \int_0^{+\infty} y^n \cdot e^{-\frac{n+z^2}{2}\cdot y^2} \cdot \mathrm{d}y.$$

设 $t = \dfrac{n+z^2}{2} \cdot y^2$，则 $y = \sqrt{\dfrac{2t}{n+z^2}}$. 代入上式，并注意到

$$\Gamma\left(\frac{n+1}{2}\right) = \int_0^{+\infty} t^{\frac{n-1}{2}} \cdot e^{-t}\mathrm{d}t$$

于是得

$$f_Z(z) = \frac{2\left(\dfrac{n}{2}\right)^{\frac{n}{2}}}{\sqrt{2\pi}\,\Gamma\left(\dfrac{n}{2}\right)} \int_0^{+\infty} \left(\frac{2}{n+z^2}\right)^{\frac{n}{2}} \cdot t^{\frac{n}{2}}e^{-t}\left(\frac{2}{n+z^2}\right)^{\frac{1}{2}} \cdot \frac{1}{2}t^{-\frac{1}{2}}\mathrm{d}t$$

$$= \frac{\Gamma\left(\dfrac{n+1}{2}\right)}{\sqrt{n\pi}\,\Gamma\left(\dfrac{n}{2}\right)}\left(1+\frac{z^2}{n}\right)^{-\frac{n+1}{2}} \quad (-\infty < z < +\infty).$$

例 3.14　设随机变量 X 和 Y 独立,且 $X \sim B(m,p)$,$Y \sim B(n,p)$,求证:
$$Z = X + Y \sim B(m+n,p).$$

证明　Z 的所有可能的取值为 $0,1,2,\cdots,m+n$. 对于任意的整数 $k(0 \leqslant k \leqslant m+n)$,有

$$\begin{aligned}
P\{Z=k\} &= \sum_{i=0}^{k} P\{X=i, Y=k-i\} \\
&= \sum_{i=0}^{k} P\{X=i\}P\{Y=k-i\} = \sum_{i=0}^{k} C_m^i p^i q^{m-i} C_n^{k-i} p^{k-i} q^{n-(k-i)} \\
&= \sum_{i=0}^{k} C_m^i C_n^{k-i} p^k q^{m+n-k} = p^k q^{m+n-k} \sum_{i=1}^{k} C_m^i C_n^{k-i} \\
&= C_{m+n}^k p^k q^{m+n-k}.
\end{aligned}$$

于是 $Z = X + Y \sim B(m+n,p)$.

这里用到了公式:$C_m^i C_n^{k-i} = C_{m+n}^k$. 该公式可以通过比较恒等式
$$(1+x)^m (1+x)^n = (1+x)^{m+n}$$
两端 x^k 的系数得到. 另外需注意组合数(如 C_m^i)当 $i > m$ 时 $C_m^i = 0$.

习题三

一、填空题

1. 设两个互相独立的随机变量 X 和 Y 具有同一分布律,且 $X \sim \begin{pmatrix} 0 & 1 \\ 1/2 & 1/2 \end{pmatrix}$,则随机变量 $M = \max(X,Y)$ 的分布律为_____;$N = \min(X,Y)$ 的分布律为_____.

2. 设 X 和 Y 是两个随机变量,且
$$P\{X \geqslant 0, Y \geqslant 0\} = \frac{3}{7};\ P\{X \geqslant 0\} = P\{Y \geqslant 0\} = \frac{4}{7}.$$
则 $P\{\max(X,Y) \geqslant 0\} =$ _____.

3. 设平面区域 D 由曲线 $y = \dfrac{1}{x}$ 以及直线 $y = 0, x = 1, x = e^2$ 所围成,二维随机变量 (X,Y) 在区域 D 上服从均匀分布,则 (X,Y) 关于 X 的边缘概率密度在 $x = 2$ 处的值为_____.

4. 设二维随机变量 (X,Y) 的概率密度为 $f(x,y) = \begin{cases} 6x, & 0 \leqslant x \leqslant y \leqslant 1; \\ 0, & \text{其他.} \end{cases}$
则 $P\{X+Y \leqslant 1\} =$ _____.

5. 已知随机变量 X 和 Y 互相独立,且 $X \sim N(-3,1)$,$Y \sim N(2,1)$,设随机变量 $Z = X - 2Y + 7$,则 $Z \sim$ _____.

6. 已知随机变量 X 和 Y 互相独立,且均服从均值为 1,标准差(均方差)为 $\sqrt{2}$ 的正态分布,则随机变量 $Z = 2X - Y + 3$ 的概率密度函数是 _____.

7. 设 $(X,Y) \sim N(0,0;\sigma_1^2,\sigma_2^2;0)$,则 $P\left\{\dfrac{X}{Y} > 0\right\} =$ _____.

8. 已知 X 服从 $[0,1]$ 上的均匀分布,$Y \sim N(0,1)$,且 X 与 Y 互相独立,则 (X,Y) 的概率密度是 _____.

二、选择题

1. 设两个互相独立的随机变量 X 和 Y 分别服从正态分布 $N(0,1)$ 和 $N(1,1)$,则 _____.

　　(A) $P\{X+Y \leqslant 0\} = \dfrac{1}{2}$;　　　　　　(B) $P\{X+Y \leqslant 1\} = \dfrac{1}{2}$;

　　(C) $P\{X-Y \leqslant 0\} = \dfrac{1}{2}$;　　　　　　(D) $P\{X-Y \leqslant 1\} = \dfrac{1}{2}$.

2. 设 X 和 Y 是任意两个互相独立的连续型随机变量,它们的概率密度分别为 $f_1(x)$ 和 $f_2(x)$,分布函数分别为 $F_1(x)$ 和 $F_2(x)$,则有 _____.

　　(A) $f_1(x) + f_2(x)$ 必为某一随机变量的概率密度;

　　(B) $f_1(x) f_2(x)$ 必为某一随机变量的概率密度;

　　(C) $F_1(x) + F_2(x)$ 必为某一随机变量的分布函数;

　　(D) $F_1(x) F_2(x)$ 必为某一随机变量的分布函数.

3. 设 X 和 Y 是两个互相独立同分布的随机变量,它们的分布列为

$$X \sim \begin{pmatrix} -1 & 1 \\ \dfrac{1}{2} & \dfrac{1}{2} \end{pmatrix}; Y \sim \begin{pmatrix} -1 & 1 \\ \dfrac{1}{2} & \dfrac{1}{2} \end{pmatrix}$$

则下列式子正确的是 _____.

　　(A) $X = Y$;　　　　　　　　　　(B) $P\{X=Y\} = 0$;

　　(C) $P\{X=Y\} = \dfrac{1}{2}$;　　　　　　(D) $P\{X=Y\} = 1$.

4. 设随机变量 $X_i \sim \begin{pmatrix} -1 & 0 & 1 \\ \dfrac{1}{4} & \dfrac{1}{2} & \dfrac{1}{4} \end{pmatrix}$ $(i=1,2)$,且满足 $P\{X_1 X_2 = 0\} = 1$,则 $P\{X_1 = X_2\} =$ _____.

　　(A) 0;　　　　(B) $\dfrac{1}{4}$;　　　　(C) $\dfrac{1}{2}$;　　　　(D) 1.

5. 设随机变量 (X,Y) 的概率分布为

X \ Y	-1	0	1
2	$\dfrac{1}{4}$	$\dfrac{1}{12}$	$\dfrac{1}{3}$
3	$\dfrac{1}{24}$	a	$2a$

则 $a=$ _____.

　　(A) $\dfrac{1}{24}$;　　　　(B) $\dfrac{7}{24}$;　　　　(C) $\dfrac{7}{72}$;　　　　(D) $\dfrac{17}{24}$.

　　6. 袋中有 2 个白球和 3 个黑球,现从中依次摸出两球(无放回),设

$$X=\begin{cases}1,若第一次摸出白球\\0,若第一次摸出黑球\end{cases},Y=\begin{cases}1,若第二次摸出白球\\0,若第二次摸出黑球\end{cases}$$

则 (X,Y) 的分布列为 _____.

　　(A) $\begin{pmatrix}(0,0) & (0,1) & (1,0) & (1,1)\\ 1/3 & 1/3 & 1/3 & 0\end{pmatrix}$;

　　(B) $\begin{pmatrix}(0,0) & (0,1) & (1,0) & (1,1)\\ 0 & 1/3 & 1/3 & 1/3\end{pmatrix}$;

　　(C) $\begin{pmatrix}(0,0) & (0,1) & (1,0) & (1,1)\\ 1/10 & 3/10 & 3/10 & 3/10\end{pmatrix}$;

　　(D) $\begin{pmatrix}(0,0) & (0,1) & (1,0) & (1,1)\\ 3/10 & 3/10 & 3/10 & 1/10\end{pmatrix}$.

　　7. 设随机变量 (X,Y) 的概率分布为

X \ Y	-1	0	1
2	$\dfrac{1}{6}$	$\dfrac{1}{9}$	$\dfrac{1}{18}$
3	$\dfrac{1}{3}$	α	β

则当 _____ 时,X 与 Y 互相独立.

　　(A) $\alpha=\dfrac{1}{9},\beta=\dfrac{2}{9}$;　　　　　　(B) $\alpha=\dfrac{2}{9},\beta=\dfrac{1}{9}$;

　　(C) $\alpha=\dfrac{1}{18},\beta=\dfrac{5}{18}$;　　　　　　(D) $\alpha=\dfrac{5}{18},\beta=\dfrac{1}{18}$.

　　8. 设随机变量 X 和 Y 独立并且都服从 $[0,1]$ 上的均匀分布,则服从某一区间或区域上的均匀分布的随机变量是 _____.

　　(A) X^2;　　　　(B) $X-Y$;　　　　(C) $X+Y$;　　　　(D) (X,Y).

　　9. 设随机变量 (X,Y) 的概率密度为

$$f(x,y)=\begin{cases}ce^{-(3x+4y)}, & x>0,y>0;\\ 0, & 其他.\end{cases}$$

则下列结论正确的是_____.

    (A) $c=12$；

    (B) X 与 Y 不独立；

    (C) 联合分布函数为 $F(x,y)=(1-e^{-3x})(1-e^{-4y})$；

    (D) 关于 X 的边缘概率密度为 $f_X(x)=3e^{-3x}$ $(x>0)$.

    10. 设随机变量 (X,Y) 的概率密度为

$$f(x,y)=\begin{cases} \dfrac{xy}{96}, & 0<x<4,1<y<5; \\ 0, & \text{其他}. \end{cases}$$

则 $P\{X>3,Y<2\}=$_____.

    (A) $\dfrac{1}{6}$；   (B) $\dfrac{1}{96}$；   (C) $\dfrac{7}{128}$；   (D) $\dfrac{11}{192}$.

    11. 设随机变量 (X,Y) 的分布函数是 $F(x,y)$，则边缘分布函数 $F_X(x)=$_____.

    (A) $\lim\limits_{y\to+\infty} F(x,y)$；   (B) $\lim\limits_{y\to-\infty} F(x,y)$；

    (C) $\lim\limits_{x\to+\infty} F(x,y)$；   (D) $\lim\limits_{x\to-\infty} F(x,y)$.

三、计算与证明题

    1. 设随机变量 X 和 Y 互相独立，它们的概率密度分别为

$$f_X(x)=\begin{cases} 1, & 0\leqslant x\leqslant 1 \\ 0, & \text{其他} \end{cases} \text{和} \quad f_Y(y)=\begin{cases} e^{-y}, & y\geqslant 0 \\ 0, & y<0. \end{cases}$$

求随机变量 $Z=2X+Y$ 的概率密度.

    2. 设随机变量 X 与 Y 互相独立. 下表给出了 X 与 Y 的联合分布律与边缘分布律中的部分数据，请将其余数据填入空白处.

X \\ Y	y_1	y_2	y_3	$P\{X=x_i\}$
x_1		1/8		
x_2	1/8			
$P\{Y=y_j\}$				1

    3. 设二维随机变量 (X,Y) 的概率密度为

$$f(x,y)=\begin{cases} 2e^{-(x+2y)}, & x>0,y>0; \\ 0, & \text{其他}. \end{cases}$$

求随机变量 $Z=X+2Y$ 的分布函数.

    4. 一台电子仪器由两个部件构成，以 X 和 Y 分别表示两个部件的寿命（单位：千小时），已知 X 和 Y 的联合分布函数为

$$F(x,y)=\begin{cases} 1-e^{-0.5x}-e^{-0.5y}+e^{-0.5(x+y)}, & x\geqslant 0,y\geqslant 0; \\ 0, & \text{其他}. \end{cases}$$

    (1) 问 X 和 Y 是否独立？

(2) 求两个部件的寿命都超过 100 小时的概率.

5. 已知随机变量 X 和 Y 的联合概率密度为

$$f(x,y)=\begin{cases}4xy, & \text{若 } 0\leqslant x\leqslant 1,0\leqslant y\leqslant 1;\\ 0, & \text{其他}.\end{cases}$$

求 X 和 Y 的联合分布函数.

6. 甲、乙两人独立地各进行两次射击,假设甲的命中率为 0.2,乙的命中率为 0.5,以 X 和 Y 分别表示甲、乙两人命中的次数,试求 X 和 Y 的联合概率分布律以及边缘分布律.

7. 已知 $X_1 \sim \begin{pmatrix} -1 & 0 & 1 \\ \frac{1}{4} & \frac{1}{2} & \frac{1}{4} \end{pmatrix}$, $X_2 \sim \begin{pmatrix} 0 & 1 \\ \frac{1}{2} & \frac{1}{2} \end{pmatrix}$, 且 $P\{X_1 X_2=0\}=1$.

(1) 求 X_1 和 X_2 的联合分布; (2) 问 X_1 和 X_2 是否独立.

8. 设随机变量 (X,Y) 在区域 $D=\{(x,y)\mid 0<x<1,\mid y\mid <x\}$ 上服从均匀分布,求关于 X 和 Y 的边缘概率密度.

9. 设随机变量 X 和 Y 互相独立,$X\sim N(\mu,\sigma^2)$,Y 在区间上 $[-\pi,\pi]$ 服从均匀分布,求 $Z=X+Y$ 的概率密度(用标准正态分布的分布函数表示).

10. 设二维随机变量 (X,Y) 在矩形 $G=\{(x,y)\mid 0\leqslant x\leqslant 2,0\leqslant y\leqslant 1\}$ 上服从均匀分布,试求边长为 X 和 Y 的矩形面积 S 的概率密度 $f(s)$.

11. 设随机变量 X 和 Y 的联合分布是正方形 $G=\{(x,y)\mid 1\leqslant x\leqslant 3,1\leqslant y\leqslant 3\}$ 上的均匀分布,试求随机变量 $U=\mid X-Y\mid$ 的分布函数 $F(u)$ 以及概率密度 $p(u)$.

12. 已知二维随机变量 (X,Y) 的分布函数为

$$F(x,y)=\frac{1}{\pi^2}\left(\frac{\pi}{2}+\arctan\frac{x}{2}\right)\left(\frac{\pi}{2}+\arctan\frac{y}{3}\right).$$

试求关于 X 以及关于 Y 的边缘分布函数.

13. 10 个乒乓球中有 2 个白球,7 个红球,1 个黑球.从中任取 3 个,以 X 和 Y 分别表示取出的白球和红球的个数,求 X 和 Y 的联合分布列以及边缘分布列.

14. 设二维连续型随机变量 (X,Y) 的概率密度为

$$f(x,y)=\begin{cases}kx^2 y, & x^2\leqslant y\leqslant 1;\\ 0, & \text{其他}.\end{cases}$$

试求:(1) 常数 k; (2) $P\{X\geqslant Y\}$.

15. 设随机变量 X 和 Y 独立,且 $X\sim P(\lambda_1)$,$Y\sim P(\lambda_2)$,求证:

(1) $X+Y\sim P(\lambda_1+\lambda_2)$;

(2) 在 $X+Y=n$ 的条件下,$X\sim B\left(n,\dfrac{\lambda_1}{\lambda_1+\lambda_2}\right)$,$Y\sim B\left(n,\dfrac{\lambda_2}{\lambda_1+\lambda_2}\right)$.

16. 设随机变量 X_1,X_2,X_3 独立同分布,且 $X_i\sim(0,1)-p$ $(i=1,2,3)$,若

$$Y_1=\begin{cases}1,\text{若 } X_1+X_2 \text{ 为奇数};\\ 0,\text{若 } X_1+X_2 \text{ 为偶数};\end{cases} \quad Y_2=\begin{cases}1,\text{若 } X_2+X_3 \text{ 为奇数};\\ 0,\text{若 } X_2+X_3 \text{ 为偶数};\end{cases}$$

试求:(1) $Y_1 Y_2$ 的概率分布;(2) Y_1 与 Y_2 的联合分布.

17. 将两封信随机地投入编号分别为 1,2,3 的三个信箱,用 X 和 Y 分别表示投入第 1

号、第 2 号信箱中的信的封数. 试求：

(1) (X,Y) 的分布律以及 X 和 Y 的边缘分布律；

(2) 判断 X 与 Y 是否独立；

(3) 求 $M=\max(X,Y)$ 和 $N=\min(X,Y)$ 的联合分布.

18. 已知连续型随机变量 (X,Y) 的概率密度为

$$f(x,y)=\begin{cases} 12Ae^{-(2x+4y)}, & x>0,y>0; \\ 0, & \text{其他}. \end{cases}$$

试求：

(1) 常数 A 的值；

(2) (X,Y) 的的分布函数 $F(x,y)$；

(3) 边缘概率密度；

(4) 边缘分布函数；

(5) 条件概率密度与条件分布函数，并判断 X 与 Y 的独立性；

(6) $P\{X>2,Y<1\}$；

(7) $P\{X+Y<2\}$；

(8) $P\{X<2|Y<1\}$.

19. 一名射手每次击中目标的概率均为 p，直到击中两次为止. 设 X 为首次击中时射击的次数，Y 为射击的总次数，求 X 与 Y 的联合分布律与条件分布律.

20. 设数 X 在 $[0,1]$ 上随机地取值，当观察到 $X=x(0\leqslant x\leqslant 1)$ 时，数 Y 在 $(x,1)$ 上随机取值. 求 (X,Y) 的概率密度 $f(x,y)$ 以及关于 Y 的边缘概率密度 $f_Y(y)$.

21. 在 $[0,1]$ 上任取两点 X,Y，求这两点间距离 $Z=|X-Y|$ 的分布函数以及概率密度.

22. 设 X 在 $1,2,3,4$ 中等可能地取值，Y 在 $[1,X]$ 中等可能地取一整数值. 试求：

(1) (X,Y) 的分布律；　　(2) 关于 Y 的边缘分布律.

23. 设随机变量 X 与 Y 独立，且 $X\sim N(0,1)$，$Y\sim N(0,1)$，求 $Z=X^2+Y^2$ 的概率密度.

24. 设 X 与 Y 独立同分布且都服从几何分布，即

$$P\{X=k\}=q^{k-1}p \quad (p+q=1,k=1,2,3,\cdots)$$

试求：(1) $M=\max(X,Y)$ 的分布律；　　(2) (M,X) 的分布律.

25. 某批钻头到报废为止所钻的深度（单位：米）服从参数为 0.001 的指数分布. 要打一口深为 2000 米的井，求：(1) 只需一根钻头的概率；　　(2) 需要两根钻头的概率.

26. 已知 X 与 Y 独立，它们的分布函数分别为

$$F_X(x)=\begin{cases} 0,x<0 \\ \dfrac{x}{2},0\leqslant x<2 \\ 1,x>2 \end{cases} \text{和} \quad F_Y(y)=\begin{cases} 0, & y<1; \\ y-1,1\leqslant y<2; \\ 1, & y\geqslant 2. \end{cases}$$

(1) 求 (X,Y) 的分布函数；

(2) 令 $\xi=X^2$，$\eta=Y^2$，求 (ξ,η) 的分布函数.

27. 设 X 与 Y 独立，求证：对任意实数 $x_1,x_2,y_1,y_1(x_1<x_2,y_1<y_2)$，事件 $\{x_1<X\leqslant x_2\}$ 与事件 $\{y_1<Y\leqslant y_2\}$ 独立.

28. 设(X,Y)在由直线$y=x-1$，$y=x+1$，$x=2$以及两坐标轴围成的区域D上服从均匀分布，求关于X和关于Y的条件概率密度.

29. 设随机变量(X,Y)的概率密度为

$$f(x,y)=\frac{1}{2\pi}e^{-\frac{1}{2}(x^2+y^2)}(1+\sin x\sin y).$$

求边缘概率密度. 若$X\sim N(\mu_1,\sigma_1^2)$，$Y\sim N(\mu_2,\sigma_2^2)$，则$(X,Y)$一定服从二元正态分布吗？

30. 已知(X,Y)是一个二维随机变量，$X_1=X+Y$，$X_2=X-Y$，且(X_1,X_2)的密度函数为

$$\varphi(u,v)=\frac{1}{2\sqrt{3}\pi}e^{-\frac{1}{2}\left[\frac{(u-4)^2}{3}+(v-2)^2\right]}$$

试求(X,Y)的边缘密度函数.

31. 已知(X,Y)服从$G=\{(x,y)|0<x\leqslant2,0<y\leqslant1\}$上的均匀分布，求$Z=\frac{X}{Y}$的分布函数和密度函数.

32. 设(X,Y)的分布列为

$$P\{X=i,y=j\}=\frac{N!}{i!j!(N-i-j)!}p_1^i p_2^j(1-p_1-p_2)^{N-i-j}$$

这里，$i\geqslant0$，$j\geqslant0$，$i+j\leqslant N$，i,j为整数，N为自然数，$p_1>0$，$p_2>0$，$p_1+p_2<1$.

(1) 求证：$X\sim B(N,p_1)$；$Y\sim B(N,p_2)$；

(2) 在$Y=j$的条件下，$X\sim B\left(N-j,\frac{p_1}{1-p_2}\right)$；

在$X=i$的条件下，$Y\sim B\left(N-i,\frac{p_2}{1-p_1}\right)$.

33. 已知(X,Y)服从$G=\{(x,y)|0<x\leqslant1,0<y\leqslant3\}$上的均匀分布，求随机变量的分布函数和密度函数：

(1) $M=\max(X,Y)$；　(2) $N=\min(X,Y)$.

34. 设随机变量X与Y独立，且$X\sim N(0,\sigma^2)$，$Y\sim N(0,\sigma^2)$. 求$Z=\sqrt{X^2+Y^2}$的分布函数和概率密度.

35. 设某班车在起点站的上客人数X服从参数为$\lambda(\lambda>0)$的泊松分布，每位乘客中途下车的概率均为$p(0<p<1)$，且中途下车与否相互独立. 以Y表示在中途下车的人数，求：

(1) 在发车时有n个乘客的条件下，中途有m人下车的概率.

(2) 二维随机变量(X,Y)的概率分布.

第四章　随机变量的数字特征

一、数学期望(简称期望或均值)

1. 数学期望的定义

定义 4.1　设离散型随机变量 X 的分布律为

$$P\{X=x_i\}=p_i \quad (i=1,2,\cdots).$$

若级数 $\sum\limits_{i=1}^{+\infty} x_i p_i$ 绝对收敛,则称该级数的和为随机变量 X 的数学期望.记作 EX. 即

$$EX=\sum_{i=1}^{+\infty} x_i p_i.$$

定义 4.2　设连续型随机变量 X 的概率密度为 $f(x)$,若 $\int_{-\infty}^{+\infty} xf(x)\mathrm{d}x$ 绝对收敛(即 $\int_{-\infty}^{+\infty} |x| f(x)\mathrm{d}x$ 收敛),则称该广义积分的值为随机变量 X 的数学期望.记作 EX. 即

$$EX=\int_{-\infty}^{+\infty} xf(x)\mathrm{d}x.$$

EX 反映了随机变量 X 的集中位置或理论上的平均取值.

2. 一维随机变量函数的数学期望

定理 4.1　设离散型随机变量 X 的分布律为

$$P\{X=x_i\}=p_i \quad (i=1,2,\cdots).$$

又设随机变量 X 与 Y 满足 $Y=g(X)$,其中 $y=g(x)$ 是连续函数.若级数 $\sum\limits_{i=1}^{+\infty} g(x_i)p_i$ 绝对收敛,则有

$$EY=E[g(X)]=\sum_{i=1}^{+\infty} g(x_i)p_i.$$

定理 4.2　设连续型随机变量 X 的概率密度为 $f(x)$,又设随机变量 X 与 Y

满足 $Y=g(X)$，其中 $y=g(x)$ 是连续函数. 若广义积分 $\int_{-\infty}^{+\infty} g(x)f(x)\mathrm{d}x$ 绝对收敛，则有

$$EY=E[g(X)]=\int_{-\infty}^{+\infty} g(x)f(x)\mathrm{d}x.$$

3. 二维随机变量函数的数学期望

定理 4.3　设 (X,Y) 的分布律为

$$P\{(X,Y)=(x_i,y_i)\}=p_{ij} \quad (i,j=1,2,\cdots).$$

又设随机变量 Z 与二维随机变量 (X,Y) 满足 $Z=g(X,Y)$，其中 $z=g(x,y)$ 是连续函数. 若级数 $\displaystyle\sum_{i=1}^{+\infty}\sum_{j=1}^{+\infty} g(x_i,y_i)P_{ij}$ 绝对收敛，则有

$$EZ=E[g(X,Y)]=\sum_{i=1}^{+\infty}\sum_{j=1}^{+\infty} g(x_i,y_i)p_{ij}.$$

特别地，当 $g(x,y)=x[$或 $g(x,y)=y]$时，有

$$EX=\sum_{i=1}^{+\infty}\sum_{j=1}^{+\infty} x_i p_{ij}[或 EY=\sum_{i=1}^{+\infty}\sum_{j=1}^{+\infty} y_j p_{ij}].$$

定理 4.4　设随机变量 (X,Y) 的概率密度为 $f(x,y)$，又设随机变量 Z 与二维随机变量 (X,Y) 满足 $Z=g(X,Y)$，其中 $z=g(x,y)$ 是连续函数. 若 $\int_{-\infty}^{+\infty}\int_{-\infty}^{+\infty} g(x,y)f(x,y)\mathrm{d}x\mathrm{d}y$ 绝对收敛，则有

$$EZ=E[g(X,Y)]=\int_{-\infty}^{+\infty}\int_{-\infty}^{+\infty} g(x,y)f(x,y)\mathrm{d}x\mathrm{d}y.$$

特别地，当 $g(x,y)=x[$或 $g(x,y)=y]$时，有

$$EX=\int_{-\infty}^{+\infty}\int_{-\infty}^{+\infty} xf(x,y)\mathrm{d}x\mathrm{d}y[或 EY=\int_{-\infty}^{+\infty}\int_{-\infty}^{+\infty} yf(x,y)\mathrm{d}x\mathrm{d}y].$$

4. 数学期望的性质

(1) 设 C 为常数，则

$$EC=C;E(CX)=CEX;E(X+C)=EX+C.$$

(2) 对于任意的两个随机变量 X 和 Y，有 $E(X\pm Y)=EX\pm EY$.

一般地，有

$$E(X_1\pm X_2\pm\cdots\pm X_n)=EX_1\pm EX_2\pm\cdots\pm EX_n.$$

$$E[ag_1(X)\pm bg_2(X)]=aE[g_1(X)]\pm bE[g_2(X)].$$

(3) 当随机变量 X 与 Y 独立时，有 $E(XY)=EX\cdot EY$.

(4) $|E(XY)|^2\leqslant E(X^2)\cdot E(Y^2)$.

二、方　差

1. 定义

定义 4.3　设 X 是一个随机变量,若 $E(X-EX)^2$ 存在,则称其为 X 的方差,记作 DX. 即

(1) 当 X 是离散型时, $DX = \sum_{i=1}^{\infty} (x_i - EX)^2 p_i$;

(2) 当 X 是连续型时, $DX = \int_{-\infty}^{+\infty} (x - EX)^2 f(x) \mathrm{d}x$.

并称 $\sqrt{DX}$ 为 X 的标准差或均方差.

2. 计算公式

$$DX = E(X^2) - (EX)^2.$$

当 X 是离散型时, $E(X^2) = \sum_{i=1}^{\infty} x_i^2 \cdot p_i$;

当 X 是连续型时, $E(X^2) = \int_{-\infty}^{+\infty} x^2 f(x) \mathrm{d}x$.

方差 DX 反映了随机变量 X 的取值相对于 EX 的分散程度. EX 越小,说明 X 的取值越集中在 EX 附近.

3. 方差的性质

(1) 设 C 为常数,则有
$$DC = 0; D(CX) = C^2 DX; D(X + C) = DX.$$

(2) 对于任意常数 $C_1, C_2, \cdots, C_n$,有
$$D\left(\sum_{k=1}^{n} C_i X_i\right) = \sum_{i=1}^{n} \sum_{j=1}^{n} E(X_i - EX_i)(X_j - EX_j).$$

(3) 若随机变量 $X_1, X_2, \cdots, X_n$ 互相独立,则有
$$D(X_1 + X_2 + \cdots + X_n) = DX_1 + DX_2 + \cdots + DX_n.$$

(4) 对于任意随机变量 X,都有 $DX \geqslant 0$.

(5) $DX = 0$ 的充要条件是 $P\{X = C\} = 1$. 这里 $C = EX$.

4. 常见分布的期望与方差(见表 4-1)

表 4-1　　　　　　　　　　　**常见分布的期望与方差表**

分布名称	表示符号	概率密度（分布列）	期望	方差
(0~1)分布	$X \sim (0\sim1)-p$	$P\{X=k\}=p^k(1-p)^{1-k}, k=0,1$	p	$p(1-p)$
二项分布	$X \sim B(n,p)$	$P\{X=k\}=C_n^k p^k(1-p)^{n-k}$ $(k=0,1,\cdots,n)$	np	$np(1-p)$
泊松分布	$X \sim P(\lambda)$	$P\{X=k\}=\dfrac{\lambda^k}{k!}e^{-\lambda},(k=0,1,2,\cdots)$	λ	λ
均匀分布	$X \sim U_{[a,b]}$	$f(x)=\begin{cases}\dfrac{1}{b-a}, & a\leqslant x\leqslant b \\ 0, & \text{其他}\end{cases}$	$\dfrac{a+b}{2}$	$\dfrac{(b-a)^2}{12}$
指数分布	$X \sim e(\lambda)$	$f(x)=\begin{cases}\lambda e^{-\lambda x}, & x\geqslant 0 \\ 0, & x<0\end{cases}(\lambda>0)$	$\dfrac{1}{\lambda}$	$\dfrac{1}{\lambda^2}$
正态分布	$X \sim N(\mu,\sigma^2)$	$f(x)=\dfrac{1}{\sqrt{2\pi}\sigma}e^{-\frac{(x-\mu)^2}{2\sigma^2}}$	μ	σ^2

5. 常用的求和以及积分公式

(1) $1+x+x^2+\cdots+x^n+\cdots=\dfrac{1}{1-x}$　　$(-1<x<1)$.

(2) $1+2x+3x^2+\cdots+nx^{n-1}+\cdots=\dfrac{1}{(1-x)^2}$　　$(-1<x<1)$.

(3) $1+2^2x+3^2x^2+\cdots+n^2x^{n-1}+\cdots=\dfrac{1+x}{(1-x)^3}$　　$(-1<x<1)$.

(4) $1+x+\dfrac{x^2}{2!}+\cdots+\dfrac{x^n}{n!}+\cdots=e^x$　　$(-\infty<x<+\infty)$.

(5) Γ-函数：$\Gamma(s)=\displaystyle\int_0^{+\infty}x^{s-1}e^{-x}dx(s>0)$的性质：

$\Gamma(1)=1;\Gamma(s+1)=s\Gamma(s);\Gamma\left(\dfrac{1}{2}\right)=\sqrt{\pi};\Gamma(n+1)=n!$

三、随机变量的矩

定义 4.4　设 k 为自然数，若 $E(X^k)$ 存在，则称之为 X 的 k 阶原点矩. 即

(1) 离散型：$E(X^k)=\displaystyle\sum_{i=1}^{\infty}x_i^k \cdot p_i$.

(2) 连续型：$E(X^k)=\displaystyle\int_{-\infty}^{+\infty}x^k f(x)dx$.

定义 4.5　设 k 为自然数，若 $E(X-EX)^k$ 存在，则称之为 X 的 k 阶中心矩. 即

（1）离散型：$E(X-EX)^k = \sum\limits_{i=1}^{\infty}(x_i-EX)^k p_i$.

（2）连续型：$E(X^k) = \int_{-\infty}^{+\infty}(x-EX)^k f(x)\mathrm{d}x$.

注意：（1）一阶原点矩即是数学期望；二阶中心矩即是方差.

（2）对于任意随机变量 X，只要 EX 存在，则有 $E(X-EX)=0$. 即一阶中心矩为零.

（3）随机变量的原点矩与中心矩统称随机变量的矩. 随机变量的矩都是常数，这一点要与样本的矩区分开. 样本矩都是样本的函数，它们是统计量，也是随机变量.

四、协方差

1. 定义

定义 4.6　设 (X,Y) 为二维随机变量，若 $E[(X-EX)(Y-EY)]$ 存在，则称它为随机变量 X 与 Y 的协方差，记作 $\mathrm{cov}(X,Y)$ 或 σ_{XY}. 即

$$\mathrm{cov}(X,Y) = \sigma_{XY} = E[(X-EX)(Y-EY)].$$

2. 计算公式

$$\mathrm{cov}(X,Y) = E(XY) - EX \cdot EY.$$

3. 协方差的性质

（1）$\mathrm{cov}(X,C)=0$（C 为常数）；

（2）$\mathrm{cov}(X,Y)=\mathrm{cov}(Y,X)$；

（3）设 a,b 为常数，则 $\mathrm{cov}(aX,bY)=ab\mathrm{cov}(X,Y)$；

（4）$\mathrm{cov}(X+Y,Z)=\mathrm{cov}(X,Z)+\mathrm{cov}(Y,Z)$；

（5）$\mathrm{cov}(X,X)=DX$.

五、相关系数

1. 定义

定义 4.7　若 $\mathrm{cov}(X,Y)$ 存在，且 $\sqrt{DX} \cdot \sqrt{DY} \neq 0$，则称

$$\rho_{XY} = \frac{\mathrm{cov}(X,Y)}{\sqrt{DX} \cdot \sqrt{DY}}$$

为随机变量 X 与 Y 的相关系数.

2. 注意

（1）ρ_{XY} 是 $\dfrac{X}{\sqrt{DX}}$ 与 $\dfrac{Y}{\sqrt{DY}}$ 的协方差.

（2）当 $\rho_{XY}=0$ 时，称随机变量 X 与 Y 不相关.

3. 相关系数的性质

(1) $-1 \leqslant \rho_{XY} \leqslant 1$.

(2) $\rho_{XY} = 1$ 的充要条件是存在常数 $a > 0$ 和 b,使得 $P\{Y = aX + b\} = 1$. $\rho_{XY} = -1$ 的充要条件是存在常数 $a < 0$ 和 b,使得 $P\{Y = aX + b\} = 1$.

(3) $D(X \pm Y) = DX \pm 2\text{cov}(X, Y) + DY = DX \pm 2\rho_{XY}\sqrt{DX}\sqrt{DY} + DY$.

(4) 若随机变量 X 与 Y 独立,则 X 与 Y 一定不相关($\rho_{XY} = 0$). 反之,若随机变量 X 与 Y 不相关,则 X 与 Y 不一定独立.

4. 等价命题

以下六个命题等价:

(1) $\rho_{XY} = 0$(即随机变量 X 与 Y 不相关);

(2) $\text{cov}(X, Y) = 0$;

(3) $E(XY) = EX \cdot EY$;

(4) $D(X + Y) = DX + DY$;

(5) $D(X - Y) = DX + DY$;

(6) $D(X + Y) = D(X - Y)$.

六、有关正态分布的结论

1. 重要结论

设 $(X, Y) \sim N(\mu_1, \mu_2; \sigma_1^2, \sigma_2^2; \rho)$,则有:

(1) ρ 恰好是随机变量 X 与 Y 的相关系数. 即 $\rho_{XY} = \rho$;

(2) 随机变量 X 与 Y 独立的充要条件是 X 与 Y 不相关,即 $\rho = 0$;

(3) $\text{cov}(X, Y) = \sqrt{DX}\sqrt{DY}\rho_{XY} = \sigma_1 \sigma_2 \rho$;

(4) $D(X \pm Y) = \sigma_1^2 \pm 2\sigma_1 \sigma_2 \rho + \sigma_2^2$;

(5) 设 $(X, Y) \sim N(\mu_1, \mu_2; \sigma_1^2, \sigma_2^2; \rho)$,$a, b, c, d$ 为任意常数且 $\begin{vmatrix} a & b \\ c & d \end{vmatrix} \neq 0$,则 $U = aX + bY$ 和 $V = cX + dY$ 的联合分布仍然是二维正态分布(见定理 3.6).

2. 特别注意

(1) 若已知 $X \sim N(\mu_1, \sigma_1^2)$,$Y \sim N(\mu_2, \sigma_2^2)$,且 $\rho_{XY} = 0$,不能推出 X 与 Y 独立. 因为 X 与 Y 的联合分布不一定是二维正态分布.

(2) 有关二维正态分布的问题要特别注意分布参数之间的关系(见后面的例题).

七、协方差矩阵

定义 4.8 设 $(\xi_1, \xi_2, \cdots, \xi_n)$ 为 n 维随机变量,又

$$\sigma_{ij} = E[(\xi_i - E\xi_i)(\xi_j - E\xi_j)] \quad (i, j = 1, 2, \cdots, n)$$

都存在，则称矩阵

$$\sum = \begin{bmatrix} \sigma_{11} & \sigma_{12} & \cdots & \sigma_{1h} \\ \sigma_{21} & \sigma_{22} & \cdots & \sigma_{2n} \\ \vdots & \vdots & & \vdots \\ \sigma_{n1} & \sigma_{n2} & \cdots & \sigma_{nn} \end{bmatrix}$$

为 n 维随机变量 $(\xi_1, \xi_2, \cdots, \xi_n)$ 的协方差矩阵.

当 $i \neq j$ 时，σ_{ij} 是 ξ_i 与 ξ_j 的协方差；当 $i = j$ 时，σ_{ij} 是 ξ_i 的方差.

八、切比晓夫不等式与大数定律

1. 切比晓夫不等式

定理 4.5　设随机变量 X 的数学期望 EX 和方差 DX 都存在，则对于任意的正数 $\varepsilon > 0$，有 $P\{|X - EX| \geqslant \varepsilon\} \leqslant \dfrac{DX}{\varepsilon^2}$.

等价不等式：$P\{|X - EX| < \varepsilon\} \geqslant 1 - \dfrac{DX}{\varepsilon^2}$.

2. 切比晓夫大数定律

定理 4.6　设 $X_1, X_2, \cdots, X_n, \cdots$ 是两两不相关的随机变量序列，它们的数学期望 EX_i 和 DX_i 方差都存在，且方差有上界，即存在常数 C，使得 $DX_i \leqslant C$ $(i = 1, 2, 3, \cdots)$，则对于任意正数 $\varepsilon > 0$，有

$$\lim_{n \to \infty} P\left\{ \left| \frac{1}{n} \sum_{i=1}^{n} X_i - \frac{1}{n} \sum_{i=1}^{n} EX_i \right| < \varepsilon \right\} = 1.$$

3. 贝努里大数定律

定理 4.7　设 μ_n 是 n 重贝努里试验中事件 A 发生的次数，事件 A 在每次试验中发生的概率均为 $p(0 < p < 1)$，则对于任意正数 $\varepsilon > 0$，有

$$\lim_{n \to \infty} P\left\{ \left| \frac{\mu_n}{n} - p \right| < \varepsilon \right\} = 1.$$

贝努里大数定律是切比晓夫大数定律的特例. 在切比晓夫大数定律中，当 $X_1, X_2, \cdots, X_n, \cdots$ 互相独立且都服从参数是 p 的 $(0 \sim 1)$ 分布时，由于随机变量 $\sum\limits_{i=1}^{n} X_i \sim B(n, p)$ 与 μ_n 同分布，于是就得到贝努里大数定律.

4. 辛钦大数定律

定理 4.8　设 $X_1, X_2, \cdots, X_n, \cdots$ 是独立同分布的随机变量序列，它们的数学期望存 EX_i 存在，并假设 $EX_i = \mu (i = 1, 2, \cdots)$，则对于任意正数 $\varepsilon > 0$，有

$$\lim_{n \to \infty} P\left\{ \left| \frac{1}{n} \sum_{i=1}^{n} X_i - \mu \right| < \varepsilon \right\} = 1.$$

辛钦大数定律是平均数法则的理论依据.

易见,贝努里大数定律是辛钦大数定律和切比晓夫大数的特例.

5. 依概率收敛

定义 4.9 设 $X_1, X_2, \cdots, X_n, \cdots$ 是一个随机变量序列,a 为常数,如果对于任意的正数 $\varepsilon > 0$,都有

$$\lim_{n \to \infty} P\{|X_n - a| < \varepsilon\} = 1.$$

则称 $\{X_n\}$ 依概率收敛于 a. 记作 $X_n \xrightarrow{P} a$. 或 $\lim_{n \to \infty} X_n = a(P)$.

在辛钦大数定律中,记 $Y_n = \dfrac{1}{n} \sum_{i=1}^{n} X_i$,则 $\{Y_n\}$ 依概率收敛于 μ.

九、中心极限定理

1. 林德伯格—列维定理

定理 4.9 设 $X_1, X_2, \cdots, X_n, \cdots$ 是独立同分布的随机变量序列,它们的数学期望 EX_i 和方差 DX_i 都存在,并假设 $EX_i = \mu$,$DX_i = \sigma^2 (i = 1, 2, \cdots)$,则对于任意实数 x,有

$$\lim_{n \to \infty} P\left\{ \frac{\sum_{i=1}^{n} X_i - n\mu}{\sqrt{n}\sigma} \leqslant x \right\} = \frac{1}{\sqrt{2\pi}} \int_{-\infty}^{x} e^{-\frac{t^2}{2}} dt.$$

该定理说明,只要 $X_1, X_2, \cdots, X_n$ 是独立同分布的,则当 n 足够大时,随机变量的和 $\sum_{i=1}^{n} X_i$ 总是近似服从正态分布,即 $\sum_{i=1}^{n} X_i \sim N(n\mu, n\sigma^2)$.

2. 德莫佛—拉普拉斯定理

定理 4.10 设 $X_n \sim B(n, p) (0 < p < 1, n = 1, 2, \cdots)$,则对于任意实数 x,有

$$\lim_{n \to \infty} P\left\{ \frac{X_n - np}{\sqrt{np(1-p)}} \leqslant x \right\} = \frac{1}{\sqrt{2\pi}} \int_{-\infty}^{x} e^{-\frac{t^2}{2}} dt.$$

显然,德莫佛—拉普拉斯定理是林德伯格—列维定理的特例.

例 4.1 一台设备由三大部件构成. 在设备运转时各部件需要调整的概率分别为 0.1,0.2 和 0.3. 假设各部件的运转状态互相独立,以 X 表示同时需要调整的部件数,试求 X 的概率分布、数学期望和方差.

解 设 A_i = "第 i 个部件需要调整" $(i = 1, 2, 3)$. 据已知,有

$$P(A_1) = 0.10, P(A_2) = 0.20, P(A_3) = 0.30.$$

X 的可能取值为 0,1,2,3. 由于 A_1, A_2, A_3 互相独立,故有

$$P\{X=0\}=P(\overline{A_1}\,\overline{A_2}\,\overline{A_3})=0.9\times0.8\times0.7=0.504.$$

$$P\{X=1\}=P(A_1\overline{A_2}\,\overline{A_3})+P(\overline{A_1}A_2\overline{A_3})+P(\overline{A_1}\,\overline{A_2}A_3)$$
$$=0.1\times0.8\times0.7+0.9\times0.2\times0.7+0.9\times0.8\times0.3=0.398.$$

$$P\{X=2\}=p(A_1A_2\overline{A_3})+P(A_1\overline{A_2}A_3)+P(\overline{A_1}A_2A_3)$$
$$=0.1\times0.2\times0.7+0.1\times0.8\times0.3+0.9\times0.2\times0.3=0.092.$$

$$P\{X=3\}=P(A_1A_2A_3)=0.1\times0.2\times0.3=0.006.$$

于是

$$X\sim\begin{pmatrix} 0 & 1 & 2 & 3 \\ 0.504 & 0.398 & 0.092 & 0.006 \end{pmatrix}.$$

$$EX=1\times0.398+2\times0.092+3\times0.006=0.6.$$

$$DX=EX^2-(EX)^2=1\times0.398+4\times0.092+9\times0.006-(0.6)^2=0.46.$$

注意：如果只是要计算 EX 和 DX（而不要求读者求概率分布），那么也可以用下列随机变量分解法：

设随机变量 $X_i=\begin{cases} 1,若\ A_i\ 发生 \\ 0,若\ A_i\ 不发生 \end{cases}$ $(i=1,2,3).$

易见 $X=X_1+X_2+X_3$，并且有

$$EX_i=P(A_i),\quad DX_i=P(A_i)[1-P(A_i)](i=1,2,3).$$

由于 X_1,X_2,X_3 互相独立，从而

$$EX=EX_1+EX_2+EX_3=0.1+0.2+0.3=0.6.$$

$$DX=DX_1+DX_2+DX_3=0.1\times0.9+0.2\times0.8+0.3\times0.7=0.46.$$

例 4.2　设 ξ,η 是两个互相独立且均服从正态分布 $N\left(0,\dfrac{1}{2}\right)$ 的随机变量，则随机变量 $|\xi-\eta|$ 的数学期望 $E(|\xi-\eta|)=$ _____. 方差 $D(|\xi-\eta|)=$

_____.

解　记 $z=\xi-\eta$，则 $Z\sim N(0,1)$. 从而

$$E(|\xi-\eta|)=E|Z|=\int_{-\infty}^{+\infty}|z|\cdot\frac{1}{\sqrt{2\pi}}e^{-\frac{z^2}{2}}\mathrm{d}z=\sqrt{\frac{2}{\pi}}\int_0^{+\infty}z\cdot e^{-\frac{z^2}{2}}\mathrm{d}z$$

$$=\sqrt{\frac{2}{\pi}}.$$

$$E(|\xi-\eta|^2)=E|Z|^2=E(Z^2)=DZ+(EZ)^2=1+0^2=1.$$

所以

$$D(|\xi-\eta|)=E(|\xi-\eta|^2)-[E(|\xi-\eta|)]^2=1-\frac{2}{\pi}.$$

注意：本题的关键是注意到 $\xi-\eta$ 是一个随机变量，并且其概率分布容易得到，于是将 $E(|\xi-\eta|)$ 转化成一维随机变量函数的期望进行计算. 本题也可根据 ξ,η 的联合概率密度利用二维随机变量函数的期望公式计算二重积分得到，但是计算量要大得多.

例 4.3　设随机变量 X 的概率密度为 $f(x)=\dfrac{1}{2}\mathrm{e}^{-|x|}$　$(-\infty<x<+\infty)$.

试求：

（1）X 的数学期望 EX 和方差 DX；

（2）X 与 $|X|$ 的协方差，问 X 与 $|X|$ 是否不相关？

（3）X 与 $|X|$ 是否互相独立？为什么？

解　（1）$EX=\displaystyle\int_{-\infty}^{+\infty}x\cdot\dfrac{1}{2}\mathrm{e}^{-|x|}\mathrm{d}x$（被积函数为奇函数）；

$$DX=EX^2=\int_{-\infty}^{+\infty}x^2\cdot\dfrac{1}{2}\mathrm{e}^{-|x|}\mathrm{d}x=\int_{0}^{+\infty}x^2\mathrm{e}^{-x}\mathrm{d}x=\Gamma(3)=2.$$

（2）由 $E(X|X|)=\displaystyle\int_{-\infty}^{+\infty}x|x|\cdot\dfrac{1}{2}\mathrm{e}^{-|x|}\mathrm{d}x=0$（被积函数为奇函数），得

$$\mathrm{cov}(X,|X|)=E(X|X|)-EX\cdot E|X|=0.$$

即 X 与 $|X|$ 不相关.

（3）对于任意给定的正数 $a>0$，考虑事件 $\{X>a\}$ 与事件 $\{|X|>a\}$ 的独立性. 因为 $\{X>a\}$ 包含于 $\{|X|>a\}$，而 $P\{|X|>a\}\neq1$. 所以

$$P\{X>a,|X|>a\}\neq P\{X>a\}P\{|X|>a\}.$$

即 X 与 $|X|$ 不独立.

注意：只要证明存在两个事件 A 和 B，其中事件 A 只与随机变量 X 有关，而事件 B 只与随机变量 Y 有关，并且 A 与 B 不独立，则可证明随机变量 X 与 Y 不独立.

例 4.4　已知随机变量 (X,Y) 服从二维正态分布，并且 $X\sim N(1,3^2)$，$Y\sim N(0,4^2)$，X 与 Y 的相关系数 $\rho_{XY}=-0.5$，设 $Z=\dfrac{X}{3}+\dfrac{Y}{2}$.

（1）求 EZ 和 DZ；

（2）求 X 与 Z 的相关系数 ρ_{XZ}；

（3）问 X 与 Z 是否互相独立？为什么？

解　（1）$EZ=\dfrac{EX}{3}+\dfrac{EY}{2}=\dfrac{1}{3}+\dfrac{0}{2}=\dfrac{1}{3}$. 据已知，$DX=9$，$DY=16$，故

$$\mathrm{cov}(X,Y)=\rho_{XY}\sqrt{DX}\sqrt{DY}=-6.$$

所以

$$DZ = \left(\frac{1}{3}\right)^2 DX + \left(\frac{1}{2}\right)^2 DY + 2 \cdot \frac{1}{3} \cdot \frac{1}{2} \text{cov}(X,Y) = 3.$$

(2) $\text{cov}(X,Z) = \text{cov}\left(X, \dfrac{X}{3} + \dfrac{Y}{2}\right) = \dfrac{DX}{3} + \dfrac{\text{cov}(X,Y)}{2} = 0.$

故　$\rho_{XZ} = 0.$

(3) 因为(X,Y)服从二维正态分布,$Z = \dfrac{X}{3} + \dfrac{Y}{2}$是$X$与$Y$的线性函数,所以$(X,Z)$仍然服从二维正态分布.又因$X$与$Z$不相关,所以$X$与$Z$独立.

注意:当(X,Z)服从二维正态分布时,X与Z不相关与独立等价.

例 4.5　从学校乘汽车到火车站的途中有 3 个交通岗.假设在各个交通岗遇到红灯的事件是互相独立的,并且概率都是 0.4,记 X 为途中遇到红灯的次数,求 X 的分布律、分布函数和数学期望.

解　显然 $X \sim B(3,0.4)$,故有
$$P\{X=k\} = C_3^k \cdot 0.4^k \cdot 0.6^{3-k} \quad (k=0,1,2,3).$$
即 X 的分布律为
$$X \sim \begin{pmatrix} 0 & 1 & 2 & 3 \\ 27/125 & 54/125 & 36/125 & 8/125 \end{pmatrix}$$
于是 X 的分布函数为
$$F(x) = P\{X \leqslant x\} = \begin{cases} 0, & x < 0; \\ 27/125, & 0 \leqslant x < 1; \\ 81/125, & 1 \leqslant x < 2; \\ 117/125, & 2 \leqslant x < 3; \\ 1, & x \geqslant 3. \end{cases}$$
而　$EX = np = 3 \times 0.4 = 1.2.$

例 4.6　某流水生产线上每个产品不合格的概率均为 $p(0<p<1)$,各个产品合格与否互相独立,当出现一个不合格品时立即停机检修.设开机后第一次停机时已生产的产品个数为 X,求 X 的数学期望和方差.

解　记 $q = 1-p$,易见的分布列为
$$P\{X=k\} = q^{k-1} p \quad (k=1,2,3,\cdots).$$
故有
$$EX = \sum_{k=1}^{\infty} k \cdot q^{k-1} p; \quad EX^2 = \sum_{k=1}^{\infty} k^2 \cdot q^{k-1} p.$$
为计算以上两个数项级数的和,考虑下面的幂级数:
$$S_1(x) = \sum_{k=1}^{\infty} kx^{k-1} \text{和} S_2(x) = \sum_{k=1}^{\infty} k^2 x^{k-1}.$$

根据有关幂级数知识,可得

$$S_1(x) = \sum_{k=1}^{\infty} (x^k)' = (\sum_{k=1}^{\infty} x^k)' = \left(\frac{x}{1-x}\right)' = \frac{1}{(x-1)^2} \quad (-1 < x < 1);$$

$$S_2(x) = \sum_{k=1}^{\infty} (k+1)kx^{k-1} - \sum_{k=1}^{\infty} kx^{k-1} = \sum_{k=1}^{\infty} (x^{k+1})'' - S_1(x)$$

$$= (\sum_{k=1}^{\infty} x^{k+1})'' - \frac{1}{(x-1)^2} = \left(\frac{x^2}{1-x}\right)'' - \frac{1}{(x-1)^2}$$

$$= \frac{1+x}{(1-x)^3} (-1 < x < 1).$$

于是

$$EX = pS_1(q) = \frac{1}{p}; EX^2 = pS_2(q) = \frac{2-p}{p^2};$$

$$DX = EX^2 - (EX)^2 = \frac{1-p}{p^2}.$$

注意:有关离散型随机变量的期望和方差的计算往往需要求级数的和,要求读者熟练掌握幂级数求和的方法.

例 4.7 甲、乙两只箱子中装有同种产品,其中甲箱装有 3 件合格品和 3 件次品,乙箱中仅装有 3 件合格品,从甲箱中任取 3 件产品放入乙箱后,求:

(1) 乙箱中次品件数 X 的数学期望;

(2) 事件 $A=$"从乙箱中任取一件产品是次品"的概率.

解法 1 (1) X 的分布列为

$$P\{X=k\} = \frac{C_3^k C_3^{3-k}}{C_6^3} \quad (k=0,1,2,3).$$

即 $X \sim \begin{pmatrix} 0 & 1 & 2 & 3 \\ 1/20 & 9/20 & 9/20 & 1/20 \end{pmatrix}.$

故 $EX = 0 \times \frac{1}{20} + 1 \times \frac{9}{20} + 3 \times \frac{1}{20} = \frac{3}{2}.$

(2) 由全概率公式,得

$$P(A) = \sum_{k=0}^{3} P\{X=k\} P(A|X=k)$$

$$= \frac{1}{20} \times 0 + \frac{9}{20} \times \frac{1}{6} + \frac{9}{20} \times \frac{2}{6} + \frac{1}{20} \times \frac{3}{6} = \frac{1}{4}.$$

解法 2 (1) 设随机变量

$$X_i = \begin{cases} 0, \text{从甲箱中取出的第 } i \text{ 件产品是合格品} \\ 1, \text{从甲箱中取出的第 } i \text{ 件产品是次品} \end{cases} \quad (i=1,2,3).$$

则 X_i 的概率分布为

$$X_i \sim \begin{pmatrix} 0 & 1 \\ \dfrac{1}{2} & \dfrac{1}{2} \end{pmatrix} \quad (i=1,2,3).$$

并且有 $X=X_1+X_2+X_3$. 又因为 $EX_i=\dfrac{1}{2}(i=1,2,3)$. 于是

$$EX=EX_1+EX_2+EX_3=\dfrac{3}{2}.$$

(2) $P(A)=\displaystyle\sum_{k=0}^{3} P\{X=k\}P(A|X=k)$

$$=\sum_{k=0}^{3} P\{X=k\} \cdot \dfrac{k}{6}=\dfrac{1}{6}\sum_{k=0}^{3} kP\{X=k\}=\dfrac{1}{6}\times EX=\dfrac{1}{6}\times\dfrac{3}{2}=\dfrac{1}{4}.$$

例 4.8 某箱内装有 100 件产品,其中一、二和三等品分别有 80 件,10 件, 10 件. 现在从中随机抽取一件,记

$$X_i=\begin{cases} 1, & \text{若取到 } i \text{ 等品} \\ 0, & \text{其他} \end{cases} \quad (i=1,2,3).$$

试求:

(1) X_1 和 X_2 的联合分布;(2) X_1 和 X_2 的相关系数.

解 (1) 记事件 $A_i=$"抽到 i 等品"$(i=1,2,3)$. 由题意知 A_1,A_2,A_3 两两互不相容,且

$$P(A_1)=0.8, P(A_2)=P(A_3)=0.1.$$

易见

$P\{X_1=0,X_2=0\}=P(A_3)=0.1;$

$P\{X_1=0,X_2=1\}=P(A_2)=0.1;$

$P\{X_1=1,X_2=1\}=P(\Phi)=0;$

$P\{X_1=1,X_2=0\}=P(A_1)=0.8.$

即 X_1 和 X_2 的联合分布列如表 4-2.

表 4-2

X_1 ＼ X_2	0	1
0	0.1	0.1
1	0.8	0

(2) 根据表 4-2,易得

$EX_1=0.8, EX_2=0.1;$

$DX_1=0.8\times0.2=0.16; DX_2=0.9\times0.1=0.09;$

$E(X_1X_2)=0\times0\times0.1+0\times1\times0.1+1\times0\times0.8+1\times1\times0=0;$

$\text{cov}(X_1,X_2)=E(X_1X_2)-EX_1 \cdot EX_2=-0.08;$

$$\rho=\dfrac{\text{cov}(X_1,X_2)}{\sqrt{DX_1}\sqrt{DX_2}}=-\dfrac{-0.08}{\sqrt{0.16\times0.09}}=-\dfrac{2}{3}.$$

例 4.9 设二维随机变量 (X,Y) 在矩形 $G=\{(x,y)|0\leqslant x\leqslant 2,0\leqslant y\leqslant 1\}$ 上服从均匀分布. 记

$$U=\begin{cases}0,若\ X\leqslant Y;\\1,若\ X>Y;\end{cases}\quad V=\begin{cases}0,若\ X\leqslant 2Y;\\1,若\ X>2Y.\end{cases}$$

（1）求 U 和 V 的联合分布；（2）求 U 和 V 的相关系数.

解 （1）(U,V) 有 4 个可能的取值：$(0,0),(0,1),(1,0),(1,1)$.

$$P\{U=0,V=0\}=P\{X\leqslant Y,X\leqslant 2Y\}=P\{X\leqslant Y\}=\frac{1}{4};$$

$$P\{U=0,V=1\}=P\{X\leqslant Y,X>2Y\}=P\{\Phi\}=0;$$

$$P\{U=1,V=0\}=P\{X>Y,X\leqslant 2Y\}=P\{Y<X\leqslant 2Y\}=\frac{1}{4};$$

$$P\{U=1,V=1\}=P\{X>Y,X>2Y\}=P\{X>2Y\}=\frac{1}{2}.$$

（2）由 U 和 V 的联合分布易得其边缘分布，见表 4-3.

表 4-3

U ＼ V	0	1	$P\{U=x_i\}$
0	1/4	0	1/4
1	1/4	1/2	3/4
$P\{V=y_j\}$	1/2	1/2	

于是

$$EU=\frac{3}{4};DU=\frac{3}{16};EV=\frac{1}{2};DV=\frac{1}{4};$$

$$E(UV)=0\times0\times\frac{1}{4}+0\times1\times0+1\times0\times\frac{1}{4}+1\times1\times\frac{1}{2}=\frac{1}{2};$$

$$\rho=\frac{E(UV)-EU\cdot EV}{\sqrt{DU}\cdot\sqrt{DV}}=\frac{\sqrt{3}}{3}.$$

例 4.10 设 A,B 是两个随机事件，定义两个随机变量

$$X=\begin{cases}1,若\ A\ 出现;\\-1,若\ A\ 不出现;\end{cases}\quad Y=\begin{cases}1,若\ B\ 出现;\\-1,若\ B\ 不出现.\end{cases}$$

试证明随机变量 X 和 Y 不相关的充要条件是事件 A 与 B 互相独立.

证明 据题意，得 X 和 Y 的联合分布以及边缘分布如表 4-4.

表 4-4

X ＼ Y	-1	1	$P\{X=x_i\}$
-1	$P(\overline{A}\,\overline{B})$	$P(\overline{A}B)$	$P(\overline{A})$
1	$P(A\overline{B})$	$P(AB)$	$P(A)$
$P\{Y=y_j\}$	$P(\overline{B})$	$P(B)$	

于是有

$$EX = P(A) - P(\overline{A}) = 2P(A) - 1;$$

$$EY = P(B) - P(\overline{B}) = 2P(B) - 1;$$

$$E(XY) = P(\overline{A}\,\overline{B}) - P(\overline{A}B) - P(A\overline{B}) + P(AB)$$

$$= [1 - P(A \cup B)] - [P(B) - P(AB)] - [P(A) - P(AB)] + P(AB)$$

$$= 1 - 2P(A) - 2P(B) + 4P(AB).$$

从而

$$\text{cov}(X, Y) = E(XY) - EX \cdot EY = 4[P(AB) - P(A)P(B)].$$

故有

$$\text{cov}(X, Y) = 0 \Leftrightarrow P(AB) = P(A)P(B).$$

例 4. 11　一个商店经销某种商品,每周的进货量 X 与顾客对该种商品的需求量 Y 是互相独立的随机变量,且都服从区间 $[10, 20]$ 上的均匀分布(见图 4-1). 商店每售出一单位商品可获利润 1000 元;若需求量超过了进货量,商店可从其他商店调剂供应,这时每单位商品可获利润仅为 500 元. 试计算此商店经销该种商品每周所获利润的期望值.

解　设 Z 表示该商品每周所得利润,则

$$Z = \begin{cases} 1000Y, & \text{若 } Y \leqslant X; \\ 1000X + 500(Y - X), & \text{若 } Y > X; \end{cases}$$

即　$$Z = \begin{cases} 1000Y, & \text{若 } Y \leqslant X; \\ 500(X + Y), & \text{若 } Y > X. \end{cases}$$

根据题意,X 与 Y 的联合概率密度为

$$f(x, y) = \begin{cases} \dfrac{1}{100}, & 10 \leqslant x \leqslant 20, 10 \leqslant y \leqslant 20; \\ 0, & \text{其他}. \end{cases}$$

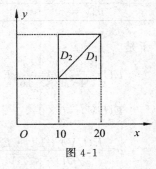

图 4-1

于是

$$EZ = \iint\limits_{D_1} 1000y \times \frac{1}{100} \mathrm{d}x \mathrm{d}y + \iint\limits_{D_2} 500(x + y) \times \frac{1}{100} \mathrm{d}x \mathrm{d}y$$

$$= \int_0^{20} \mathrm{d}y \int_y^{20} 10y \mathrm{d}x + \int_0^{20} \mathrm{d}y \int_0^y 5(x + y) \mathrm{d}x$$

$$= \int_0^{20} 10y(20 - y) \mathrm{d}y + \int_0^{20} \left(\frac{15}{2} y^2 - 50y - 250 \right) \mathrm{d}y$$

$$= \frac{20000}{3} + 7500 = 14166\frac{2}{3} (\text{元}).$$

例 4. 12　设二维随机变量 (X, Y) 的密度函数

$$f(x,y)=\frac{1}{2}[\varphi_1(x,y)+\varphi_2(x,y)].$$

其中 $\varphi_1(x,y)$ 和 $\varphi_2(x,y)$ 都是二维正态密度函数,且它们所对应的二维随机变量的相关系数分别为 $\frac{1}{3}$ 和 $-\frac{1}{3}$,它们的边缘密度函数所对应的随机变量的数学期望都是 0,方差都是 1.

(1) 求随机变量 X 和 Y 的密度函数 $f_1(x)$ 和 $f_2(y)$,以及 X 和 Y 的相关系数 ρ(可以直接利用二维正态密度函数的性质);

(2) 问 X 和 Y 是否独立? 为什么?

解 (1) 由于二维正态分布的两个边缘分布都是正态分布,因此 $\varphi_1(x,y)$ 和 $\varphi_2(x,y)$ 所对应的边缘分布都是标准正态分布. 于是有

$$f_1(x)=\int_{-\infty}^{+\infty}f(x,y)\mathrm{d}y=\frac{1}{2}\left[\int_{-\infty}^{+\infty}\varphi_1(x,y)\mathrm{d}y+\int_{-\infty}^{+\infty}\varphi_2(x,y)\mathrm{d}y\right]$$

$$=\frac{1}{2}\left[\frac{1}{\sqrt{2\pi}}\mathrm{e}^{-\frac{x^2}{2}}+\frac{1}{\sqrt{2\pi}}\mathrm{e}^{-\frac{x^2}{2}}\right]=\frac{1}{\sqrt{2\pi}}\mathrm{e}^{-\frac{x^2}{2}};$$

同理,$f_2(y)=\frac{1}{\sqrt{2\pi}}\mathrm{e}^{-\frac{y^2}{2}}$.

由 X 和 Y 的密度函数可知,$X\sim N(0,1)$,$Y\sim N(0,1)$. 故有 $EX=EY=0$,$DX=DY=1$. 而 X 和 Y 的相关系数为

$$\rho=\sqrt{DX}\sqrt{DY}\mathrm{cov}(X,Y)=E(XY).$$

即

$$\rho=\int_{-\infty}^{+\infty}\int_{-\infty}^{+\infty}xyf(x,y)\mathrm{d}x\mathrm{d}y$$

$$=\frac{1}{2}\left[\int_{-\infty}^{+\infty}\int_{-\infty}^{+\infty}xy\varphi_1(x,y)\mathrm{d}x\mathrm{d}y+\int_{-\infty}^{+\infty}\int_{-\infty}^{+\infty}xy\varphi_2(x,y)\mathrm{d}x\mathrm{d}y\right]$$

$$=\frac{1}{2}\left[\frac{1}{3}-\frac{1}{3}\right]=0.$$

(2) 由题意,$f(x,y)=\frac{3}{8\pi\sqrt{2}}\left[\mathrm{e}^{-\frac{9}{16}\left(x^2-\frac{2}{3}xy+y^2\right)}+\mathrm{e}^{-\frac{9}{16}(x^2+\frac{2}{3}xy+y^2)}\right]$;

由(1)可知 $f_1(x)f_2(y)=\frac{1}{2\pi}\mathrm{e}^{-\frac{x^2+y^2}{2}}$.

显然,$f(x,y)\neq f_1(x)\cdot f_2(y)$,所以 X 和 Y 不独立.

例 4.13 设随机变量 X 和 Y 同分布,它们的概率密度均为

$$f(x)=\begin{cases}\frac{3}{8}x^2, & 0<x<2;\\ 0, & \text{其他.}\end{cases}$$

(1) 已知事件 $A=\{X>a\}$ 和 $B=\{Y>a\}$ 独立,且 $P(A\cup B)=\frac{3}{4}$,求常数 a;

(2) 求 $\frac{1}{X^2}$ 的数学期望.

解 (1) 由条件知,$P(A)=P(B)$,$P(AB)=P(A)P(B)$. 于是

$$P(A\cup B)=P(A)+P(B)-P(AB)=2P(A)-[P(A)]^2=\frac{3}{4}.$$

由此可得 $P(A)=\frac{1}{2}$,并且 $0<a<2$.

又由于 $P(A)=P\{X>a\}=\int_a^2 \frac{3}{8}x^2 \mathrm{d}x=1-\frac{a^3}{8}$, 从而有 $1-\frac{a^3}{8}=\frac{1}{2}$. 于是得 $a=\sqrt[3]{4}$.

(2) $E\left(\frac{1}{X^2}\right)=\int_0^2 \frac{1}{x^2}\cdot\frac{3}{8}x^2 \mathrm{d}x=\frac{3}{4}$.

例 4.14 假设一部机器在一天内发生故障的概率为 0.2,机器发生故障时全天停止工作. 若一周 5 个工作日里无故障,可获利润 10 万元;发生一次故障仍可获利 5 万元;发生两次故障则可获利润 0 万元;发生三次或三次以上故障就要亏损 2 万元. 求一周内的期望利润是多少?

解 以 X 表示一周 5 天内发生故障的次数,则 $X\sim B(5,0.2)$. 即

$$P\{X=k\}=C_5^k 0.2^k 0.8^{5-k}(k=0,1,2,3,4,5).$$

经计算,概率如下:

$$P\{X=0\}=0.328; P\{X=1\}=0.410;$$
$$P\{X=2\}=0.205; P\{X\geqslant 3\}=0.057.$$

又以 Y 表示一周所获利润,则 $Y=g(X)=\begin{cases}10, & \text{若 } X=0;\\ 5, & \text{若 } X=1;\\ 0, & \text{若 } X=2;\\ -2, & \text{若 } X\geqslant 3.\end{cases}$

于是

$$EY=10\times 0.328+5\times 0.410+0\times 0.205-2\times 0.057=5.216(\text{万元}).$$

例 4.15 假设由自动生产线加工的某种零件的内径(单位:毫米)服从正态分布 $N(\mu,1)$,内径小于 10 或大于 12 为不合格品,其余为合格品. 销售每件合格品获利;销售每件不合格品亏损. 已知销售利润 T(单位:元)与销售零件的内径 X 有如下关系:

$$T = \begin{cases} -1, & \text{若 } X<10; \\ 20, & \text{若 } 10 \leqslant X \leqslant 12; \\ -5, & \text{若 } X>12. \end{cases}$$

问平均内径 μ 取何值时，销售一个零件的平均利润最大？

解　平均利润为

$$ET = 20P\{10 \leqslant X \leqslant 12\} - P\{X<10\} - 5P\{X>12\}$$
$$= 20[\Phi(12-\mu) - \Phi(10-\mu)] - \Phi(10-\mu) - 5[1-\Phi(12-\mu)]$$
$$= 25\Phi(12-\mu) - 21\Phi(10-\mu) - 5.$$

即　$ET = 25\Phi(12-\mu) - 21\Phi(10-\mu) - 5$. 上式对 μ 求导数，并令导数为零，得

$$\frac{\mathrm{d}}{\mathrm{d}\mu}ET = -25\varphi(12-\mu) + 21\varphi(10-\mu) = 0.$$

即

$$-\frac{25}{\sqrt{2\pi}}\mathrm{e}^{-\frac{(12-\mu)^2}{2}} + \frac{21}{\sqrt{2\pi}}\mathrm{e}^{-\frac{(10-\mu)^2}{2}} = 0.$$

解上述方程，得 $\mu = 11 - \dfrac{1}{2}\ln\dfrac{25}{21} \approx 10.9$.

因此，当 $\mu = 10.9$（毫米）时，平均利润最大.

例 4.16　设随机变量 X 和 Y 的联合分布是以点 $(0,1)$，$(1,0)$，$(1,1)$ 为顶点的三角形区域上的均匀分布，试求随机变量 $U=X+Y$ 的方差以及 X 与 Y 的相关系数.

解　三角形区域为 $G=\{(x,y)\,|\,0 \leqslant x \leqslant 1, 1-x \leqslant y \leqslant 1\}$，其面积显然为 $\dfrac{1}{2}$，故 X 和 Y 的联合概率密度为：

$$f(x,y) = \begin{cases} 2, & (x,y) \in G; \\ 0, & (x,y) \notin G. \end{cases}$$

于是

$$EX = \int_0^1 \mathrm{d}x \int_{1-x}^1 2x\,\mathrm{d}y = \frac{2}{3}; \quad EX^2 = \int_0^1 \mathrm{d}x \int_{1-x}^1 2x^2\,\mathrm{d}y = \frac{1}{2};$$

$$DX = E(X^2) - (EX)^2 = \frac{1}{18}.$$

同理，$EY = \dfrac{2}{3}$，$DY = \dfrac{1}{18}$.

下面求协方差：

$$E(XY) = \int_0^1 \mathrm{d}x \int_{1-x}^1 2xy\,\mathrm{d}y = \frac{5}{12};$$

$$\mathrm{cov}(X,Y) = E(XY) - EX \cdot EY = \frac{5}{12} - \frac{2}{3} \cdot \frac{2}{3} = -\frac{1}{36}.$$

于是

$$D(X+Y)=DX+2\mathrm{cov}(X,Y)+DY=\frac{1}{18};$$

$$\rho_{XY}=\frac{\mathrm{cov}(X,Y)}{\sqrt{DX}\cdot\sqrt{DY}}=-\frac{1}{2}.$$

下面给出求 $D(X+Y)$ 的另一个方法：

首先根据 X 和 Y 的联合概率密度(同上)，求 $U=X+Y$ 的概率密度.

设 $p(u)$ 表示 $U=X+Y$ 的概率密度.根据卷积公式,有

$$p(u)=\int_{-\infty}^{+\infty}f(x,u-x)\mathrm{d}x.$$

由于仅当 $\begin{cases}0\leqslant x\leqslant 1\\1-x\leqslant u-x\leqslant 1\end{cases}$ 即 $\begin{cases}0\leqslant x\leqslant 1\\u\geqslant 1,x\geqslant u-1\end{cases}$ 时, $f(x,u-x)\neq 0$,所以

当 $u<1$ 或 $u>2$ 时,显然 $p(u)=0$;

当 $1\leqslant u\leqslant 2$ 时, $p(u)=\int_{u-1}^{1}2\mathrm{d}x=2(2-u).$

于是

$$E(X+Y)=EU=\int_{-\infty}^{+\infty}up(u)\mathrm{d}u=\int_{1}^{2}2u(2-u)\mathrm{d}u=\frac{4}{3};$$

$$E(X+Y)^2=E(U^2)=\int_{-\infty}^{+\infty}u^2p(u)\mathrm{d}u=\int_{1}^{2}2u^2(2-u)\mathrm{d}u=\frac{11}{6};$$

$$D(X+Y)=DU=EU^2-(EU)^2=\frac{1}{18}.$$

注意:由 (X,Y) 的概率密度 $f(x,y)$ 求 X 和 Y 的相关系数的一般步骤:

(1) 利用公式 $E[g(X,Y)]=\int_{-\infty}^{+\infty}\int_{-\infty}^{+\infty}g(x,y)f(x,y)\mathrm{d}x\mathrm{d}y$ 求出 EX,EY, $EX^2,EY^2,E(XY)$;

(2) 利用公式 $DX=EX^2-(EX)^2$ 求出 DX 和 DY;

(3) 利用公式 $\mathrm{cov}(X,Y)=E(XY)-EX\cdot EY$ 求出协方差;

(4) 利用 $\rho_{XY}=\dfrac{\mathrm{cov}(X,Y)}{\sqrt{DX}\cdot\sqrt{DY}}$ 求出相关系数.

当然,在求每一个分量的期望和方差时,也可以先求各自的边缘概率密度.这些不同的方法得到的结果是一致的,可谓殊途同归.

例 4.17 设 $Z=\ln X\sim N(\mu,\sigma^2)$,即 X 服从对数正态分布,求 EX.

解 依题意,$Z\sim N(\mu,\sigma^2)$,$X=\mathrm{e}^Z$. 于是有

$$EX=E(\mathrm{e}^Z)=\int_{-\infty}^{+\infty}\mathrm{e}^z\cdot\frac{1}{\sqrt{2\pi}\sigma}\mathrm{e}^{-\frac{(z-\mu)^2}{2\sigma^2}}\mathrm{d}z$$

$$= \int_{-\infty}^{+\infty} \frac{1}{\sqrt{2\pi}\sigma} e^{-\frac{1}{2\sigma^2}(z^2 - 2\mu z + \mu^2 - 2\sigma^2 z)} \, dz$$

$$= e^{\mu + \frac{\sigma^2}{2}} \cdot \int_{-\infty}^{+\infty} \frac{1}{\sqrt{2\pi}\sigma} e^{-\frac{1}{2\sigma^2}(z - \mu - \sigma^2)^2} \, dz = e^{\mu + \frac{\sigma^2}{2}}.$$

例 4.18 将 n 个球(编号为 $1 \sim n$)随机地放入 n 只盒子(编号为 $1 \sim n$)中去,一只盒子只能装一个球. 若某一个球放入同号码的盒子中,称为一个配对. 记 X 为出现配对的个数,求 EX, DX.

解 先求期望. 设随机变量

$$X_i = \begin{cases} 1, \text{第 } i \text{ 只出现配对} \\ 0, \text{第 } i \text{ 只不出现配对} \end{cases} \quad (i = 1, 2, \cdots, n).$$

则有 $X = X_1 + X_2 + \cdots + X_n$,从而 $EX = EX_1 + EX_2 + \cdots + EX_n$.

由于每一个球出现配对的概率都是 $\frac{1}{n}$,故

$$P\{X_i = 1\} = \frac{1}{n}, P\{X_i = 0\} = 1 - \frac{1}{n}. \quad (i = 1, 2, \cdots, n).$$

于是

$$EX_i = 1 \times \frac{1}{n} + 0 \times \left(1 - \frac{1}{n}\right) = \frac{1}{n} \cdot \quad (i = 1, 2, \cdots, n).$$

所以

$$EX = EX_1 + EX_2 + \cdots + EX_n = n \times \frac{1}{n} = 1.$$

下面求方差,并利用公式

$$D\left(\sum_{i=1}^{n} X_i\right) = \sum_{i=1}^{n} DX_i + 2 \sum_{1 \leqslant i < j \leqslant n} \text{cov}(X_i, X_j).$$

由于每一个 X_i 都服从 $(0 \sim 1)$ 分布,易知 $DX_i = \frac{1}{n}\left(1 - \frac{1}{n}\right) = \frac{n-1}{n^2}$.

再利用 $\text{cov}(X_i, X_j) = E(X_i X_j) - EX_i \cdot EX_j$. 求协方差.

对于任意的 $1 \leqslant i < j \leqslant n$,随机变量 $X_i X_j$ 只有两种可能的取值:0 和 1. 并且只有当 X_i 和 X_j 的值都是 1(即两个球都出现配对)时,$X_i X_j = 1$ 才成立. 于是

$$P\{X_i X_j = 1\} = P\{X_i = 1\} P\{X_j = 1 | X_i = 1\} = \frac{1}{n} \cdot \frac{1}{n-1};$$

则

$$P\{X_i X_j = 0\} = 1 - \frac{1}{n} \cdot \frac{1}{n-1}; P\{X_i X_j = 1\} = \frac{1}{n} \cdot \frac{1}{n-1}.$$

$$E(X_i X_j) = \frac{1}{n} \cdot \frac{1}{n-1} = \frac{1}{n(n-1)}.$$

从而

$$\text{cov}(X_i, X_j) = E(X_i X_j) - EX_i \cdot EX_j = \frac{1}{n(n-1)} - \frac{1}{n} \cdot \frac{1}{n} = \frac{1}{n^2(n-1)}.$$

$$DX = D\Big(\sum_{i=1}^{n} X_i\Big) = \sum_{i=1}^{n} DX_i + 2\sum_{1\leqslant i<j\leqslant n}\mathrm{cov}(X_i,X_j)$$

$$= n\cdot\frac{n-1}{n^2} + 2C_n^2\frac{1}{n^2(n-1)} = 1.$$

注意:(1) 不能利用公式 $DX = DX_1 + DX_2 + \cdots + DX_n$,因为每一个盒子只能放入一个球,故 $X_1, X_2, \cdots, X_n$ 不互相独立.

(2) 在求随机变量 X 的数学期望时,经常先将 X 分解成若干个服从简单分布[特别是$(0\sim1)-p$ 分布]的随机变量的和,即 $X = X_1 + X_2 + \cdots + X_n$,然后利用 $EX = EX_1 + EX_2 + \cdots + EX_n$ 计算.这种方法称作随机变量分解法.

例 4.19 有5个独立工作的电子元件,它们的寿命 $X_k(k=1,2,3,4,5)$.都服从参数是 θ 的指数分布.

(1) 若将 5 个元件串联组成整机,求整机寿命的数学期望;

(2) 若将 5 个元件并联组成整机,求整机寿命的数学期望.

解 串联时整机寿命为 $N = \min(X_1, X_2, \cdots, X_5)$;并联时为 $M = \max(X_1, X_2, \cdots, X_5)$.每个元件的寿命 $X_k(k=1,2,3,4,5)$的分布函数都是

$$F(x) = \begin{cases} 1 - e^{-\theta x}, & x\geqslant0; \\ 0, & x<0. \end{cases}$$

(1) $N = \min(X_1, X_2, \cdots, X_5)$的分布函数为

$$F_N(x) = 1 - [1-F(x)]^5 = \begin{cases} 1 - e^{-5\theta x}, & x\geqslant0; \\ 0, & x<0. \end{cases}$$

由 N 的分布函数可知 $N\sim e(5\theta)$,故 $EN = \dfrac{1}{5\theta}$.

(2) $M = \max(X_1, X_2, \cdots, X_5)$的分布函数为

$$F_M(x) = [F(x)]^5 = \begin{cases} (1-e^{-\theta x})^5, & x\geqslant0; \\ 0, & x<0. \end{cases}$$

于是

$$EM = \int_0^{+\infty} x\mathrm{d}F_M(x) = \int_0^{+\infty} x\mathrm{d}(1-e^{-\theta x})^5$$

$$= \int_0^{+\infty} x\mathrm{d}(-5e^{-\theta x} + 10e^{-2\theta x} - 10e^{-3\theta x} + 5e^{-4\theta x} - e^{-5\theta x})$$

$$= \frac{5}{\theta} - \frac{10}{2\theta} + \frac{10}{3\theta} - \frac{5}{4\theta} + \frac{1}{5\theta} = \frac{137}{60\theta}.$$

注意:有关最大最小值的问题一般考虑它们的分布函数之间的关系.

例 4.20 设 $\xi_1, \xi_2, \cdots, \xi_n$ 是独立同分布的随机变量且 $E\xi_i = \mu, D\xi_i = 8(i=1, 2, \cdots, n)$,对于 $\bar{\xi} = \dfrac{1}{n}\sum_{i=1}^{n}\xi_i$,写出 $\bar{\xi}$ 满足的切比晓夫不等式,并估计

$P\{|\bar{\xi}-\mu|<4\}$.

解 $E\bar{\xi}=\dfrac{1}{n}\sum\limits_{i=1}^{n}E\xi_i=\mu, D\bar{\xi}=\dfrac{1}{n^2}\sum\limits_{i=1}^{n}D\xi_i=\dfrac{8}{n}$.

由切比晓夫不等式,有

$$P\{|\bar{\xi}-\mu|<\varepsilon\}\geqslant 1-\frac{D\bar{\xi}}{\varepsilon^2}=1-\frac{8}{n\varepsilon^2}.$$

上式中令 $\varepsilon=4$,得

$$P\{|\bar{\xi}-\mu|<4\}\geqslant 1-\frac{1}{2n}.$$

例 4.21 随机地掷6个骰子,用切比晓夫不等式估计 6 个点数之和在 15~27 之间的概率.

解 记 X_i 表示第 i 个骰子出现的点数,X 表示六个点数之和,则 $X_i(i=1,2,\cdots,6)$ 独立同分布,且 $X=\sum\limits_{i=1}^{n}X_i$. 显然每个 X_i 都是等可能地取 1~6 之间的整数,故有

$$EX_i=\frac{1}{6}\sum_{k=1}^{6}k=\frac{7}{2}; EX_i^2=\frac{1}{6}\sum_{k=1}^{6}k^2=\frac{91}{6};$$

$$DX_i=\frac{91}{6}-\left(\frac{7}{2}\right)^2=\frac{35}{12}.$$

所以

$$EX=\sum_{i=1}^{n}EX_i=\frac{7}{2}\times 6=21; DX=\sum_{i=1}^{n}DX_i=\frac{35}{12}\times 6=\frac{35}{2}.$$

由切比晓夫不等式,有 $P\{|X-EX|<\varepsilon\}\geqslant 1-\dfrac{DX}{\varepsilon^2}$.

上式中令 $EX=21, DX=\dfrac{35}{2}, \varepsilon=6$,得 $P\{|X-21|<6\}\geqslant\dfrac{37}{72}$.

注意:要写出一个随机变量满足的切比晓夫不等式,只要求出这个随机变量的期望和方差,然后代入公式即可.

例 4.22 有一批种子,其中良种占 1/6,现从中任取 6000 粒,试分别用切比晓夫不等式和中心极限定理估计这 6000 粒种子中的良种比例与 1/6 的差的绝对值不超过 0.01 的概率.

解 据题意,这 6000 粒中的良种数 $X\sim B\left(6000,\dfrac{1}{6}\right)$. 于是

$$EX=np=1000; DX=np(1-p)=5000/6.$$

要估计

$$P\left\{\left|\frac{X}{6000}-\frac{1}{6}\right|<0.01\right\}=P\{|X-1000|<60\}.$$

（1）由切比晓夫不等式

$$P\{|X-1000|<60\} \geqslant 1-\frac{DX}{60^2} \approx 0.7685.$$

（2）由德莫佛—拉普拉斯定理

$$P\{|X-1000|<60\} = P\left\{\left|\frac{X-1000}{\sqrt{5000/6}}\right|<\frac{60}{\sqrt{5000/6}}\right\}$$

$$\approx 2\Phi(2.0784)-1 = 0.9625.$$

例 4.23　设有30个电子元件，它们的使用寿命分别为 $T_1, T_2, \cdots, T_{30}$，且 T_i 都服从参数是 $\lambda=0.1$ 的指数分布. 当一个元件损坏时另一个接着使用. 令 T 为 30 个元件的使用总寿命，求 $P\{T>350\}$.

解　依题意，$T_1, T_2, \cdots, T_{30}$ 互相独立，并且 $T=T_1+T_2+\cdots+T_{30}$. 由于 $T_i \sim e(0.1)$，故 $ET_i=10, DT_i=100$. 从而

$$ET=30\times 10=300, DT=30\times 100=3000.$$

由列维—林德伯格定理，T 近似服从 $N(300, 3000)$. 于是

$$P\{T>350\} = 1-P\{T\leqslant 350\} \approx P\left\{\frac{T-300}{\sqrt{3000}} \leqslant \frac{350-300}{\sqrt{3000}}\right\}$$

$$\approx 1-\Phi(0.913) \approx 1-0.818 = 0.182.$$

注意：一般地，求很多随机变量的和在某个区间上的概率时，用中心极限定理计算. 计算的基本思路是转化为正态分布. 一般解题步骤为：

（1）找出独立同分布的随机变量 $X_1, X_2, \cdots, X_n$，以及 $X=X_1+X_2+\cdots+X_n$；

（2）求出 $EX_i=\mu$ 和 $DX_i=\sigma^2$；

（3）求 EX, DX. 即 $EX=n\mu, DX=n\sigma^2$；

（4）当 n 很大时，X 近似服从正态分布 $N(n\mu, n\sigma^2)$. 于是

$$P\{a<X\leqslant b\} \approx \Phi\left(\frac{b-n\mu}{\sqrt{n}\sigma}\right) - \Phi\left(\frac{a-n\mu}{\sqrt{n}\sigma}\right).$$

特别地，当 $X_i \sim (0-1)-p$ 时，由德莫佛—拉普拉斯定理，近 $X=\sum_{i=1}^{n} X_i$ 似服从正态分布 $N(np, np(1-p))$. 于是

$$P\{a<X\leqslant b\} = P\left\{\frac{a-np}{\sqrt{np(1-p)}} < \frac{X-np}{\sqrt{np(1-p)}} \leqslant \frac{b-np}{\sqrt{np(1-p)}}\right\}$$

$$\approx \Phi\left(\frac{b-np}{\sqrt{np(1-p)}}\right) - \Phi\left(\frac{a-np}{\sqrt{np(1-p)}}\right).$$

例4. 24　求证：$DX=0$ 的充要条件是存在常数 C，使得 $P\{X=C\}=1$.

证明　显然有

$$P\{X=EX\}=1-P\{X\neq EX\}=1-P\{|X-EX|\neq 0\}.$$

而　$\{|X-EX|\neq 0\}=\{|X-EX|>0\}=\bigcup_{n=1}^{\infty}\{|X-EX|\geqslant 1/n\}.$

故　$P\{|X-EX|\neq 0\}=P\bigcup_{n=1}^{\infty}\{|X-EX|\geqslant 1/n\}=\lim_{n\infty}P\{|X-EX|\geqslant 1/n\}.$

由切比晓夫不等式，$0\leqslant P\{|X-EX|\geqslant 1/n\}\leqslant n^2 DX=0.$ 即

$$P\{|X-EX|\geqslant 1/n\}=0\quad(0,1,2,\cdots).$$

从而　$P\{|X-EX|\neq 0\}=\lim_{n\infty}P\{|X-EX|\geqslant 1/n\}=0.$

即　$P\{X=EX\}=1.$

例 4. 25　求证：任意两个随机变量 X 和 Y 的相关系数 ρ_{XY} 都满足 $-1\leqslant\rho_{XY}\leqslant 1$.

证明　对于任意的实数 t，都有

$$D(Y-tX)=DY-2t\mathrm{cov}(X,Y)+t^2 DX\geqslant 0.$$

故根的判别式 $\Delta\leqslant 0$ 成立，即

$$[-2\mathrm{cov}(X,Y)]^2-4DX\cdot DY\leqslant 0,$$

于是 $\rho^2=\dfrac{\mathrm{cov}^2(X,Y)}{DXDY}\leqslant 1.$ 即 $-1\leqslant\rho_{XY}\leqslant 1$.

例 4. 26　求证：若 $g(x)$ 是 $(-\infty,+\infty)$ 上的连续函数，且 $X_n\xrightarrow{P}a$，则 $g(X_n)\xrightarrow{P}g(a).$

证明　因为 $g(x)$ 是 $(-\infty,+\infty)$ 上的连续函数，故对于任意的实数 x_0，任给正数 $\varepsilon>0$，存在 $\delta>0$，使得当 $|x-x_0|<\delta$ 时，有 $|g(x)-g(x_0)|<\varepsilon$ 成立. 由此可知

$$\{|g(X_n)-g(a)|<\varepsilon\}\supset\{|X_n-a|<\delta\},$$

因此

$P\{|g(X_n)-g(a)|<\varepsilon\}$

$=P\{|g(X_n)-g(a)|<\varepsilon,|X_n-a|\geqslant\delta\}+P\{|g(X_n)-g(a)|<\varepsilon,|X_n-a|<\delta\}$

$\geqslant P\{|g(X_n)-g(a)|<\varepsilon,|X_n-a|<\delta\}$

$=P\{|X_n-a|<\delta\}.$

由于 $X_n\xrightarrow{P}a$，则上式右端当 $n\to\infty$ 时趋于 1，因此

$$\lim_{n\to\infty}P\{|g(X_n)-g(a)|<\varepsilon\}=1.$$

即

$$g(X_n)\xrightarrow{P}g(a).$$

习题四

一、填空题

1. 已知连续型随机变量 X 的概率密度为

$$f(x)=\frac{1}{\sqrt{\pi}}e^{-x^2+2x-1}\quad(-\infty<x<+\infty).$$

则 X 的数学期望是 _____；X 的方差为 _____.

2. 已知离散型随机变量 X 服从参数为 2 的泊松分布，即

$$P\{X=k\}=\frac{2^k e^{-2}}{k!}\quad k(k=0,1,2,\cdots).$$

则随机变量 $Z=3X-2$ 的数学期望 $EZ=$ _____.

3. 设随机变量 X 服从参数为 $\lambda=1$ 的指数分布，则 $E(X+e^{-2X})=$ _____.

4. 设 X 表示 10 次独立重复射击中命中目标的次数，每次射中目标的概率都是 0.4，则 X^2 的数学期望 $E(X^2)=$ _____.

5. 设随机变量 X_1,X_2,X_3 互相独立，其中 X_1 在 $[0,6]$ 上服从均匀分布；X_2 服从正态分布 $N(0,2^2)$；X_3 服从参数为 $\lambda=3$ 的泊松分布. 记 $Y=X_1-2X_2+3X_3$，则 $DY=$ _____.

6. 已知随机变量 $X\sim N(-3,1),Y\sim N(2,1)$，且 X 与 Y 互相独立，设随机变量 $Z=X-2Y+7$，则 $Z\sim$ _____.

7. 设随机变量 X 的概率密度为 $f(x)=\begin{cases}1+x,-1\leqslant x\leqslant0;\\1-x,0<x<1;\\0,\text{其他.}\end{cases}$

则方差 $DX=$ _____.

8. 设每次试验成功的概率均为 p，进行 100 次试验，则当 $p=$ _____ 时，成功次数 X 的标准差最大；其最大值是 _____.

9. 设随机变量 $X_{ij}(i,j=1,2,\cdots,n;n\geqslant2)$ 独立同分布，且 $EX_{ij}=2$，则行列式

$$Y=\begin{vmatrix}X_{11}&X_{12}&\cdots&X_{1n}\\X_{21}&X_{22}&\cdots&X_{2n}\\\vdots&\vdots&&\vdots\\X_{n1}&X_{n2}&\cdots&X_{m}\end{vmatrix}$$

的数学期望 $EY=$ _____.

10. 设随机变量 X 服从参数为 λ 的泊松分布，且 $E[(X-1)(X-2)]=1$. 则 $\lambda=$ _____.

11. 设随机变量 X 在 $[-1,2]$ 区间上服从均匀分布；随机变量 Y 与 X 的关系是

$$Y=\begin{cases}-1,\text{若 }X<0;\\0,\text{若 }X=0;\\1,\text{若 }X>0.\end{cases}$$

则方差 $DY=$ _____.

12. 设随机变量 X 和 Y 的联合概率分布为

X \ Y	-1	0	1
0	0.07	0.18	0.15
1	0.08	0.32	0.20

则 X^2 和 Y^2 的协方差 $\mathrm{cov}(X^2, Y^2) = $ _____.

13. 设随机变量 X 和 Y 的联合概率分布为

X \ Y	-1	0	1
0	0.07	0.18	0.15
1	0.08	0.32	0.20

则 X 和 Y 的相关系数 $\rho = $ _____.

14. 设随机变量 X 和 Y 的相关系数为 0.9,若 $Z = X - 0.4$,则 Y 与 Z 的相关系数为 _____.

15. 设随机变量 X 和 Y 的相关系数为 0.5,$EX = EY = 0$,$EX^2 = EY^2 = 2$,则 $E(X + Y)^2 = $ _____.

16. 设 $(X, Y) \sim N(\mu_1, \mu_2; \sigma_1^2, \sigma_2^2; \rho)$,则 $Z = X - Y$ 的概率密度为 _____;X 与 $X - Y$ 的协方差为 _____.

17. 设随机变量 X 的概率密度为 $f(x) = \begin{cases} ax + b, & 0 < x < 1; \\ 0, & \text{其他.} \end{cases}$

且 $EX = \dfrac{1}{3}$,则 $a = $ _____;$b = $ _____.

18. 设 $DX = 25$,$DY = 36$,$\rho_{XY} = 0.4$,则

$\mathrm{cov}(X, Y) = $ _____;$D(X + Y) = $ _____;$D(X - Y) = $ _____.

19. 设随机变量 X 和 Y 满足 $DX = 1$,$DY = 4$,$\mathrm{cov}(X, Y) = 1$,记 $X_1 = X - 2Y$,$X_2 = 2X - Y$,则 $DX_1 = $ _____;$DX_2 = $ _____;相关系数 $\rho_{X_1 X_2} = $ _____.

20. 设 $EX = 2$,$EY = 4$,$DX = 4$,$DY = 9$,$\rho_{XY} = -0.5$,则

$E(3X^2 - 2XY + Y^2 - 3) = $ _____;$D(3X - Y + 5) = $ _____.

21. 设随机变量 X, Y, Z 满足 $D(X + Y + Z) = 3$,$D(X + Y) = 1$,

$\mathrm{cov}(X, Z) = 0.5$,$\mathrm{cov}(Y, Z) = -0.5$,则 $DZ = $ _____.

22. 设随机变量 X 的方差为 2,根据切比晓夫不等式,有

$P\{|X - EX| \geqslant 2\} \leqslant $ _____.

23. 设随机变量 X 的数学期望 $EX = \mu$,方差 $DX = \sigma^2$,由切比晓夫不等式,有

$P\{|X - \mu| \geqslant 3\sigma\} \leqslant $ _____.

24. 设随机变量 X 和 Y 的数学期望分别为 -2 和 2,方差分别为 1 和 4,而相关系数为

-0.5,则根据切比晓夫不等式有 $P\{|X+Y|\geqslant 6\}\leqslant$ _____.

25. 设随机变量 X 和 Y 的数学期望都是 2,方差分别为 1 和 4,而相关系数为 0.5,则根据切比晓夫不等式有 $P\{|X-Y|\geqslant 6\}\leqslant$ _____.

26. 设总体 X 服从参数为 $\lambda=2$ 的指数分布,$X_1,X_2,\cdots,X_n$ 为来自总体 X 的简单随机样本,则当 $n\rightarrow\infty$ 时,$Y_n=\dfrac{1}{n}\sum\limits_{i=1}^{n}X_i^2$ 依概率收敛于 _____.

27. 设 $X_1,X_2,\cdots,X_n,\cdots$ 是独立同分布的随机变量且 $X_i\sim\pi(\lambda)(i=1,2,\cdots)$,则当 n 充分大时,$\sum\limits_{i=1}^{n}X_i$ 近似服从 _____ 分布.

二、选择题

1. 已知随机变量 X 服从二项分布,且 $EX=2.4,DX=1.44$,则二项分布的参数的 n,p 的值为 _____.

(A) $n=4,p=0.6$;　　　　　(B) $n=6,p=0.4$;

(C) $n=8,p=0.3$;　　　　　(D) $n=4,p=0.1$.

2. 对于任意两个随机变量 X 和 Y,若 $E(XY)=EX\cdot EY$,则 _____.

(A) $D(XY)=DX\cdot DY$;　　(B) $D(X+Y)=DX+DY$;

(C) X 与 Y 独立;　　　　(D) X 与不独立.

3. 设随机变量 X 和 Y 独立同分布,记 $U=X-Y,V=X+Y$,则随机变量 U 与 V 必然 _____.

(A) 不独立;　　　　　　　(B) 独立;

(C) 相关系数为零;　　　　(D) 相关系数不为零.

4. 设随机变量 X 满足 $EX=\mu,DX=\sigma^2(\mu,\sigma>0$ 为常数),则对于任意常数 C,必有 _____.

(A) $E(X-C)^2=EX^2-C^2$;　　(B) $E(X-C)^2=E(X-\mu^2)$;

(C) $E(X-C)^2<E(X-\mu)^2$;　　(D) $E(X-C)^2\geqslant E(X-\mu)^2$.

5. 设随机变量 X 和 Y 的方差存在且不为零,则 $D(X+Y)=DX+DY$ 是 X 和 Y _____.

(A) 不相关的充分条件但非必要条件;

(B) 独立的必要条件但非充分条件;

(C) 不相关的充要条件;

(D) 独立的充要条件.

6. 设随机变量 X 和 Y 都服从正态分布,且它们不相关,则 _____.

(A) X 与 Y 一定独立;　　　(B) (X,Y) 服从二维正态分布;

(C) X 与 Y 不一定独立;　　(D) $X+Y$ 服从一维正态分布.

7. 设两个互相独立的随机变量 X 和 Y 的方差分别是 4 和 2,则随机变量 $3X-2Y$ 的方差是 _____.

　　(A) 8;　　　　(B) 16;　　　　(C) 28;　　　　(D) 44.

8. 设二维随机变量 (X,Y) 服从二维正态分布,则随机变量 $\xi=X+Y$ 与 $\eta=X-Y$ 不相关的充分必要条件是_____.

(A) $EX = EY$；

(B) $E(X^2) - (EX)^2 = E(Y^2) - (EY)^2$；

(C) $E(X^2) = E(Y^2)$；

(D) $E(X^2) + (EX)^2 = E(Y^2) + (EY)^2$.

9. 将一枚硬币重复掷 n 次，以 X 和 Y 分别表示正面朝上和反面朝上的次数，则 X 和 Y 的相关系数等于_____.

(A) -1；　　　　(B) 0；　　　　(C) 0.5；　　　　(D) 1.

10. 设 X 服从参数是 3 的指数分布，则对于任意常数 C，有

$$E(2X - C)^2 - [E(2X - C)]^2 = \underline{\qquad}.$$

(A) 8；　　　　(B) 16；　　　　(C) 36；　　　　(D) 其值与 C 有关.

11. 设随机变量 $X_1, X_2, \cdots, X_n$ 互相独立，$S_n = X_1 + X_2 + \cdots + X_n$，则根据列维—林德伯格中心极限定理，当 n 充分大时，S_n 近似服从正态分布，只要 $X_1, X_2, \cdots, X_n$ _____.

(A) 有相同的数学期望；　　　　(B) 有相同的方差；

(C) 服从同一指数分布；　　　　(D) 服从同一离散型分布.

12. 设 $P\{|X - EX| \geqslant 3\} \leqslant \dfrac{2}{9}$，则一定有_____.

(A) $DX = 2$；　　　　　　　　(B) $P\{|X - EX| < 3\} \leqslant \dfrac{7}{9}$；

(C) $DX \neq 2$；　　　　　　　　(D) $P\{|X - EX| < 3\} \geqslant \dfrac{7}{9}$.

13. 设 $X_1, X_2, \cdots, X_n, \cdots$ 独立同分布且 $X_i \sim P(\lambda)(i = 1, 2, \cdots)$，则下列随机变量序列中不满足切比晓夫大数定律条件的是_____.

(A) $X_1, X_2, \cdots, X_n, \cdots$；　　　　(B) $X_1 + 1, X_2 + 1, \cdots, X_n + 1, \cdots$；

(C) $X_1, 2X_2, \cdots, nX_n, \cdots$；　　　　(D) $X_1, \dfrac{X_2}{2}, \cdots, \dfrac{X_n}{n}, \cdots$.

14. 设 $X_1, X_2, \cdots, X_n, \cdots$ 独立同分布且 $X_i \sim e(\lambda)(i = 1, 2, \cdots)$，则当 n 充分大时近似服从标准正态分布的随机变量是_____.

(A) $\dfrac{\lambda \sum\limits_{i=1}^{n} X_i - n}{\sqrt{n}}$；　　　　(B) $\dfrac{\sum\limits_{i=1}^{n} X_i - n}{\sqrt{n}}$；

(C) $\dfrac{\sum\limits_{i=1}^{n} X_i - \lambda}{\sqrt{n\lambda}}$；　　　　(D) $\dfrac{\sum\limits_{i=1}^{n} X_i - \lambda}{n\lambda}$.

15. 设 $X \sim B(n, p)$，则有_____.

(A) $E(2X - 1) = 2np$；　　　　(B) $E(2X + 1) = 4np(1 - p) + 1$；

(C) $E(2X + 1) = 4np + 1$；　　　　(D) $D(2X - 1) = 4np(1 - p)$.

16. 设 X 为随机变量，且 EX 存在，则 EX 是_____，

(A) X 的函数；　　(B) 确定的常数；　　(C) 随机变量；　　(D) x 的函数.

17. 设离散型随机变量 X 的分布列为 $P\{X=x_k\}=p_k(k=1,2,3,\cdots)$,则当_____时,
$\sum\limits_{k=1}^{\infty}x_kp_k$ 称为 X 的数学期望.

(A) $\sum\limits_{k=1}^{\infty}x_kp_k$ 收敛;　　　　　　(B) $\sum\limits_{k=1}^{\infty}|x_k|\cdot p_k$ 收敛;

(C) $|x_k|$ 为有界数集;　　　　　　(D) $\lim\limits_{n\to\infty}x_kp_k=0$.

18. 设 $X_1,X_2,\cdots,X_n,X$ 都是随机变量,则下列结论正确的是_____.
    (A) 若 C 为常数,则 $D(C)=C$;
    (B) 若为 C 常数,则 $D(CX)=C\cdot DX$;
    (C) $E(X_1+X_2+\cdots+X_n)=EX_1+EX_2+\cdots+EX_n$;
    (D) $D(X_1+X_2+\cdots+X_n)=DX_1+DX_2+\cdots+DX_n$.

19. 已知 $EX=-1,DX=3$,则 $E[3(X^2-2)]=$_____.
    (A) 9;　　　　　(B) 6;　　　　　(C) 30;　　　　　(D) 36.

20. 同时掷两颗骰子,观察它们出现的点数,则两颗骰子出现的最大点数的数学期望是
_____.
    (A) $\dfrac{27}{3}$;　　　　　(B) 2;　　　　　(C) $\dfrac{161}{36}$;　　　　　(D) 6.

21. 设离散型随机变量 X 的分布函数为 $F(x)=\begin{cases}0,x<-1;\\0.3,-1\leqslant x<0;\\0.4,0\leqslant x<3;\\1,x\geqslant 3.\end{cases}$
则 X 的方差 $DX=$_____.
    (A) 1.5;　　　　　(B) 2;　　　　　(C) 3;　　　　　(D) 3.45.

22. 设随机变量 X 服从参数为 λ 的泊松分布,$Y=\dfrac{X-1}{2}$,则_____.
    (A) $EY=\dfrac{\lambda-1}{2},DY=\dfrac{\lambda-1}{2}$;　　　　　(B) $EY=\dfrac{\lambda}{2},DY=\dfrac{\lambda}{2}$;
    (C) $EY=\dfrac{\lambda-1}{2},DY=\dfrac{\lambda-2}{4}$;　　　　　(D) $EY=\dfrac{\lambda-1}{2},DY=\dfrac{\lambda}{4}$.

23. 设随机变量 X 的分布函数为 $F(x)=\begin{cases}0,x<0;\\x^3,0\leqslant x<1;\\1,x>1.\end{cases}$则 $EX=$_____.
    (A) $\int_0^{+\infty}x^4\mathrm{d}x$;　　　　　　　　　(B) $\int_0^1 x^4\mathrm{d}x+\int_1^{+\infty}x\mathrm{d}x$;
    (C) $\int_0^1 3x^2\mathrm{d}x$;　　　　　　　　　(D) $\int_0^1 3x^3\mathrm{d}x$.

24. 设人的体重为随机变量 X,且 $EX=a,DX=b$,10 个人的平均体重记作 Y,则_____.
    (A) $EY=a$;　　(B) $EY=0.1a$;　(C) $DY=b$;　　　　(D) $DY=0.1b$.

25. 设随机变量 X 与 Y 互相独立,且 $DX=6,DY=3$,则 $D(2X-Y)=$_____.

(A) 9；　　　　　(B) 15；　　　　　(C) 21；　　　　　(D) 27.

26. 设 $X \sim (0-1)-p$，其中 $p=0.6$，$Y \sim P(\lambda)$，其中 $\lambda=2$ 且 X 与 Y 互相独立，则随机变量 $X+Y$ _____.

(A) 服从泊松分布；　　　　　(B) 是离散型随机变量；

(C) 是二维随机变量；　　　　　(D) 其方差为 2.24.

27. 设 $X \sim U_{[1,3]}$，则下列结论正确的有_____.

(A) $P\{X=2\}=0.5$；　　　　　(B) $P\{X>2\}=0.5$；

(C) $EX=2$；　　　　　(D) $DX=\dfrac{1}{3}$.

28. 设随机变量 X 与 Y 都服从 $[0,2]$ 上的均匀分布，则 $E(X+Y)=$ _____.

(A) 1；　　　　　(B) 1.5；　　　　　(C) 2；　　　　　(D) 不一定.

29. 当 X 服从_____分布时，$DX=(EX)^2$.

(A) $(0-1)$ 分布；　　　　　(B) 参数是 1 的泊松分布；

(C) 参数是 1 的指数分布；　　　　　(D) $\mu=1$，$\sigma^2=1$ 的正态分布.

30. 设 X 服从参数是 $\lambda=0.01$ 的指数分布，则下列结论正确的有_____.

(A) $P\{X<1\}=e^{-0.01}$；　　　　　(B) $P\{X>0\}=1$；

(C) $EX=100$；　　　　　(D) $EX=0.01$.

31. 设随机变量 X 的分布函数为 $F(x)=\begin{cases}1-e^{-\lambda x}, & x>0; \\ 0, & x\leqslant0.\end{cases}$ 则正确的是_____.

(A) $EX=\lambda$，$DX=\lambda^2$；　　　　　(B) $EX=\dfrac{1}{\lambda}$，$DX=\dfrac{1}{\lambda^2}$；

(C) $EX=\lambda$，$DX=\dfrac{1}{\lambda}$；　　　　　(D) $EX=\dfrac{1}{\lambda}$，$DX=\lambda^2$.

32. 设 $X \sim N(\mu,\sigma^2)$，$Y \sim E(\lambda)$，则正确的是_____.

(A) $E(X+Y)=\mu+\dfrac{1}{\lambda}$；　　　　　(B) $D(X+Y)=\sigma^2+\dfrac{1}{\lambda^2}$；

(C) $EX^2=\mu^2+\sigma^2$，$EY^2=\dfrac{2}{\lambda^2}$；　　　　　(D) $E(X^2+Y^2)=\mu^2+\sigma^2+\dfrac{2}{\lambda^2}$.

33. 设随机变量 X 与 Y 都服从标准正态分布，$Z=X+Y$，则正确的是_____.

(A) $EZ=0$；　　(B) $DZ=2$；　　(C) $Z \sim N(0,1)$；　　(D) $Z \sim N(0,2)$.

34. 设 $(X,Y) \sim \begin{pmatrix} (0,0) & (0,1) & (1,0) & (1,1) \\ 1/2 & 1/6 & 1/6 & 1/6 \end{pmatrix}$，则 X 与 Y 的相关系数为_____.

(A) $\dfrac{1}{2}$；　　　　　(B) $\dfrac{1}{3}$；　　　　　(C) $\dfrac{1}{4}$；　　　　　(D) $\dfrac{1}{5}$.

35. 设二维随机变量 (X,Y) 的分布列为

X \ Y	-1	0	1
-1	$1/8$	$1/8$	$1/8$
0	$1/8$	0	$1/8$
1	$1/8$	$1/8$	$1/8$

则 X 与 Y 的关系为_____.

　　(A) 既独立又不相关；　　　　(B) 不相关但独立；

　　(C) 相关但不独立；　　　　　(D) 不相关也不独立.

36. 设随机变量 X 的概率密度为 $f(x)=\begin{cases} cxe^{-\frac{x}{3}}, & x>0; \\ 0, & x\leqslant 0, \end{cases}$ 则_____.

　　(A) $c=\dfrac{1}{9}$, $EX=6$；　　　　(B) $c=\dfrac{1}{6}$, $EX=9$；

　　(C) $c=\dfrac{1}{9}$, $EX=\dfrac{1}{6}$；　　　(D) $c=9$, $EX=6$.

37. 设二维随机变量 (X,Y) 的分布密度为

$$f(x,y)=\begin{cases} 2xe^{-(y-5)}, & 0\leqslant x\leqslant 1, y\geqslant 5; \\ 0, & \text{其他.} \end{cases}$$

则下列结论正确的是_____.

　　(A) X 与 Y 独立；　　　　　(B) X 与 Y 不相关但不独立；

　　(C) $E(XY)=0$；　　　　　　(D) $E(XY)=4$.

38. 设随机变量 X 与 Y 满足 $D(X+Y)=D(X-Y)$,则下列结论正确的是_____.

　　(A) X 与 Y 独立；　　　　　(B) X 与 Y 不相关；

　　(C) $\text{cov}(X,Y)=0$；　　　　(D) X 与 Y 相关但不独立.

39. 设 ρ 为 X 与 Y 的相关系数,则下列结论不正确的是_____.

　　(A) $|\rho|\leqslant 1$；

　　(B) 当 X 与 Y 独立时, $\rho=0$；

　　(C) 若 $Y=aX+b(a\neq 0)$,则 $|\rho|=1$；

　　(D) 若 $\rho=0$,则 X 与 Y 独立.

40. 若 $D(X+Y)=DX+DY$,则可断定_____.

　　(A) X 与 Y 不相关；　　　　(B) X 与 Y 独立；

　　(C) X 与 Y 的相关系数为 0；　(D) $D(X+Y)=D(X-Y)$.

41. 设二维随机变量 (X,Y) 的分布密度为

$$f(x,y)=\begin{cases} x+y, & 0\leqslant x, y\leqslant 1; \\ 0, & \text{其他.} \end{cases}$$

则下列结论正确的是_____.

　　(A) $EX=EY=\dfrac{3}{2}$；　　　　(B) $EX=EY=\dfrac{7}{12}$；

(C) $EX=EY=\dfrac{11}{144}$;　　　　　(D) $D(X+Y)=\dfrac{11}{72}$.

42. 随机变量 X 与 Y 的协方差 $\mathrm{cov}(X,Y)=$_____.

(A) $E(X-EX)(Y-EY)$;　　(B) $E(X-EX)\cdot E(Y-EY)$;

(C) $E(XY)^2-(EX\cdot EY)^2$;　　(D) $E(XY)-EX\cdot EY$.

43. 若 X 与 Y 不相关,则成立的是_____.

(A) $D(X+Y)=D(X-Y)$;　　(B) $D(X+Y)=DX+DY$;

(C) $\mathrm{cov}(X,Y)=0$;　　(D) $D(X-Y)=DX-DY$.

44. 若 X 与 Y 互相独立,则正确的是_____.

(A) $D(X+Y)=D(X-Y)$;　　(B) $E(XY)=EX\cdot EY$;

(C) $\mathrm{cov}(X,Y)=0$;　　(D) $D(XY)=DX\cdot DY$.

45. 设随机变量 X 的方差 DX 存在,$a>0$ 为常数,则 $P\left\{\dfrac{|X-EX|}{a}>1\right\}\leqslant$_____.

(A) DX;　　　(B) 1;　　　(C) $\dfrac{DX}{a^2}$;　　　(D) a^2DX.

三、计算与证明题

1. 已知离散型随机变量 X 的概率分布为

$$P\{X=1\}=0.2,P\{X=2\}=0.3,P\{X=3\}=0.5.$$

(1) 写出 X 的分布函数;　(2) 求 X 的数学期望和方差.

2. 设 ξ,η 是互相独立且服从同一分布的两个随机变量,已知 ξ 的分布律为

$$P\{\xi=i\}=\dfrac{1}{3}\quad(i=1,2,3).$$

又设 $X=\max(\xi,\eta),Y=\min(\xi,\eta)$.

(1) 写出二维随机变量 (X,Y) 的分布律;

(2) 求随机变量 X 的数学期望.

3. 设二维随机变量 (X,Y) 在区域 $D:0<x<1,|y|<x$ 内服从均匀分布,求关于 X 的边缘概率密度函数以及随机变量 $Z=2X+1$ 的方差 DZ.

4. 设随机变量 X 的概率密度为 $f(x)=\begin{cases}\dfrac{1}{2}\cos\dfrac{x}{2}, & 0\leqslant x\leqslant\pi;\\[2mm] 0, & \text{其他.}\end{cases}$

对 X 独立地重复观察 4 次,用 Y 表示观察值大于 $\dfrac{\pi}{3}$ 的次数,求 Y^2 的数学期望.

5. 设随机变量 Y 的概率密度为 $f(y)=\begin{cases}\dfrac{y}{a^2}\mathrm{e}^{-\frac{y^2}{2a^2}}, & y\geqslant0;\\[2mm] 0, & y<0.\end{cases}$

求随机变量 $Z=\dfrac{1}{Y}$ 的期望.

6. 假设有 10 只同种电器元件,其中有两只废品.装配仪器时,从这批元件中任取一只,如果是废品,则扔掉重新任取一只;如果仍是废品,则再扔掉另取一只.试求在取到正品之前,

已经取出的废品数 X 的分布列、数学期望和方差.

7. 已知随机变量 X 和 Y 的联合概率密度为

$$f(x,y)=\begin{cases} e^{-(x+y)}, & x>0,y>0; \\ 0, & \text{其他.} \end{cases}$$

试求：(1) $P\{X<Y\}$. 　(2) $E(XY)$.

8. 已知随机变量 X 和 Y 的联合概率分布为：

(x,y)	$(0,0)$	$(0,1)$	$(1,0)$	$(1,1)$	$(2,0)$	$(2,1)$
$P\{(X,Y)=(x,y)\}$	0.10	0.15	0.25	0.20	0.15	0.15

试求：

(1) X 的概率分布；

(2) $\dfrac{\pi(X+Y)}{2}$ 的概率分布；

(3) $Z=\sin\dfrac{\pi(X+Y)}{2}$ 的数学期望.

9. 一辆汽车沿一条街道行驶,需要通过三个均设有红绿灯的路口,每个信号灯为红或绿与其他信号灯独立,且红绿两种信号显示的时间均相等.以 X 表示该汽车首次遇到红灯前已通过的路口的个数.

(1) 求 X 的概率分布；　(2) 求 $E\left(\dfrac{1}{1+X}\right)$.

10. 假设随机变量 (X,Y) 在圆域 $x^2+y^2\leqslant r^2$ 上服从均匀分布.

(1) 求 X 和 Y 的相关系数 ρ；　(2) 问 X 和 Y 是否独立？

11. 设随机变量 X 和 Y 独立,且都在 $[1,3]$ 上服从均匀分布.事件 $A=\{X\leqslant a\}$, $B=\{Y>a\}$.

(1) 已知 $P(A\cup B)=\dfrac{7}{9}$,求常数 a；　(2) 求 $\dfrac{1}{X}$ 的数学期望.

12. 假设随机变量 X_1,X_2,X_3,X_4 独立同分布,它们的分布列都是

$$P\{X_i=0\}=0.6;P\{X_i=1\}=0.4(i=1,2,3,4).$$

求行列式 $X=\begin{vmatrix} X_1 & X_2 \\ X_3 & X_4 \end{vmatrix}$ 的概率分布.

13. 假设某种商品每周的需求量 X 是服从 $[10,30]$ 上均匀分布的随机变量,而经销商进货数量为 $[10,30]$ 中的某一整数,商店每销售一单位商品可获利 500 元；若供大于求则削价处理,每处理一单位商品亏损 100 元；若供不应求,则可从外部调剂供应,此时每一单位商品仅获利 300 元.为使商店所获利润的期望值不少于 9280 元,试确定最少进货量.

14. 设随机变量 U 在区间 $[-2,2]$ 上服从均匀分布,随机变量

$$X=\begin{cases} -1,\text{若 } U\leqslant -1; \\ 1,\text{若 } U>-1; \end{cases} \qquad Y=\begin{cases} -1,\text{若 } U\leqslant 1; \\ 1,\text{若 } U>1. \end{cases}$$

试求：(1) X 和 Y 的联合概率分布；　(2) $D(X+Y)$.

15. 对于任意两个事件 A 和 B，$0 < P(A) < 1$，$0 < P(B) < 1$，

$$\rho = \frac{P(AB) - P(A)P(B)}{\sqrt{P(A)P(B)P(\bar{A})P(\bar{B})}}$$

称作事件 A 和 B 的相关系数.

(1) 证明事件 A 和 B 独立的充要条件是它们的相关系数等于零；

(2) 利用随机变量相关系数的性质证明 $-1 \leqslant \rho \leqslant 1$.

16. 游客乘电梯从电视塔底层到顶层观光. 电梯于每小时的第 5 分钟，25 分钟，55 分钟从底层开动. 假设游客在早上 8 点的第 X 分钟到达候梯处，且 X 在 $[0, 60]$ 上服从均匀分布，求乘客等候时间 Y 的数学期望.

17. 有两台同样的自动记录仪，每台无故障工作的时间服从参数是 5 的指数分布. 首先开动一台，当其发生故障时停用，而另一台自动开动. 求两台记录仪无故障工作的总时间 T 的概率密度 $f(t)$、数学期望 ET 和方差 DT.

18. 设质点 M 随机地落在圆 $x^2 + y^2 = R^2$ 内，求质点 M 到圆心距离 Z 的概率密度和数学期望.

19. 设 (X, Y) 的分布律如下表.

X \ Y	−1	0	1
−1	1/8	1/8	1/8
0	1/8	0	1/8
1	1/8	1/8	1/8

试求：

(1) EX, EY, DX, DY；

(2) X 和 Y 的相关系数 ρ_{XY}；

(3) $D(X+Y)$；

(4) X 和 Y 是否独立？

20. 设有 3 只球，4 个盒子，盒子的编号分别为 1~4，将球逐个独立地随意放入 4 个盒子中去. 记 X 为至少有一只球的盒子的最小号码. 求 EX.

21. 将 n 个球放入 m 个盒子中去，每个球以相等的概率放到任意一个盒子中. 求有球的盒子数 X 的数学期望.

22. 一辆飞机场的送客班车上有 25 名乘客，班车从机场开出，途经 9 个车站. 班车只在有乘客下车时才停车. 假设每位乘客都是等可能地在任意一站下车且不受其他乘客的影响，求班车停车次数 X 的数学期望.

23. 在单位圆的直径上任取一点 P，过 P 作直径的垂线交圆周于 Q. 求 P, Q 两点距离的期望和方差.

24. 设 N 件产品中有 M 件次品和 $N - M$ 件正品. 从中无放回地抽取 n 次，每次取一件，记 X 表示取出的次品数，求 EX.

25. 在 n 把外形相同的钥匙中只有一把能打开锁. 用它们逐把试开这把锁,假设抽取钥匙是随机的,每把试开后除去,直到打开为止. 记 X 表示试开的总次数,用两种方法求 EX:

(1) 求 X 的分布列;　　(2) 不求 X 的分布列.

26. 设 A 和 B 是试验 E 的样本空间中的两个事件,$0<P(A)<1,0<P(B)<1$. 随机变量

$$X=\begin{cases}a,若 A 发生\\ b,若 A 不发生\end{cases}, Y=\begin{cases}c,若 B 发生\\ d,若 B 不发生\end{cases} \quad (a\neq b,c\neq d)$$

证明以下三个命题等价:

(1) X 与 Y 独立;　　(2) X 与 Y 不相关;　　(3) A 与 B 独立.

27. 设随机变量 X 的概率密度为

$$f(x)=\frac{1}{\pi(1+x^2)} \quad (-\infty<x<+\infty).$$

求随机变量 $Y=\min(|X|,1)$ 的期望.

28. 设 X 与 Y 独立且都服从 $N(0,\sigma^2)$ 分布. 令 $\xi=aX+bY,\eta=aX-bY(a,b$ 是不为零的常数). 求 ξ 与 η 的相关系数.

29. 在线段 $[0,1]$ 上任取 n 个点,求最远两点距离 Z 的数学期望.

30. 设随机变量 (X,Y) 的概率密度为

$$f(x,y)=\begin{cases}\dfrac{x+y}{8}, & 0<x,y<2;\\ 0, & 其他.\end{cases}$$

试求:

(1) EX,EY;　　(2) 协方差矩阵 $\begin{bmatrix}\sigma_{11} & \sigma_{12}\\ \sigma_{21} & \sigma_{22}\end{bmatrix}$;　　(3) ρ_{XY}.

31. 设 X 与 Y 独立且都服从正态分布 $N\left(1,\dfrac{1}{5}\right)$,若

$$D(X-aY+2)=E(X-aY+2)^2,$$

试求:(1) 常数 a;　　(2) $E|X-aY+2|$ 与 $D|X-aY+2|$.

32. 设某种产品每周的需求量为 X,它等可能地取 1,2,3,4,5. 生产每件产品成本 3 万元,每件产品售价 9 万元;没有售出的产品以每件 1 万元费用存入仓库. 问每周生产多少件产品才能使期望利润最大?

33. 设 $X_1,X_2,\cdots,X_n$ 独立同分布且 $X_i\sim N(\mu,\sigma^2)$. 令 $Y=\sum_{i=1}^{n}X_i$,求 X_1 与 Y 的相关系数.

34. 设 X,Y 是随机变量,它们都服从 $N(0,1)$ 分布,它们的相关系数 $\rho_{XY}=0.5$. 令 $Z_1=aX,Z_2=bX+cY$,试确定 a,b,c 的值,使 $DZ_1=DZ_2=1$ 且 Z_1 与 Z_2 不相关.

35. 设随机变量 X 的概率密度为

$$f(x)=\begin{cases}ax^2+bx+c, & 0<x<1;\\ 0, & 其他.\end{cases}$$

又已知 $EX=0.5,DX=0.15$,求 a,b,c 的值.

36. 设随机变量 (X,Y) 的概率密度为

$$f(x,y) = \begin{cases} 4xye^{-(x^2+y^2)}, & x>0, y>0; \\ 0, & \text{其他}. \end{cases}$$

(1) 求 EX, DX；(2) 求 $Z = \sqrt{X^2+Y^2}$ 的数学期望.

37. 箱中有 N 只球,其中的白球数是随机变量 X,且 EX 的期望存在.从中任取一只,求取出的为白球的概率.

38. 设 $\xi = aX+b, \eta = cX+d$,其中 a,b,c,d 均为常数且 $ac>0$.证明 $\rho_{XY} = \rho_{\xi\eta}$.

39. 设 ξ 与 η 独立同分布且 $P\{\xi = k\} = \dfrac{1}{3}$ $(k=1,2,3)$.令

$$X = \max(\xi,\eta), Y = \min(\xi,\eta).$$

(1) 求 (X,Y) 的分布列；(2) 求 EX.

40. 设盒中有 a 个红球,b 个白球.今从盒中有放回地取 n 次,每次取一个.设随机变量

$$X_i = \begin{cases} 1, \text{若第 } i \text{ 次取出红球}, \\ 0, \text{若第 } i \text{ 次取出白球}, \end{cases} X_i = \begin{cases} 1, \text{第 } i \text{ 次取出红球}, \\ 0, \text{若第 } i \text{ 次取出白球}, \end{cases}$$

$$\xi = X_1+X_2+\cdots+X_n, \eta = Y_1+Y_2+\cdots+Y_n.$$

(1) 求 X_i 与 $Y_i (i=1,2,\cdots,n)$ 的相关系数.

(2) 求 ξ 与 η 的分布列.

41. 某保险公司设置一险种,规定每一保单有效期为一年.每个保单收取保费 500 元,若出现意外则赔偿 20000 元.设每个保单索赔的概率为 0.005,公司卖出保单 800 个,求保险公司获得的平均利润.

42. 利用概率论的思想证明：若 $f(x)$ 在 $[a,b]$ 上连续,则有

$$\left[\int_a^b f(x)\mathrm{d}x\right]^2 \leqslant (b-a)\int_a^b f^2(x)\mathrm{d}x.$$

43. 设随机变量 $X \sim N(\mu_1, \sigma_1^2), Y \sim N(\mu_2, \sigma_2^2)$ 且 X 与 Y 互相独立.求证：$X+Y \sim N(\mu_1 + \mu_2, \sigma_1^2 + \sigma_2^2)$.

44. 设随机变量 (X,Y) 的概率密度为 $f(x,y) = \begin{cases} 8xy, & 0 \leqslant x \leqslant 1; \\ 0, & \text{其他}. \end{cases}$

求 $\mathrm{cov}(X,Y)$ 和 $D(X+Y)$.

45. 设随机变量 θ 服从 $[-\pi,\pi]$ 上的均匀分布,$X = \sin\theta, Y = \cos\theta$.判断 X 与 Y 的相关性与独立性.

46. 设随机变量 (X,Y) 的分布列如下表.

X \ Y	0	1	2
0	1/9	2/9	1/9
1	2/9	2/9	0
2	1/9	0	0

求 $\xi=X+Y$ 和 $\eta=X-Y$ 的联合分布以及边缘分布.

47. 在一次拍卖中,有三个人竞买一幅名画,拍卖以暗标形式进行,并以最高价成交.设三人出价互相独立且均服从[1,2]上的均匀分布,求成交价的数学期望.

48. 一批电子元件的正品率为 0.8,为使每箱内正品数多于 1000 只的概率达到 0.95,问每箱至少要装多少只?

49. 餐厅每天接待 400 名顾客.设每位顾客的消费额服从[20,100]上的均匀分布且各位顾客的消费额互相独立.试求:

(1) 该餐厅的日平均营业额.

(2) 日营业额在日平均营业额上下不超过 760 元的概率.

50. 独立地测量某一物理量,每一次测量的误差都服从(−1,1)上的均匀分布.

(1) 若用 n 次测量结果的平均值作为最后的测量结果,求最后测量结果与真实值误差的绝对值小于正数 ε 的概率(假定 n 很大);

(2) 计算当 $n=36, \varepsilon=\dfrac{1}{6}$ 时上述概率的近似值;

(3) 若测量 100 次,则能以 90% 但的把握认为测量误差不超过多少?

(4) 要使上述概率不小于 95% 但,应至少进行多少次测量?

51. 设 $f(x)$ 在 $[0,+\infty]$ 上是单调不减的非负函数,X 是随机变量且 $E[f(X)]$ 存在,证明对于任意正数 $\varepsilon>0$,有 $P\{|X|\geqslant\varepsilon\}\leqslant\dfrac{E[f(X)]}{f(\varepsilon)}$.

52. 设每次试验时事件 A 发生的概率都是 0.5,如果进行 100 次独立试验,事件 A 发生的次数记为 X,求 $P\{40<X<60\}$.

53. 一个系统由 100 个独立工作的元件组成,每个元件损坏的概率均为0.1.如果至少有 85 个以上的元件正常才能使得整个系统正常运转,求整个系统正常运转的概率.

54. 一个系统由 n 个独立工作的元件组成,每个元件损坏的概率均为0.1.如果至少有 80% 但的元件正常才能使得整个系统正常运转,为使整个系统正常运转的概率不低于 95% 但,n 至少要取多大?

55. 某单位设置一部电话总机,共有 200 个分机.设每个分机有 5% 但的时间需要使用外线通话,且各分机是否使用外线互相独立.问该总机要设多少条外线才能以 90% 但的概率保证每个分机在使用外线时不占线?

56. 从大批发芽率为 90% 但的种子中任取 1000 粒,试估计这 1000 粒种子的发芽率不低于 0.88 的概率.

57. 计算机在进行加法运算时,对每个加数取整(取最接近它的整数).设所有的取整误差互相独立,且都在 $[-0.5,0.5]$ 上服从均匀分布,试问:

(1) 若将 1200 个加数相加,误差总和的绝对值不超过 10 的概率是多少?

(2) 多少个加数相加才能使得误差总和的绝对值不超过 10 的概率是 0.9?

58. 设随机变量 X 的概率密度为 $f(x)=\begin{cases}\dfrac{x^n}{n!}e^{-x}, & x\geqslant0;\\ 0, & \text{其他}.\end{cases}$

求证：$P\{0<X<2(n+1)\}\geqslant\dfrac{n}{n+1}$.

59. 设$\{X_n\}$为独立同分布的随机变量序列且

$$P\{X_n=\pm2^n\}=2^{-1-2n};P\{X_n=0\}=1-2^{-2n}\quad(n=1,2,\cdots).$$

证明$\{X_n\}$满足切比晓夫大数定律的条件.

60. 设$(X_1,X_2,\cdots,X_n)$是从总体X中抽取的简单样本,已知$E(X^k)=a_k(k=1,2,3,4)$,且$a_4-a_2^2>0$.证明：当n充分大时,随机变量$Z_n=\dfrac{1}{n}\sum\limits_{i=1}^{n}X_i^2$近似服从正态分布,并指出分布参数.

61. 设$\{X_n\}$为两两不相关的随机变量序列且

$$EX_n=\mu_n,DX_n=\sigma_n^2(n=1,2,\cdots).$$

若当$n\to\infty$时,$\sum\limits_{i=1}^{n}\sigma_i^2\to\infty$,求证：随机变量序列$Y_n=\sum\limits_{i=1}^{n}(X_i-\mu_i)\Big/\sum\limits_{i=1}^{n}\sigma_i^2$依概率收敛于0.

62. 设随机变量X和Y,若$E(X^2)$和$E(Y^2)$都存在,求证：

$$[E(XY)]^2\leqslant E(X^2)\cdot E(Y^2).$$

这个不等式称为柯西—许瓦兹(Cauchy-Schwarz)不等式.

63. 设随机变量X的分布列为

$$P\{X=k\}=\frac{a^k}{(1+a)^{k+1}}\quad(k=0,1,2,\cdots),$$

其中$a>0$为常数,求EX和DX.

64. 某人用n把钥匙去开门,只有一把能打开.今逐个任取一把试开,求打开门所需试开次数的期望和方差.假设：(1)打不开的钥匙不放回;(2)打不开的钥匙仍放回.

65. 设随机变量X的分布列为

$$P\{X=(-1)^kk\}=\frac{1}{k(k+1)}\quad(k=1,2,\cdots).$$

求X的数学期望.

66. 同时掷两颗骰子,出现的最大点数为随机变量X,试求X的分布列,数学期望和方差.

67. 已知分子速率服从马克斯威尔分布,其概率密度为

$$f(x)=\begin{cases}\dfrac{4x^2}{a^3\cdot\sqrt{\pi}}e^{-\frac{x^2}{a^2}},&x>0;\\[2mm]0,&x\leqslant0.\end{cases}$$

其中$a>0$是常数,求EX,DX.

68. 设随机变量X服从广义指数分布,即概率密度为

$$f(x)=\begin{cases}\dfrac{1}{\theta}e^{-\frac{x-a}{\theta}},&x>a;\\[2mm]0,&x\leqslant a.\end{cases}$$

求EX,DX.

69. 设随机变量 X 服从柯西分布,即概率密度为

$$f(x) = \frac{1}{\pi(1+x^2)} \quad (-\infty < x < +\infty).$$

求 EX.

70. 设连续型随机变量 X 只在区间 $[a,b]$ 中取值,求证:

$$a \leqslant EX \leqslant b; DX \leqslant \frac{(b-a)^2}{4}.$$

71. 设随机变量 X 服从拉普拉斯分布,即概率密度为

$$f(x) = \frac{1}{2\lambda} e^{-\frac{|x|}{\lambda}} \quad (-\infty < x < +\infty).$$

其中 $\lambda > 0$ 是常数,求 X 的 k 阶中心矩.

72. 设随机变量 X 服从广义拉普拉斯分布,即概率密度为

$$f(x) = \frac{1}{2\lambda} e^{-\frac{|x-\mu|}{\lambda}} \quad (-\infty < x < +\infty).$$

其中 $\mu,\lambda > 0$ 是常数,求 EX.

73. 甲、乙两人对局,有一人连胜 4 局,则终止比赛.设每局比赛甲、乙两人获胜的概率均为 $\frac{1}{2}$,以 X 表示比赛终止时所赛的局数,求 EX.

74. 设随机变量 X 的概率密度为 $f(x) = \begin{cases} b - \dfrac{b}{a}|x|, & |x| \leqslant a; \\ 0, & \text{其他}; \end{cases}$

且已知方差 $DX = 1$,求常数 a 和 b.

75. 设随机变量 X 的概率密度为 $f(x) = \begin{cases} 1 - |1-x|, & 0 < x < 2; \\ 0, & \text{其他}. \end{cases}$

求 $Y = \dfrac{X - EX}{\sqrt{DX}}$ 的概率密度.

76. 设随机变量 $X_1, X_2, \cdots, X_n$ 同分布且它们的取值恒为正,求证:

$$E\left(\frac{X_i}{X_1 + X_2 + \cdots + X_n}\right) = \frac{1}{n} \quad (i = 1, 2, \cdots, n).$$

77. 设 X 和 Y 的联合概率密度为 $f(x) = \begin{cases} 4xy e^{-x^2-y^2}, & x > 0, y > 0; \\ 0, & \text{其他}. \end{cases}$

求 $Z = \sqrt{X^2 + Y^2}$ 的数学期望.

第五章 数理统计的基础知识

一、几个基本概念

1. 总体、个体和样本

在数理统计中,称研究对象的全体(通常是某一项数量指标的分布)为总体,组成总体的每一个成员(通常指每一个成员的这项数量指标)为个体. 从总体中随机抽取若干个个体,这些个体按照抽取次序构成的随机有序数组称为样本,这些个体的个数称为样本容量.

总体是一个随机变量,一般用字母 $X, Y, Z, \cdots$ 或 ξ, η 等表示.

容量是 n 的样本一般用 $(X_1, X_2, \cdots, X_n)$ 表示,有时又用 $X_1, X_2, \cdots, X_n$ 表示. 样本是一个 n 维随机向量. 数理统计中的样本都是简单样本,即满足下列条件的样本:

(1) 代表性 $X_1, X_2, \cdots, X_n$ 与总体 X 同分布.

(2) 独立性 $X_1, X_2, \cdots, X_n$ 是互相独立的随机变量.

为了获得上述具有代表性和独立性的简单样本,一般进行有放回抽样. 当总体中包含的个体数量很大时,无放回抽样也可以近似看作是有放回抽样.

根据总体、个体和样本的定义,可得:

定理 5.1 设 $(X_1, X_2, \cdots, X_n)$ 是来自总体 X 的简单样本(以后凡是样本都是指简单样本),则有:

(1) 若总体 X 的分布函数为 $F(x)$,则样本 $(X_1, X_2, \cdots, X_n)$ 的分布函数为

$$F(x_1, x_2, \cdots, x_n) = F(x_1)F(x_2)\cdots F(x_n).$$

(2) 若总体 X 是连续型随机变量,总体 X 的概率密度是 $f(x)$,则样本 $(X_1, X_2, \cdots, X_n)$ 的概率密度为

$$f(x_1, x_2, \cdots, x_n) = f(x_1)f(x_2)\cdots f(x_n).$$

(3) 若总体 X 是离散型随机变量,总体 X 的分布列为

$$P\{X=x\} = f(x) \quad (x=x_1, x_2, \cdots, x_n, \cdots).$$

则样本 $(X_1, X_2, \cdots, X_n)$ 的分布列为

$$P\{(X_1, X_2, \cdots, X_n) = (t_1, t_2, \cdots, t_n)\} = f(t_1) f(t_2) \cdots f(t_n).$$

2. 统计量

不含总体分布的未知参数的样本函数称为统计量. 常用统计量有:

(1) 样本均值: $\overline{X} = \dfrac{1}{n} \sum\limits_{i=1}^{n} X_i$.

(2) 样本方差: $S^2 = \dfrac{1}{n-1} \sum\limits_{i=1}^{n} (X_i - \overline{X})^2$ 或 $S_n^2 = \dfrac{1}{n} \sum\limits_{i=1}^{n} (X_i - \overline{X})^2$.

样本标准差: $S = \sqrt{\dfrac{1}{n-1} \sum\limits_{i=1}^{n} (X_i - \overline{X})^2}$ 或 $S_n = \sqrt{\dfrac{1}{n} \sum\limits_{i=1}^{n} (X_i - \overline{X})^2}$.

S^2 和 S 又分别称作修正的样本方差、修正的样本标准差.

(3) 样本 k 阶原点矩: $A_k = \dfrac{1}{n} \sum\limits_{i=1}^{n} X_i^k$.

当 $k=1$ 时, 一阶原点矩即样本均值.

(4) 样本 k 阶中心矩: $B_k = \dfrac{1}{n} \sum\limits_{i=1}^{n} (X_i - \overline{X})^k$.

当 $k=2$ 时, 二阶中心矩即样本方差.

常用计算公式:

$$\frac{1}{n} \sum_{i=1}^{n} (X_i - \overline{X})^2 = \frac{1}{n} \sum_{i=1}^{n} X_i^2 - \overline{X}^2.$$

3. 枢轴量

含有总体分布的未知参数, 但已知其分布的样本函数称为枢轴量.

例如, 当总体 $X \sim N(\mu, \sigma^2)$, 其中 μ, σ^2 均未知时, 样本函数 $\dfrac{\overline{X} - \mu}{\sigma / \sqrt{n}}$ 中含有总体

分布的未知参数 μ, σ^2, 但可以确定 $\dfrac{\overline{X} - \mu}{\sigma / \sqrt{n}} \sim N(0, 1)$, 因此, $\dfrac{\overline{X} - \mu}{\sigma / \sqrt{n}}$ 是一个枢轴量.

4. 分位数

设随机变量 X 的分布函数为 $F(x)$, 对于给定的概率 $\alpha (0 < \alpha < 1)$, 满足

$$P\{X > x_\alpha\} = 1 - F(x_\alpha) = \alpha.$$

的实数 x_α 称为随机变量 x 的上侧 α 分位数(或称为 X 的分布的上侧 α 分位数).

类似地, 满足 $P\{X \leqslant x_\alpha\} = F(x_\alpha) = \alpha$ 的实数 x_α 称为随机变量 X 的下侧 α 分位数(或称为 X 的分布的下侧 α 分位数).

显然, 上侧 α 分位数就是下侧 $1 - \alpha$ 分位数.

在本书中一般采用上侧分位数.

5. 次序统计量

设 $(x_1, x_2, \cdots, x_n)$ 是样本的一组观察值,将各个观察值由小到大重新排列得到 $x_{(1)} \leqslant x_{(2)} \leqslant \cdots \leqslant x_{(n)}$,设取值为 $x_{(k)}$ 的分量为 $X_{(k)}$ 则可得到 $X_{(1)} \leqslant X_{(2)} \leqslant \cdots \leqslant X_{(n)}$. 称 $X_{(1)}, X_{(2)}, \cdots, X_{(n)}$ 为样本的次序统计量.

6. 经验分布函数

设 $X_{(1)}, X_{(2)}, \cdots, X_{(n)}$ 为样本的次序统计量,$x_{(1)}, x_{(2)}, \cdots, x_{(n)}$ 为其观察值,称函数

$$F_n(x) = \begin{cases} 0, & x < x_{(1)} \\ \dfrac{k}{n}, & x_{(k)} \leqslant x < x_{(k+1)} \quad (k = 1, 2, \cdots, n-1) \\ 1, & x \geqslant x_{(n)} \end{cases}$$

为总体 X 的经验分布函数.

样本容量 n 越大,总体 X 的经验分布函数与 X 的分布函数越接近.

二、三个重要分布(χ^2 分布、t 分布与 F 分布)

1. χ^2 分布

定义　设随机变量 $X_1, X_2, \cdots, X_n$ 互相独立,且 $X_i \sim N(0, 1)(1 \leqslant i \leqslant n)$,则称随机变量

$$\chi^2 = X_1^2 + X_2^2 + \cdots + X_n^2$$

的分布为自由度是 n 的 χ^2 分布. 记作 $\chi^2 \sim \chi^2(n)$. 其概率密度为

$$f(x) = \begin{cases} \dfrac{1}{2^{n/2} \Gamma(n/2)} x^{\frac{n}{2}-1} \mathrm{e}^{-\frac{n}{2}-1}, & x > 0; \\ 0, & x < 0. \end{cases}$$

性质:

(1) 设 $X \sim \chi^2(m)$,$Y \sim \chi^2(n)$,且 X 与 Y 互相独立,则 $X + Y \sim \chi^2(m+n)$.

(2) $X \sim \chi^2(n)$,则 $EX = n, DX = 2n$.

2. t 分布

定义　设随机变量 X 与 Y 互相独立,且 $X \sim N(0, 1)$,$Y \sim \chi^2(n)$,则称随机变量 $T = \dfrac{X}{\sqrt{Y/n}}$ 的分布为自由度是 n 的 t 分布,记作 $T \sim t(n)$. 其概率密度为

$$f(x) = \frac{\Gamma\left(\dfrac{n+1}{2}\right)}{\sqrt{n\pi}\,\Gamma(n/2)}\left(1+\frac{x^2}{n}\right)^{-\frac{n+1}{2}}.$$

性质:

(1) t 分布的概率密度是偶函数,其图像关于 y 轴对称. 于是其分位数满足

$$t_{1-\alpha}(n) = -t_\alpha(n) \quad (0<\alpha<1).$$

同样地,标准正态分布的分位数也有类似性质: $u_{1-\alpha} = -u_\alpha (0<\alpha<1)$.

(2) 设 $T \sim t(n)$,则当 $n>2$ 时,有 $ET=0, DT=\dfrac{n}{n-2}$.

3. F 分布

定义　设随机变量 X 与 Y 互相独立,且 $X \sim \chi^2(m)$,$Y \sim \chi^2(n)$,则称随机变量 $F=\dfrac{X/m}{Y/n}$ 的分布为自由度是 (m,n) 的 F 分布. 记作 $F \sim F(m,n)$. 其中 m,n 分别称作第一、第二自由度. 其概率密度为

$$f(x) = \begin{cases} \dfrac{\Gamma\left(\dfrac{m+n}{2}\right)}{\Gamma(m/2)\Gamma(n/2)} m^{\frac{m}{2}} n^{\frac{n}{2}} \dfrac{x^{\frac{m}{2}-1}}{(mx+n)^{\frac{m+n}{2}}}, & x \geqslant 0; \\ 0, & x<0. \end{cases}$$

性质:

(1) 若 $F \sim F(m,n)$,则 $\dfrac{1}{F} \sim F(n,m)$.

(2) F 分布的分位数满足 $F_{1-\alpha}(m,n) = \dfrac{1}{F_\alpha(n,m)}$.

三、正态总体下常用统计量的性质

1. 单正态总体

设 $(X_1, X_2, \cdots, X_n)$ 是来自总体 $X \sim N(\mu, \sigma^2)$ 的样本,则有

(1) $\overline{X} \sim N\left(\mu, \dfrac{\sigma^2}{n}\right)$; $\dfrac{\overline{X}-\mu}{\sigma/\sqrt{n}} \sim N(0,1)$.

(2) $\dfrac{(n-1)S^2}{\sigma^2} = \dfrac{nS_n^2}{\sigma^2} = \dfrac{1}{\sigma^2}\sum_{i=1}^{n}(X_i-\overline{X})^2 \sim \chi^2(n-1)$.

(3) $\dfrac{1}{\sigma^2}\sum_{i=1}^{n}(X_i-\mu)^2 \sim \chi^2(n)$.

(4) $\overline{X}$ 与 S^2 独立, $\overline{X}$ 与 S_n^2 独立.

(5) $\dfrac{\overline{X}-\mu}{S_n/\sqrt{n-1}} = \dfrac{\overline{X}-\mu}{S/\sqrt{n}} \sim t(n-1)$.

2. 双正态总体

设 $(X_1, X_2, \cdots, X_m)$ 和 $(Y_1, Y_2, \cdots, Y_n)$ 分别是来自总体 $X \sim N(\mu_1, \sigma_1^2)$ 和 $Y \sim N(\mu_2, \sigma_2^2)$ 的样本，并且两总体 X 与 Y 互相独立. 又设

$$\overline{X} = \frac{1}{m} \sum_{i=1}^{m} X_i; \overline{Y} = \frac{1}{n} \sum_{i=1}^{n} Y_i;$$

$$S_X^2 = \frac{1}{m} \sum_{i=1}^{m} (X_i - \overline{X})^2; S_Y^2 = \frac{1}{n} (Y_i - \overline{Y})^2;$$

$$S_1^2 = \frac{1}{m-1} \sum_{i=1}^{m} (X_i - \overline{X})^2; S_2^2 = \frac{1}{n-1} \sum_{i=1}^{n} (Y_i - \overline{Y})^2.$$

则有

(1) $\dfrac{\overline{X} - \overline{Y} - (\mu_1 - \mu_2)}{\sqrt{\dfrac{\sigma_1^2}{m} + \dfrac{\sigma_2^2}{n}}} \sim N(0, 1).$

(2) $\dfrac{m(n-1)S_X^2}{n(m-1)S_Y^2} \cdot \dfrac{\sigma_2^2}{\sigma_1^2} = \dfrac{S_1^2}{S_2^2} \cdot \dfrac{\sigma_2^2}{\sigma_1^2} \sim F(m-1, n-1).$

(3) $\dfrac{\sum\limits_{i=1}^{m} (X_i - \mu_1)^2}{\sum\limits_{i=1}^{n} (Y_i - \mu_2)^2} \cdot \dfrac{n}{m} \cdot \dfrac{\sigma_2^2}{\sigma_1^2} \sim F(m, n).$

(4) 当 $\sigma_1^2 = \sigma_2^2$ 时，$\dfrac{\overline{X} - \overline{Y} - (\mu_1 - \mu_2)}{S_w \cdot \sqrt{\dfrac{1}{m} + \dfrac{1}{n}}} \sim t(m+n-2).$

这里 $\qquad S_w^2 = \dfrac{mS_X^2 + nS_Y^2}{m+n-2} = \dfrac{(m-1)S_1^2 + (n-1)S^2}{m+n-2}.$

(5) 当 $m = n$ 时，

$$\frac{\overline{X} - \overline{Y} - (\mu_1 - \mu_2)}{S/\sqrt{n}} = \frac{\overline{X} - \overline{Y} - (\mu_1 - \mu_2)}{S_n/\sqrt{n-1}} \sim t(n-1).$$

这里 $\qquad S^2 = \dfrac{1}{n-1} \sum_{i=1}^{n} [(X_i - Y_i) - (\overline{X} - \overline{Y})]^2;$

$$S_n^2 = \frac{1}{n} \sum_{i=1}^{n} [(X_i - X_i) - (\overline{X} - \overline{Y})]^2.$$

例 5.1 设 X_1, X_2, X_3, X_4 是来自总体 $X \sim N(0, 2^2)$ 的简单样本，统计量
$$Y = a(X_1 - 2X_2)^2 + b(3X_3 - 4X_4)^2.$$

则当 $a = \underline{\qquad}; b = \underline{\qquad}$ 时，Y 服从 χ^2 分布，其自由度为 $\underline{\qquad}$.

解 由于 $X_1 \sim 2X_2 \sim N(0, 20)$，故 $Y_1 = \dfrac{X_1 - 2X_2}{\sqrt{20}} \sim N(0, 1).$

同理，$Y_2 = \dfrac{3X_3 - 4X_4}{\sqrt{100}} \sim N(0,1)$.

又 Y_1 与 Y_2 显然互相独立，根据 χ^2 分布的定义，$Y_1^2 + Y_2^2 \sim \chi^2(2)$. 即

$$\frac{1}{20}(X_1 - 2X_2)^2 + \frac{1}{100}(3X_3 - 4X_4)^2 \sim \chi^2(2).$$

经与 $Y = a(X_1 - 2X_2)^2 + b + (3X_3 - 4X_4)^2$ 比较，得当 $a = \dfrac{1}{20}, b = \dfrac{1}{100}$ 时，Y 服从 χ^2 分布，其自由度为 2.

例 5.2　设 X_1, X_2, X_3, X_4 是来自总体 $X \sim N(\mu, \sigma^2)$ 的简单样本，则随机变量

$$Y = (X_3 - X_4) \Big/ \sqrt{\sum_{i=1}^{2}(X_i - \mu)^2}$$

服从_____分布（写出参数）.

解　$X_3 - X_4 \sim N(0, 2\sigma^2)$，故 $Y_1 = \dfrac{X_3 - X_4}{\sqrt{2}\sigma} \sim N(0,1)$.

又因为 $\dfrac{X_1 - \mu}{\sigma} \sim N(0,1), \dfrac{X_2 - \mu}{\sigma} \sim N(0,1)$ 且两者互相独立，故

$$Y_2 = \frac{1}{\sigma^2} \sum_{i=1}^{2}(X_i - \mu)^2 \sim \chi^2(2).$$

又 Y_1 与 Y_2 显然互相独立，根据 t 分布的定义知，

$$Y = (X_3 - X_4) \Big/ \sqrt{\sum_{i=1}^{2}(X_i - \mu)^2} = \frac{Y_1}{\sqrt{Y_2/2}} \sim t(2).$$

例 5.3　设 $X_1, X_2, \cdots, X_n$ 是来自总体 $X \sim N(\mu, \sigma^2)$ 的简单样本，又设 $X_{n+1} \sim N(\mu, \sigma^2)$，且与 $X_1, X_2, \cdots, X_n$ 互相独立，试求 $Y = \dfrac{X_{n+1} - \overline{X}}{S_n} \sqrt{\dfrac{n-1}{n+1}}$ 的分布.

解　因为 $X_{n+1} \sim N(\mu, \sigma^2), \overline{X} \sim N\left(\mu, \dfrac{\sigma^2}{n}\right)$ 且两者互相独立，故有

$$X_{n+1} - \overline{X} \sim N\left(0, \frac{n+1}{n}\sigma^2\right); \quad Y_1 = \frac{X_{n+1} - \overline{X}}{\sigma\sqrt{\dfrac{n+1}{n}}} \sim N(0,1).$$

又因为 $Y_2 = \dfrac{nS_n^2}{\sigma^2} \sim \chi^2(n-1)$，且 Y_2 与 $\overline{X}$ 以及 X_{n+1} 互相独立，故 Y_2 与 Y_1 独立. 根据 t 分布的定义知

$$Y = \frac{X_{n+1} - \overline{X}}{S_n} \sqrt{\frac{n-1}{n+1}} = \frac{Y_1}{\sqrt{Y_2/(n-1)}} \sim t(n-1).$$

例 5.4　设 $X_1, X_2, \cdots, X_m$ 和 $Y_1, Y_2, \cdots, Y_n$ 分别是来自独立总体 $X \sim N(\mu_1, \sigma^2)$ 和 $Y \sim N(\mu_2, \sigma^2)$ 的简单样本，α 和 β 是两个已知常数，试求下列统计量的分布：

$$W = \frac{\alpha(\overline{X} - \mu_1) + \beta(\overline{Y} - \mu_2)}{\sqrt{\dfrac{mS_X^2 + nS_Y^2}{m + n - 2}} \cdot \sqrt{\dfrac{\alpha^2}{m} + \dfrac{\beta^2}{n}}}.$$

其中 $S_X^2 = \dfrac{1}{m} \sum\limits_{i=1}^{m} (X_i - \overline{X})^2$；$S_Y^2 = \dfrac{1}{n} \sum\limits_{i=1}^{n} (Y_i - \overline{Y})^2$.

解　$\overline{X} \sim \mu_1 \sim N\left(0, \dfrac{\sigma^2}{m}\right)$，$\overline{Y} \sim \mu_2 \sim N\left(0, \dfrac{\sigma^2}{n}\right)$ 且互相独立，故

$$\alpha(\overline{X} - \mu_1) + \beta(\overline{Y} - \mu_2) \sim N\left(0, \dfrac{\alpha^2 \sigma^2}{m} + \dfrac{\beta^2 \sigma^2}{n}\right).$$

由此可得

$$Z_1 = \frac{\alpha(\overline{X} - \mu_1) + \beta(\overline{Y} - \mu_2)}{\sigma \sqrt{\dfrac{\alpha^2}{m} + \dfrac{\beta^2}{n}}} \sim N(0, 1).$$

又 $\dfrac{mS_X^2}{\sigma^2} \sim \chi^2(m-1)$，$\dfrac{nS_Y^2}{\sigma^2} \sim \chi^2(n-1)$ 且两者互相独立，故

$$Z_2 = \frac{mS_X^2}{\sigma^2} + \frac{nS_Y^2}{\sigma^2} \sim \chi^2(m + n - 2).$$

显然 Z_1 与 Z_2 互相独立，根据 t 分布的定义知，

$$W = \frac{\alpha(\overline{X} - \mu_1) + \beta(\overline{Y} - \mu_2)}{\sqrt{\dfrac{mS_X^2 + nS_Y^2}{m + n - 2}} \cdot \sqrt{\dfrac{\alpha^2}{m} + \dfrac{\beta^2}{n}}} = \frac{Z_1}{\sqrt{Z_2/(m+n-2)}} \sim t(m + n - 2).$$

例 5.5　设 $X_1, X_2, \cdots, X_n$ 是来自总体 $X \sim N(0, 1)$ 的简单样本，求下列统计量的分布：

$$V = \left(\frac{n}{5} - 1\right) \sum_{i=1}^{5} X_i^2 \Big/ \sum_{i=6}^{n} X_i^2 \quad (n > 5).$$

解　由于 $Y_1 = \sum\limits_{i=1}^{5} X_i^2 \sim \chi^2(5)$；$Y_2 = \sum\limits_{i=6}^{n} X_i^2 \sim \chi^2(n-5)$ 且显然 Y_1 与 Y_2 互相独立，根据 F 分布的定义，有 $\dfrac{Y_1/5}{Y_2/(n-5)} = V \sim F(5, n-5)$.

例 5.6　设 $X_1, X_2, \cdots, X_n$ 是来自总体 $X \sim U_{[0,\theta]}$ 的简单样本，令 $Y_n = \max(X_1, X_2, \cdots, X_n)$. 求 $Z_n = n(\theta - Y_n)$ 的极限分布.

解　总体 $X \sim U_{[0,\theta]}$ 的分布函数为 $F(x) = \begin{cases} 0, & x < 0; \\ \dfrac{x}{\theta}, & 0 \leqslant x < \theta; \\ 1, & x \geqslant \theta. \end{cases}$

则 Y_n 的分布函数为

$$F_{Y_n} = F^n(y) = \begin{cases} 0, & y < 0; \\ \dfrac{y^n}{\theta^n}, & 0 \leqslant y < \theta; \\ 1, & y \geqslant \theta. \end{cases}$$

于是 $Z_n = n(\theta - Y_n)$ 的分布函数为

$$F_{Z_n}(z) = P\{n(\theta - Y_n) \leqslant z\} = P\left\{ Y_n > \frac{n\theta - z}{n} \right\} = 1 - F\left(\frac{n\theta - z}{n} \right)$$

$$= \begin{cases} 1, & \dfrac{n\theta - z}{n} < 0; \\ 1 - \left(\dfrac{n\theta - z}{n\theta} \right)^n, & 0 \leqslant \dfrac{n\theta - z}{n} < \theta; \\ 0, & \dfrac{n\theta - z}{n} \geqslant \theta. \end{cases}$$

即

$$F_{Z_n} = \begin{cases} 0, & z \leqslant 0; \\ 1 - \left(\dfrac{n\theta - z}{n\theta} \right)^n, & 0 < z \leqslant n\theta; \\ 1, & z > n\theta. \end{cases}$$

上式令 $n \to \infty$，得 $\lim\limits_{n \to \infty} F_{Z_n}(z) = \begin{cases} 0, & z < 0; \\ 1 - e^{-z/\theta}, & z \geqslant 0. \end{cases}$

于是 $Z_n = n(\theta - Y_n)$ 的极限分布是参数为 $\dfrac{1}{\theta}$ 的指数分布.

例 5.7　设 X_1, X_2 是来自总体 $X \sim N(\mu, \sigma^2)$ 的简单样本.

(1) 求 $X_1 + X_2$ 与 $X_1 - X_2$ 的概率密度；

(2) 证明 $X_1 + X_2$ 与 $X_1 - X_2$ 互相独立.

解　(1) 由于 $X_1 \sim N(\mu, \sigma^2)$，$X_2 \sim N(\mu, \sigma^2)$ 且 X_1 与 X_2 互相独立，从而 $X_1 + X_2 \sim N(2\mu, 2\sigma^2)$，$X_1 - X_2 \sim N(0, 2\sigma^2)$. 于是

$X_1 + X_2$ 的概率密度为 $f_1(x) = \dfrac{1}{\sqrt{2\pi} \cdot \sqrt{2}\sigma} e^{-\frac{(x - 2\mu)^2}{4\sigma^2}}$；

$X_1 - X_2$ 的概率密度为 $f_2(x) = \dfrac{1}{\sqrt{2\pi} \cdot \sqrt{2}\sigma} e^{-\frac{x^2}{4\sigma^2}}$.

(2) 由于 X_1 与 X_2 互相独立且都服从正态分布 $N(\mu, \sigma^2)$，所以
$$(X_1, X_2) \sim N(\mu, \mu; \sigma^2, \sigma^2; 0).$$
而 $X_1 + X_2$ 与 $X_1 - X_2$ 都是 (X_1, X_2) 的线性函数，因而 $X_1 + X_2$ 与 $X_1 - X_2$ 的联合分布仍然是二维正态分布. 要证明它们互相独立，只要证明它们不相关即可.

易见
$$\mathrm{cov}(X_1 + X_2, X_1 - X_2) = DX_1 - \mathrm{cov}(X_1, X_2) + \mathrm{cov}(X_2, X_1) - DX_2 = DX_1 - DX_2 = 0$$
成立，所以 $X_1 + X_2$ 与 $X_1 - X_2$ 不相关，因而独立.

例 5.8 设 $X_1, X_2, \cdots, X_n$ 是来自总体 X 的简单样本，总体 X 的分布函数是 $F(x)$，密度函数是 $f(x)$，记
$$Y = \max(X_1, X_2, \cdots, X_n), \quad Z = \min(X_1, X_2, \cdots, X_n).$$
试求 Y 和 Z 的边缘密度函数 $g_Y(y), g_Z(z)$ 以及联合密度函数 $g(y, z)$.

解 设 Y 和 Z 的边缘分布函数分别是 $G_Y(y), G_Z(z)$；联合分布函数 $G(y, z)$. 则
$$G_Y(y) = P\{Y \leqslant y\} = F^n(y);$$
$$G_Z(z) = P\{Z \leqslant z\} = 1 - [1 - F(z)]^2.$$
于是得关于 Y 和 Z 的边缘密度函数分别为：
$$g_Y(y) = G_Y'(y) = nF^{n-1}(y)f(y);$$
$$g_Z(z) = G_Z'(z) = n[1 - F(z)]^{n-1}f(z).$$
下面用分布函数法，先求 $G(y, z)$，然后求混合偏导数得 $g(y, z)$.

当 $y < z$ 时，
$$G(y, z) = P\{Y \leqslant y, Z \leqslant z\} = P\{Y \leqslant y\} = F^n(y);$$
$$g(y, z) = \frac{\partial^2 G(y, z)}{\partial y \partial z} = 0.$$
当 $y \geqslant z$ 时，
$$G(y, z) = P\{Y \leqslant y, Z \leqslant z\} = P\{Y \leqslant y\} - P\{Y \leqslant y, Z > z\}$$
$$= G_Y(y) - [F(y) - F(z)]^n;$$
$$g(y, z) = \frac{\partial^2 G(y, z)}{\partial y \partial z} = n(n-1)f(y)f(z)[F(y) - F(z)]^{n-2}.$$
即
$$g(y, z) = \begin{cases} n(n-1)f(y)f(z)[F(y) - F(z)]^{n-2}, & \text{当 } y \geqslant z; \\ 0, & \text{当 } y < z. \end{cases}$$

例 5.9 设 $X_1, X_2, \cdots, X_n$ 是来自总体 $X \sim N(\mu, \sigma^2)$ 的简单样本，令 $Y = \frac{1}{n} \sum_{i=1}^{n} |X_i - \mu|$，求证：$EY = \sigma\sqrt{\frac{2}{\pi}}, DY = \left(1 - \frac{2}{\pi}\right)\frac{\sigma^2}{n}$.

证明　记 $Z=|X-\mu|,Z_i=|X_i-\mu|\quad(i=1,2,\cdots,n)$.

由于 $Z_1,Z_2,\cdots,Z_n$ 互相独立且与 Z 同分布,故 $Z_1,Z_2,\cdots,Z_n$ 可看作是来自总体 $Z=|X-\mu|$ 的简单样本,而 Y 就是该样本的样本均值.下面先求总体 $Z=|X-\mu|$ 的期望和方差.

$$EZ=E|X-\mu|=\int_{-\infty}^{+\infty}|x-\mu|\cdot\frac{1}{\sqrt{2\pi}\sigma}e^{-\frac{(x-\mu)^2}{2\sigma^2}}\mathrm{d}x$$

$$=\int_{-\infty}^{+\infty}|t|\cdot\frac{1}{\sqrt{2\pi}\sigma}e^{-\frac{t^2}{2\sigma^2}}\mathrm{d}t=\int_0^{+\infty}\frac{2t}{\sqrt{2\pi}\sigma}e^{-\frac{t^2}{2\sigma^2}}\mathrm{d}t=\sigma\sqrt{\frac{2}{\pi}}.$$

$$EZ^2=E|X-\mu|^2=E(X-\mu)^2=DX=\sigma^2.$$

故有

$$DZ=EZ^2-(EZ)^2=\left(1-\frac{2}{\pi}\right)\sigma^2.$$

从而

$$EY=EZ=\sigma\sqrt{\frac{2}{\pi}};DY=\frac{DZ}{n}=\left(1-\frac{2}{\pi}\right)\frac{\sigma^2}{n}.$$

例 5.10　设 $X_1,X_2,\cdots,X_{2n}(n\geqslant2)$ 是来自总体 $X\sim N(\mu,\sigma^2)$ 的简单样本,样本均值为 $\overline{X}=\frac{1}{2n}\sum_{i=1}^{2n}X_i$,求统计量 $Y=\sum_{i=1}^{n}(X_i+X_{n+i}-2\overline{X})^2$ 的数学期望 EY.

解法 1

$$Y=\sum_{i=1}^{n}(X_i+X_{n+i}-2\overline{X})^2$$

$$=\sum_{i=1}^{n}X_i^2+\sum_{i=1}^{n}X_{n+i}^2+\sum_{i=1}^{n}4\overline{X}^2-4\sum_{i=1}^{n}\overline{X}(X_i+X_{n+i})$$

$$+2\sum_{i=1}^{n}X_iX_{n+i}$$

$$=\sum_{i=1}^{2n}X_i^2+4n\overline{X}^2-4\overline{X}\sum_{i=1}^{2n}X_i+2\sum_{i=1}^{n}X_iX_{n+i}$$

$$=\sum_{i=1}^{2n}X_i^2+4n\overline{X}^2-8n\overline{X}^2+2\sum_{i=1}^{n}X_iX_{n+i}$$

$$=\sum_{i=1}^{2n}X_i^2-4n\overline{X}^2+2\sum_{i=1}^{n}X_iX_{n+i},$$

于是

$$EY=\sum_{i=1}^{2n}EX_i^2-4nE\overline{X}^2+2\sum_{i=1}^{n}EX_iEX_{n+i}$$

$$=2n(\mu^2+\sigma^2)-4n\left(\mu^2+\frac{\sigma^2}{2n}\right)+2n\mu^2=2(n-1)\sigma^2.$$

解法 2

由于 $X_1 + X_{n+1}, X_2 + X_{n+2}, \cdots, X_n + X_{2n}$ 互相独立且都服从分布 $N(2\mu, 2\sigma^2)$,于是将它们看作是从总体 $Z \sim N(2\mu, 2\sigma^2)$ 中抽取的容量是 n 样本. 该样本的样本均值和样本方差分别是

$$\frac{1}{n} \sum_{i=1}^{n} (X_i + X_{n+i}) = \frac{1}{n} \sum_{i=1}^{n} X_i = 2\overline{X};$$

$$\frac{1}{n-1} \sum_{i=1}^{n} (X_i + X_{n+i} - 2\overline{X})^2 = \frac{Y}{n-1}.$$

由于 $E\left(\dfrac{Y}{n-1}\right) = DZ = 2\sigma^2$,从而 $EY = 2(n-1)\sigma^2$.

例 5.11 设 $X_1, X_2, \cdots, X_n$ 是来自总体 $X \sim N(\mu, \sigma^2)$ 的简单样本,$Y = \sum_{i=1}^{n-1} (X_{i+1} - X_i)^2$,求 EY.

解法 1

由于

$$Y = \sum_{i=1}^{n-1} (X_{i+1} - X_i)^2 = \sum_{i=1}^{n-1} X_{i+1}^2 + \sum_{i=1}^{n-1} X_i^2 - 2 \sum_{i=1}^{n-1} X_{i+1} X_i,$$

故

$$EY = \sum_{i=1}^{n-1} EX_{i+1}^2 + \sum_{i=1}^{n-1} EX_i^2 - 2 \sum_{i=1}^{n-1} EX_{i+1} \cdot EX_i$$
$$= (n-1)(\mu^2 + \sigma^2) + (n-1)(\mu^2 + \sigma^2) - 2(n-1)\mu^2$$
$$= 2(n-1)\sigma^2.$$

解法 2

由于 $E(X_{i+1} - X_i) = 0$,故 $E(X_{i+1} - X_i)^2 = D(X_{i+1} - X_i)$. 又显然 X_{i+1} 与 X_i 互相独立,从而

$$E(X_{i+1} - X_i)^2 = D(X_{i+1} - X_i) = DX_{i+1} + DX_i = 2\sigma^2 \quad (i=1,2,\cdots,n-1).$$

于是

$$EY = \sum_{i=1}^{n-1} E(X_{i+1} - X_i)^2 = \sum_{i=1}^{n-1} D(X_{i+1} - DX_i) = 2(n-1)\sigma^2.$$

例 5.12 设 $X_1, X_2, \cdots, X_n$ 是来自总体 $X \sim N(\mu, 4)$ 的简单样本,问样本容量 n 应取多大才能使得

(1) $E|\overline{X} - \mu|^2 \leqslant 0.1$;   (2) $P\{|\overline{X} - \mu| \leqslant 0.1\} \geqslant 0.95$.

解 (1) 由 $E|\overline{X} - \mu|^2 = D\overline{X} = \dfrac{4}{n} \leqslant 0.1$,得 $n \geqslant 40$.

(2) 由 $P\{|\overline{X} - \mu| \leqslant 0.1\} = P\left\{\dfrac{|\overline{X} - \mu|}{2/\sqrt{n}} \leqslant \dfrac{0.1}{2/\sqrt{n}}\right\} = 2\Phi\left(\dfrac{\sqrt{n}}{20}\right) - 1 \geqslant 0.95,$

得　$\Phi\left(\dfrac{\sqrt{n}}{20}\right) \geqslant 0.975.$

查表可得 $\dfrac{\sqrt{n}}{20} \geqslant 1.96$；解得 $n \geqslant 1537.$

例 5.13　从正态总体 $X \sim N(\mu, \sigma^2)$ 中抽取容量是 16 的样本，记 $S^2 = \dfrac{1}{15} \sum\limits_{i=1}^{16} (X_i - \overline{X})^2$，求：(1) $P\left\{\dfrac{S^2}{\sigma^2} > 2.04\right\}$；(2) $DS^2.$

解　(1) 由于 $\dfrac{(n-1)S^2}{\sigma^2} = \dfrac{15S^2}{\sigma^2} \sim \chi^2(15)$，$P\left\{\dfrac{S^2}{\sigma^2} > 2.04\right\} = P\left\{\dfrac{15S^2}{\sigma^2} > 30.6\right\}.$

查表可得 $\chi^2_{0.01}(15) = 30.6$，于是

$$P\left\{\dfrac{S^2}{\sigma^2} > 2.04\right\} = P\left\{\dfrac{15S^2}{\sigma^2} > 30.6\right\} = 0.01.$$

(2) 由 $\dfrac{15S^2}{\sigma^2} \sim \chi^2(15)$，得 $D\left(\dfrac{15S^2}{\sigma^2}\right) = 2 \times 15 = 30.$

于是 $DS^2 = \dfrac{\sigma^4}{15^2} \times 30 = \dfrac{2\sigma^4}{15}.$

例 5.14　分别从互相独立的方差分别是 20 和 35 的两正态总体中抽取容量是 8 和 10 的样本，其修正的样本方差分别是 S_1^2 和 S_2^2，试估计 $p = P\{S_1^2 > 2S_2^2\}$ 的值.

解　由于 $\dfrac{S_1^2}{S_2^2} \cdot \dfrac{\sigma_2^2}{\sigma_1^2} \sim F(m-1, n-1)$，即 $\dfrac{S_1^2}{S_2^2} \cdot \dfrac{35}{20} \sim F(7, 9)$，所以

$$P\{S_1^2 > 2S_2^2\} = P\left\{\dfrac{S_1^2}{S_2^2} \cdot \dfrac{35}{20} > 3.5\right\}.$$

查表，得 $F_{0.05}(7, 9) = 3.29$；$F_{0.025}(7, 9) = 4.20.$

即有 $F_{0.05}(7, 9) < 3.5 < F_{0.025}(7, 9)$ 成立，因而

$$0.025 < p = P\{S_1^2 > 2S_2^2\} < 0.05$$

例 5.15　设 X_1, X_2 是来自总体 $X \sim N(0, \sigma^2)$ 的简单样本，试求 $M = \max(X_1, X_2)$ 和 $N = \min(X_1, X_2)$ 的数学期望.

解　先求 $N = \min(X_1, X_2)$ 的数学期望.

总体 $X \sim N(0, \sigma^2)$ 的概率密度和分布函数分别是

$$f(x) = \dfrac{1}{\sqrt{2\pi}\sigma} e^{-\frac{x^2}{2\sigma^2}} \text{ 和 } F(x) = \dfrac{1}{\sqrt{2\pi}\sigma} \int_{-\infty}^{x} e^{-\frac{t^2}{2\sigma^2}} dt.$$

$N = \min(X_1, X_2)$ 的分布函数和概率密度分别是

$$F_N(x) = 1 - [1 - F(x)]^2;\ f_N(x) = F_N'(x) = 2[1 - F(x)]f(x).$$

则
$$EN = \int_{-\infty}^{+\infty} 2x[1-F(x)]f(x)\,\mathrm{d}x.$$

因 $\mathrm{d}[f(x)] = -\dfrac{x}{\sigma^2}f(x)$ 即 $xf(x) = -\sigma^2\mathrm{d}[f(x)]$,故有

$$EN = \int_{-\infty}^{+\infty} -2\sigma^2[1-F(x)]\mathrm{d}[f(x)]$$

$$= -2\sigma^2[1-F(x)]f(x)\Big|_{-\infty}^{+\infty} - \int_{-\infty}^{+\infty} 2\sigma^2[f(x)]^2\,\mathrm{d}x$$

$$= -\frac{1}{\pi}\int_{-\infty}^{+\infty} \mathrm{e}^{-\frac{t^2}{\sigma^2}}\,\mathrm{d}t = -\frac{\sigma}{\sqrt{\pi}}.$$

下面求 $M = \max(X_1, X_2)$ 的数学期望.

因为总有 $M+N = X_1+X_2$ 成立,即有 $EM+EN = EX_1+EX_2$ 成立.

而 $EX_1 = EX_2 = 0$,所以 $EM+EN = 0$,即 $EM = -EN = \dfrac{\sigma}{\sqrt{\pi}}$.

习题五

一、填空题

1. 设随机变量 X 和 Y 互相独立且都服从 $N(0,3^2)$ 分布,$X_1, X_2, \cdots, X_9$ 和 $Y_1, Y_2, \cdots, Y_9$ 分别是来自总体 X 和 Y 的样本,则统计量 $Z = \dfrac{X_1+X_2+\cdots+X_9}{\sqrt{Y_1^2+Y_2^2+\cdots+Y_9^2}}$ 服从_____分布(写出参数).

2. 设样本容量 $n=2$,样本方差 $S^2 = C(X_1-X_2)^2$,则 $C =$_____.

3. 设总体 $\xi \sim N(0,1)$,从总体 ξ 中抽取容量是 6 的样本 $X_1, X_2, \cdots, X_6$,设统计量 $\eta = (X_1+X_2+X_3)^2 + (X_4+X_5+X_6)^2$,则当常数 $C =$_____时,统计量 $C\eta$ 服从 χ^2 分布.

4. 设总体 $\xi \sim N(0,\sigma^2)$,$\xi_1, \xi_2, \xi_3, \xi_4$ 是从总体 ξ 中抽取的样本,则统计量 $\eta = \dfrac{(\xi_1+\xi_2)^2}{(\xi_3-\xi_4)^2}$ 服从_____分布(写出参数).

5. 设 X_1, X_2 是来自总体 $N(1,2)$ 的样本,则 $P\{(X_1-X_2)^2 \leqslant 0.36\} =$_____.

6. 设 $X \sim N(\mu,\sigma^2)$,从总体 X 中抽取容量是 16 的样本,则

$P\left\{\dfrac{S^2}{\sigma^2} \leqslant 2.309\right\} =$_____;$D(S^2) =$_____.

7. 设 $X_1, X_2, \cdots, X_n$ 是来自总体 $X \sim \begin{pmatrix} 0 & 1 \\ 1-p & p \end{pmatrix}$ 的样本,则

$E\overline{X} =$_____;$D\overline{X}$_____;$E(S^2) =$_____.

8. 在天平上重复称量一重为 a 的物品,假设各次称量结果互相独立且都服从正态分布 $N(a,0.2^2)$. 若以 $\overline{X}$ 表示 n 次称量结果的算术平均值,则为使 $P\{|\overline{X}-a| < 0.1\} \geqslant 0.95$ 成立,

n 应不小于_____.

二、选择题

1. 设 $X \sim N(1, 2^2)$，$X_1, X_2, \cdots, X_n$ 是来自总体 X 的样本，则有_____.

    (A) $\dfrac{\overline{X} - 1}{2} \sim N(0, 1)$；   (B) $\dfrac{\overline{X} - 1}{4} \sim N(0, 1)$；

    (C) $\dfrac{\overline{X} - 1}{2/\sqrt{n}} \sim N(0, 1)$；   (D) $\dfrac{\overline{X} - 1}{\sqrt{2}} \sim N(0, 1)$.

2. 下列说法正确的是_____.

    (A) 统计量是数；

    (B) 统计量是含有总体分布的未知参数的样本函数；

    (C) 统计量是随机变量；

    (D) 统计量就是样本的各阶矩.

3. 设总体 X 的方差 $DX = \sigma^2$，$X_1, X_2, \cdots, X_n$ 是来自总体 X 的样本，则 $S_n^2 = \dfrac{1}{n} \sum\limits_{i=1}^{n} (X_i - \overline{X})^2$ 的数学期望是_____.

    (A) $\dfrac{\sigma^2}{n}$；   (B) $\dfrac{(n-1)\sigma^2}{n}$；   (C) σ^2；   (D) $\dfrac{n\sigma^2}{n-1}$.

4. 设 $X_1, X_2, \cdots, X_n$ 是来自总体 $X \sim N(0, 1)$ 的样本，$\overline{X}$ 和 S^2 分别是样本均值和样本方差，则正确的是_____.

    (A) $\overline{X} \sim N(0, 1)$；   (B) $n\overline{X} \sim N(0, 1)$；

    (C) $\sum\limits_{i=1}^{n} X_i^2 \sim \chi^2(n-1)$；   (D) $\dfrac{\overline{X}}{S/\sqrt{n}} \sim t(n-1)$.

5. 设总体 $\xi \sim N(\mu_1, \sigma_1^2)$，$\eta \sim N(\mu_2, \sigma_2^2)$ 且 ξ 与 η 互相独立，$\xi_1, \xi_2, \cdots, \xi_m$ 和 $\eta_1, \eta_2, \cdots, \eta_n$ 分别是来自上述总体的样本，样本均值分别是 $\overline{\xi}$ 和 $\overline{\eta}$，则_____.

    (A) $\overline{\xi} - \overline{\eta} \sim N(\mu_1 + \mu_2, \sigma_1^2 + \sigma_2^2)$；

    (B) $\overline{\xi} - \overline{\eta} \sim N\left(\mu_1 - \mu_2, \dfrac{\sigma_1^2}{m} + \dfrac{\sigma_2^2}{n}\right)$；

    (C) $\overline{\xi} - \overline{\eta} \sim N\left(\mu_1 - \mu_2, \dfrac{\sigma_1^2}{m} - \dfrac{\sigma_2^2}{n}\right)$；

    (D) $\overline{\xi} - \overline{\eta} \sim N\left(\mu_1 - \mu_2, \sqrt{\sigma_1^2/m + \sigma_2^2/n}\right)$.

6. 设 $\xi_1, \xi_2, \cdots, \xi_n$ 是来自总体 $X \sim N(\mu, \sigma^2)$ 的样本，记

$$S_1^2 = \frac{1}{n-1} \sum_{i=1}^{n} (\xi_i - \overline{\xi})^2 \, ; \quad S_2^2 = \frac{1}{n} \sum_{i=1}^{n} (\xi_i - \overline{\xi})^2 \, ;$$

$$S_3^2 = \frac{1}{n-1} \sum_{i=1}^{n} (\xi_i - \mu)^2 \, ; \quad S_4^2 = \frac{1}{n} \sum_{i=1}^{n} (\xi_i - \mu)^2 \, .$$

则服从自由度是 $n-1$ 的 t 分布的是_____.

    (A) $\dfrac{\overline{\xi} - \mu}{S_1/\sqrt{n-1}}$；   (B) $\dfrac{\overline{\xi} - \mu}{S_2/\sqrt{n-1}}$；

(C) $\dfrac{\bar{\xi}-\mu}{S_3/\sqrt{n}}$;　　　　　　　　　　　(D) $\dfrac{\bar{\xi}-\mu}{S_4/\sqrt{n}}$.

7. 设随机变量 $X\sim t(n)(n>1)$，$Y=\dfrac{1}{X^2}$，则_____.

(A) $Y\sim\chi^2(n)$；　　　　　　　　　(B) $Y\sim\chi^2(n-1)$；

(C) $Y\sim F(n,1)$；　　　　　　　　　(D) $Y\sim F(1,n)$.

8. 设 X_1,X_2,X_3 是总体 $X\sim N(\mu,\sigma^2)(\mu,\sigma^2$ 均未知)的样本，则_____是统计量.

(A) X_1；　　　(B) $\bar{X}+\mu$；　　　(C) $\dfrac{X_1^2}{\sigma^2}$；　　　(D) $\dfrac{\bar{X}-\mu}{\sigma}\sqrt{3}$.

9. 设 $X_1,X_2,\cdots,X_n$ 是来自总体 $X\sim N(\mu,\sigma^2)$ 的样本，参数 μ 未知，σ^2 已知，则_____是统计量.

(A) $\dfrac{1}{n}\sum\limits_{i=1}^{n}X_i^2$；　　　　　　　(B) $\sum\limits_{i=1}^{n}(X_i-\mu)^2$；

(C) $\bar{X}-\mu$；　　　　　　　　　　(D) $(\bar{X}-\mu)^2+\sigma^2$.

10. 设 $X_1,X_2,\cdots,X_n$ 是来自总体 X 的样本，则 $\dfrac{1}{n-1}\sum\limits_{i=1}^{n}(X_i-\bar{X})^2$ 是_____.

(A) 样本矩；　　　　　　　　　(B) 二阶原点矩；

(C) 二阶中心矩；　　　　　　　(D) 统计量.

11. 设 μ_n 是 n 次重复试验中事件 A 出现的次数，p 是事件 A 在每次试验时出现的概率，则对于任意 $\varepsilon>0$，均有 $\lim\limits_{n\to\infty}\left\{\left|\dfrac{\mu_n}{n}-p\right|\geqslant\varepsilon\right\}$ _____.

(A) $=0$；　　　(B) $=1$；　　　(C) >0；　　　(D) 不存在.

12. 设 $X_1,X_2,\cdots,X_n$ 是来自总体 $X\sim N(\mu,\sigma^2)$ 的样本，则对于任意 $\varepsilon>0$，均有_____.

(A) $\lim\limits_{n\to\infty}P\left\{\left|\dfrac{1}{n}\sum\limits_{i=1}^{n}X_i-\mu\right|<\varepsilon\right\}=0$；

(B) $\lim\limits_{n\to\infty}P\left\{\left|\dfrac{1}{n}\sum\limits_{i=1}^{n}X_i-n\mu\right|\geqslant\varepsilon\right\}=0$；

(C) $\lim\limits_{n\to\infty}P\left\{\left|\dfrac{1}{n}\sum\limits_{i=1}^{n}X_i-\mu\right|<\varepsilon\right\}=1$；

(D) $\lim\limits_{n\to\infty}P\left\{\left|\dfrac{1}{n}\sum\limits_{i=1}^{n}X_i-n\mu\right|\geqslant\varepsilon\right\}=1$.

13. 对于样本值 $x_1,x_2,\cdots,x_n$ 作变换

$$y_i=\dfrac{x_i-a}{b}(a,b\text{ 为常数},b\neq0,i=1,2,\cdots,n),$$

则样本均值 $\bar{x}=$_____.

(A) $\dfrac{b}{n}\sum\limits_{i=1}^{n}y_i+\dfrac{a}{n}$；　　　　　　　(B) $\dfrac{b}{n}\sum\limits_{i=1}^{n}y_i$；

(C) $\dfrac{b}{n}\sum\limits_{i=1}^{n}y_i+a$；　　　　　　　(D) $\dfrac{b}{n}\sum\limits_{i=1}^{n}y_i-a$.

14. 设 $X_1,X_2,\cdots,X_n$ 是来自总体 $X\sim N(0,1)$ 的样本，$\bar{X}$ 和 S^2 分别是样本均值和样本

方差,则_____.

(A) $\overline{X} \sim N(0,1)$;　　　　　　(B) $\sqrt{n}\overline{X} \sim N(0,1)$;

(C) $\sum\limits_{i=1}^{n} X_i^2 \sim \chi^2(n-1)$;　　　(D) $\dfrac{\overline{X}}{S} \sim t(n-1)$.

15. 设 $X_1, X_2, \cdots, X_n$ 是来自总体 $X \sim N(\mu, \sigma^2)$ 的样本,令 $Y = \dfrac{1}{\sigma^2} \sum\limits_{i=1}^{n} (X_i - \overline{X})^2$,则_____.

(A) $Y \sim \chi^2(n-1)$;　　　　　　(B) $Y \sim \chi^2(n)$;

(C) $Y \sim N(\mu, \sigma^2)$;　　　　　(D) $Y \sim N\left(\mu, \dfrac{\sigma^2}{n}\right)$.

16. 设 $X_1, X_2, \cdots, X_m$ 与 $Y_1, Y_2, \cdots, Y_n$ 分别是来自总体 $X \sim N(\mu_1, \sigma_1^2)$ 和 $Y \sim N(\mu_2, \sigma_2^2)$ 的样本,两总体互相独立且参数 $\mu_1, \sigma_1^2, \mu_2, \sigma_2^2$ 均已知,则不服从标准正态分布的是_____.

(A) $\dfrac{\overline{X} - \mu_1}{\sigma_1 / \sqrt{m}}$;　　　　　　(B) $\dfrac{X_m - \mu_1}{\sigma_1}$;

(C) $\dfrac{Y_1 - \mu_2}{\sigma_2}$;　　　　　　(D) $\dfrac{\overline{X} - \overline{Y} - (\mu_1 - \mu_2)}{\sqrt{\dfrac{\sigma_1^2}{m} - \dfrac{\sigma_2^2}{n}}}$.

17. 设 $X_1, X_2, \cdots, X_{20}$ 是来自总体 $X \sim N(\mu, \sigma^2)$ 的样本,令 $Y = \sum\limits_{i=1}^{20} \dfrac{(X_i - \mu)^2}{\sigma^2}$,则_____.

(A) $Y \sim \chi^2(19)$;　　　　　　(B) $Y \sim \chi^2(20)$;

(C) $Y \sim N(0,1)$;　　　　　　(D) $Y \sim N\left(\mu, \dfrac{\sigma^2}{20}\right)$.

18. 设是 $X_1, X_2, \cdots, X_n$ 来自总体 X 的样本,令 $V = X_1 + X_2 + \cdots + X_n$,则当 n 足够大时,随机变量 $Y = \dfrac{V - nE(X_1)}{\sqrt{nDX_1}} \sim$ _____.

(A) $N(0,1)$;　　　　　　(B) $t(n-1)$;

(C) $\chi^2(n-1)$;　　　　　(D) $\chi^2(n)$.

19. 设 $X_1, X_2, \cdots, X_m$ 与 $Y_1, Y_2, \cdots, Y_n$ 分别是来自总体 $X \sim N(\mu_1, \sigma_1^2)$ 和 $Y \sim N(\mu_2, \sigma_2^2)$ 的样本,且两总体互相独立,则 $\dfrac{S_1^2}{\sigma_1^2} \bigg/ \dfrac{S_2^2}{\sigma_2^2}$ 服从_____分布.

(A) $N(0,1)$;　　　　　　(B) $t(m+n-2)$;

(C) $\chi^2(m+n-1)$;　　　　(D) $F(m-1, n-1)$.

三、计算与证明题

1. 设总体 $X \sim N(\mu, \sigma^2)$,从总体 X 中抽取容量是 16 的样本,求:

(1) $P\left\{ \dfrac{\sigma^2}{2} \leqslant \dfrac{1}{n} \sum\limits_{i=1}^{n} (X_i - \mu)^2 \leqslant 2\sigma^2 \right\}$;

(2) $P\left\{ \dfrac{\sigma^2}{2.21} \leqslant \dfrac{1}{n} \sum\limits_{i=1}^{n} (X_i - \overline{X})^2 \leqslant 2\sigma^2 \right\}$.

2. 设 $X_1, X_2, \cdots, X_n$ 是来自总体 $X \sim N(\mu, \sigma^2)$ 的样本,S^2 是样本方差,求满足

$P\left\{\dfrac{S^2}{\sigma^2}\leqslant 1.5\right\}\geqslant 0.95$ 的最小样本容量 n.

3. 设 $\xi_1,\xi_2,\cdots,\xi_n$ 是来自总体 $X\sim N(\mu,0.3^2)$ 的样本,$\bar\xi$ 是样本均值,问样本容量 n 至少应取多大才能使得 $P\{|\bar\xi-\mu|<0.1\}\geqslant 0.9$ 成立?

4. 从总体 $X\sim N(3.4,6^2)$ 中抽取样本,如果要使样本均值位于区间 $(1.4,5.4)$ 内的概率不小于 0.95,样本容量至少多大?

5. 设 $X_1,X_2,\cdots,X_{10}$ 是从总体 $X\sim N(0,0.3^2)$ 中抽取的样本,求 $P\left\{\displaystyle\sum_{i=1}^n X_i^2>1.44\right\}$.

6. 已知两总体 $\xi\sim N(20,3)$ 和 $\eta\sim N(20,5)$,分别从两总体中抽取容量是 $m=10$ 和 $n=25$ 的样本,样本均值分别是 $\bar\xi$ 和 $\bar\eta$,求 $P\{|\bar\xi-\bar\eta|>0.3\}$.

7. 设总体 $X\sim N(\mu,\sigma_1^2)$;$Y\sim N(\mu,\sigma_2^2)$ 且 X 与 Y 互相独立,$X_1,X_2,\cdots,X_m$ 和 $Y_1,Y_2,\cdots,Y_n$ 分别是来自上述总体的样本,样本均值分别是 $\overline{X}$ 和 $\overline{Y}$,样本方差分别是

$$S_X^2=\frac{1}{m-1}\sum_{i=1}^m (X_i-\overline{X})^2 \text{ 和 } S_Y^2=\frac{1}{n-1}\sum_{i=1}^n (Y_i-\overline{Y})^2.$$

令 $Z=\alpha\bar\xi+\beta\bar\eta$,这里 $\alpha=\dfrac{S_X^2}{S_X^2+S_Y^2}$,$\beta=\dfrac{S_Y^2}{S_X^2+S_Y^2}$. 求 EZ.

8. 设 X_1,X_2 是来自总体 $X\sim N(\mu,\sigma^2)$ 的样本,

(1) 求 X_1+X_2 与 X_1-X_2 的概率密度;

(2) 证明 X_1+X_2 与 X_1-X_2 互相独立.

9. 设 $X_1,X_2,\cdots,X_n$ 是来自总体 $X\sim N(\mu,\sigma^2)$ 的简单样本 $(n\geqslant 2)$.

求证:当 $i\neq j$ 时,$X_1-\overline{X}$ 与 $X_j-\overline{X}$ 的相关系数是 $\dfrac{1}{1-n}$.

10. 设 $X_1,X_2,\cdots,X_n$ 是来自总体 $X\sim N(0,\sigma^2)$ 的简单样本,记 $Y_1=\displaystyle\sum_{i=1}^n X_i^2$,$Y_2=(n\overline{X})^2$,试确定常数 C_1 和 C_2,使得 C_1Y_1 和 C_2Y_2 分别服从 χ^2 分布,并指出自由度.

11. 设 $X_1,X_2,\cdots,X_n$ 是来自总体 X 的简单样本,已知 $EX^k=a_k(k=1,2,3,4)$,证明当 n 充分大时,随机变量 $Z_n=\dfrac{1}{n}\displaystyle\sum_{i=1}^n X_i^2$ 近似服从正态分布,并指出分布参数.

12. 设总体 $X\sim N(\mu_1,\sigma^2)$,$Y\sim N(\mu_2,\sigma^2)$ 且 X 与 Y 互相独立,$X_1,X_2,\cdots,X_n$ 和 $Y_1,Y_2,\cdots,Y_n$ 分别是来自上述总体的样本,样本均值分别是 $\overline{X}$ 和 $\overline{Y}$,样本方差分别是

$$S_X^2=\frac{1}{n-1}\sum_{i=1}^n (X_i-\overline{X})^2 \text{ 和 } S_Y^2=\frac{1}{n-1}\sum_{i=1}^n (Y_i-\overline{Y})^2.$$

问以下统计量服从什么分布?

(1) $U=\dfrac{(n-1)(S_X^2+S_Y^2)}{\sigma^2}$;　(2) $V=\dfrac{[(\overline{X}-\overline{Y})-(\mu_1-\mu_2)]^2}{(S_X^2+S_Y^2)/n}$.

13. 设 $X_1,X_2,\cdots,X_n$ 是来自总体 X 的简单样本,总体 X 的概率密度为

$$f(x)=\begin{cases} e^{-x}, & x>0;\\ 0, & \text{其他}.\end{cases}$$

试求 $Y=\min(X_1,X_2,\cdots,X_n)$ 的数学期望和方差.

14. 设总体 $X\sim N(10,2^2)$，$Y\sim N(20,2^2)$ 且 X 与 Y 互相独立，又设 $X_1,X_2,\cdots,X_{10}$ 和 Y_1，$Y_2,\cdots,Y_5$ 分别是来自上述总体的样本，样本均值分别是 $\overline{X}$ 和 $\overline{Y}$. 令

$$U=\frac{1}{2}\cdot\frac{\sum\limits_{i=1}^{10}(X_i-10)^2}{\sum\limits_{i=1}^{5}(Y_i-20)^2}\ ;\ V=\frac{4}{9}\cdot\frac{\sum\limits_{i=1}^{10}(X_i-\overline{X})^2}{\sum\limits_{i=1}^{5}(Y_i-\overline{Y})^2}.$$

(1) 已知 $P\{U>b\}=0.025$，求 b 的值.

(2) 已知 $P\{V\leqslant a\}=0.05$，求 a 的值.

15. 设 $X\sim\chi^2(n)$，证明 $Y=\sqrt{X}$ 的概率密度为

$$f_Y(y)=\begin{cases}\dfrac{y^{n-1}}{2^{\frac{n}{2}-1}\Gamma\left(\dfrac{n}{2}\right)}e^{-\frac{y^2}{2}}, & y>0;\\[4mm] 0, & y\leqslant 0.\end{cases}$$

称此分布为自由度是 n 的 χ-分布.

16. 已知随机变量 $X\sim t(n)$，证明 $X^2\sim F(1,n)$.

第六章　参数估计和假设检验

一、点估计

1. 点估计

设 $X_1, X_2, \cdots, X_n$ 是来自总体 X 的样本,总体 X 的分布参数 θ 未知. 若将样本的某个函数 $\hat{\theta} = \hat{\theta}(X_1, X_2, \cdots, X_n)$ 的样本观察值 $\hat{\theta} = \hat{\theta}(x_1, x_2, \cdots, x_n)$ 作为参数 θ 的估计值,则称 $\hat{\theta} = \hat{\theta}(X_1, X_2, \cdots, X_n)$ 是参数 θ 的估计量. 根据寻找估计量的方法不同,点估计包括矩估计法和极大似然估计法(有时称作最大似然估计法).

2. 矩估计法

根据大数定律,样本矩依概率收敛于总体矩,因而用样本矩作为总体矩的估计量. 这是矩估计法的理论依据.

设总体的分布中含有 m 个未知参数 $\theta_1, \theta_2, \cdots, \theta_m$,总体的 k 阶原点矩

$$EX^k = a_k(\theta_1, \theta_2, \cdots, \theta_m) \quad (k = 1, 2, \cdots, m).$$

令

$$a_k(\theta_1, \theta_2, \cdots, \theta_m) = \frac{1}{n} \sum_{i=1}^{n} X_i^k \quad (k = 1, 2, \cdots, m)$$

则由上述方程(组)解出 $\theta_1, \theta_2, \cdots, \theta_m$,即得到未知参数 $\theta_1, \theta_2, \cdots, \theta_m$ 的矩估计量.

一般只要求掌握 $m = 1$ 和 $m = 2$ 时的情形.

当 $m = 1$,即只有一个未知参数 θ 时,用 $\overline{X}$ 作为 EX 的估计量,求矩估计量的一般步骤:

(1) 根据总体的分布求出 $EX = g(\theta)$.

(2) 由上述方程解出 $\theta = g^{-1}(EX)$.

(3) 将 EX 换成 $\overline{X}$,即得 θ 的矩估计量 $\hat{\theta} = g^{-1}(\overline{X})$.

当 $m=2$，即有两个未知参数 θ_1,θ_2 时，用 $\overline{X}$ 和 $\dfrac{1}{n}\sum\limits_{i=1}^{n}X_i^2$ 分别作为 EX 和 EX^2 的估计量，求矩估计量的一般步骤：

（1）根据总体的分布求出总体的一阶、二阶原点矩，得

$$EX=g_1(\theta_1,\theta_2),EX^2=g_2(\theta_1,\theta_2).$$

（2）由上述方程组解出 θ_1,θ_2，得

$$\theta_1=h_1(EX,EX^2),\theta_2=h_2(EX,EX^2).$$

（3）将 EX 换成 $\overline{X}$，EX^2 换成 $\dfrac{1}{n}\sum\limits_{i=1}^{n}X_i^2$ 即得 θ_1,θ_2 的矩估计量

$$\hat{\theta}_1=h_1\left(\overline{X},\frac{1}{n}\sum_{i=1}^{n}X_i^2\right),\hat{\theta}_2=h_2\left(\overline{X},\frac{1}{n}\sum_{i=1}^{n}X_i^2\right).$$

当有两个未知参数 θ_1,θ_2 时，也可以用 $\overline{X}$ 作为 EX 的估计量，用 $\dfrac{1}{n}\sum\limits_{i=1}^{n}(X_i-\overline{X})^2$ 作为 DX 的估计量，而且这种方法与上述方法是等价的.

矩估计的性质：设 $\hat{\theta}=\hat{\theta}(X_1,X_2,\cdots,X_n)$ 是参数 θ 的矩估计量，$g(x)$ 为连续函数，则 $g(\hat{\theta})$ 是参数 $g(\theta)$ 的矩估计量.

3. 极（最）大似然估计法

设总体 X 的概率密度为 $f(x;\theta_1,\theta_2,\cdots\theta_m)$ ［若总体 X 为离散型，则设 X 的分布列为 $P\{X=x\}=f(x;\theta_1,\theta_2,\cdots,\theta_m)$］，$\theta_1,\theta_2,\cdots,\theta_m$ 是未知参数. 记 $x_1,x_2,\cdots,X_m$ 是样本的观察值，则称

$$L(x_1,x_2,\cdots,x_n;\theta_1,\theta_2,\cdots,\theta_m)=\prod_{i=1}^{n}f(x_i;\theta_1,\theta_2,\cdots,\theta_m)$$

为似然函数.

如果似然函数当 $\theta_i=\hat{\theta}_i(x_1,x_2,\cdots,x_n)(i=1,2,\cdots,m)$ 时取得最大值，则称 $\hat{\theta}_i=\hat{\theta}_i(x_1,x_2,\cdots,x_n)$ 是 θ_i 的 极 大 似 然 估 计 值，而 称 相 应 的 统 计 量 $\hat{\theta}_i=\hat{\theta}_i(X_1,X_2,\cdots,X_n)$ 为 θ_i 的极大似然估计量 $(i=1,2,\cdots,m)$.

同样，一般只要求掌握 $m=1$ 和 $m=2$ 时的情形.

注意：如何求出极大似然函数是求极大似然估计的关键. 求极大似然估计的一般步骤在以后的例题中给出.

极大似然估计量的性质：设 $\hat{\theta}=\hat{\theta}(X_1,X_2,\cdots,X_n)$ 是参数 θ 的极大似然估计量，$g(x)$ 为单调函数，则 $g(\hat{\theta})$ 是参数 $g(\theta)$ 的极大似然估计量.

4. 估计量的评价标准

（1）无偏性　设 $\hat{\theta}=\hat{\theta}(X_1,X_2,\cdots,X_n)$ 是参数 θ 的估计量，若 $E\hat{\theta}=\theta$，则称 $\hat{\theta}$ 是参数 θ 的无偏估计量.

若 $\lim\limits_{n\to\infty}E\hat{\theta}=\theta$，则称 $\hat{\theta}$ 是参数 θ 的渐近无偏估计量.

（2）有效性　设 $\hat{\theta}_1$ 和 $\hat{\theta}_2$ 都是参数 θ 的无偏估计量，若 $D\hat{\theta}_1<D\hat{\theta}_2$，则称 $\hat{\theta}_1$ 比 $\hat{\theta}_2$ 有效.

（3）一致性（或相合性）　设 $\hat{\theta}=\hat{\theta}(X_1,X_2,\cdots,X_n)$ 是参数 θ 的估计量，若 $\hat{\theta}$ 依概率收敛于 θ，即对于任意的实数 $\varepsilon>0$，都有 $\lim\limits_{n\to\infty}P\{|\hat{\theta}-\theta|<\varepsilon\}=1$. 则称 $\hat{\theta}$ 是参数 θ 的一致估计量（或相合估计量）.

判断估计量的一致性一般用切比晓夫不等式或大数定律.

有关估计量的评价标准的结论：

（1）不管总体服从什么分布，样本均值 $\overline{X}$ 总是总体均值 EX 的无偏估计量；样本方差 $S^2=\dfrac{1}{n-1}\sum\limits_{i=1}^{n}(X_i-\overline{X})^2$ 总是总体方差 DX 的无偏估计量.

（2）样本的 k 阶原点矩总是总体的 k 阶原点矩的无偏估计量.

（3）若 $\hat{\theta}$ 是参数 θ 的无偏估计量，且 $D\hat{\theta}\to0$（当 $n\to\infty$），则 $\hat{\theta}$ 是参数 θ 的一致估计量.

二、区间估计

1. 置信区间

设 θ 为总体分布的未知参数，$X_1,X_2,\cdots,X_n$ 是来自总体 X 的样本. 若存在两个统计量 $\hat{\theta}_1=\hat{\theta}_1(X_1,X_2,\cdots,X_n)$ 和 $\hat{\theta}_2=\hat{\theta}_2(X_1,X_2,\cdots,X_n)$，使得对于给定的 $\alpha(0<\alpha<1)$，有

$$P\{\hat{\theta}_1\leqslant\theta\leqslant\hat{\theta}_2\}=1-\alpha$$

则称 $[\hat{\theta}_1,\hat{\theta}_2]$ 为参数 θ 的置信度为 $1-\alpha$ 的置信区间，$\hat{\theta}_1$ 和 $\hat{\theta}_2$ 分别称为置信下限和置信上限.

2. 正态总体参数的置信区间

正态总体参数的置信区间见表 6-1 和表 6-2.

表 6-1　　　　　　　　　单正态总体参数的区间估计表

待估参数	条　件	枢轴量及其分布	置信区间（置信度为 $1-\alpha$）
均值 μ	已知方差 $\sigma^2=\sigma_0^2$	$\dfrac{\overline{X}-\mu}{\sigma_0/\sqrt{n}}\sim N(0,1)$	$\left[\overline{X}\pm u_{\alpha/2}\cdot\dfrac{\sigma_0}{\sqrt{n}}\right]$
	方差 σ^2 未知	$\dfrac{\overline{X}-\mu}{S/\sqrt{n}}\sim t(n-1)$	$\left[\overline{X}\pm t_{\alpha/2}(n-1)\cdot\dfrac{S}{\sqrt{n}}\right]$
方差 σ^2	已知均值 $\mu=\mu_0$	$\dfrac{\sum\limits_{i=1}^{n}(X_i-\mu_0)^2}{\sigma^2}\sim\chi^2(n)$	$\left[\dfrac{\sum\limits_{i=1}^{n}(X_i-\mu_0)^2}{x_{\alpha/2}^2(n)},\dfrac{\sum\limits_{i=1}^{n}(X_i-\mu_0)^2}{x_{1-\alpha/2}^2(n)}\right]$
	均值 μ 未知	$\dfrac{\sum\limits_{i=1}^{n}(X_i-\overline{X})^2}{\sigma^2}\sim\chi^2(n-1)$	$\left[\dfrac{\sum\limits_{i=1}^{n}(X_i-\overline{X})^2}{x_{\alpha/2}^2(n-1)},\dfrac{\sum\limits_{i=1}^{n}(X_i-\overline{X})^2}{x_{1-\alpha/2}^2(n-1)}\right]$

表 6-2　　　　　　双正态总体的均值差、方差比的区间估计表

待估参数	条　件	枢轴量及其分布	置信区间（置信度为 $1-\alpha$）
$\mu_1-\mu_2$	σ_1^2，σ_2^2 均已知	$\dfrac{\overline{X}-\overline{Y}-(\mu_1-\mu_2)}{\sqrt{\dfrac{\sigma_1^2}{m}+\dfrac{\sigma_2^2}{n}}}\sim N(0,1)$	$\left[\overline{X}-\overline{Y}\pm u_{\alpha/2}\cdot\sqrt{\dfrac{\sigma_1^2}{m}+\dfrac{\sigma_2^2}{n}}\right]$
	σ_1^2，σ_2^2 未知 但相等	$\dfrac{\overline{X}-\overline{Y}-(\mu_1-\mu_2)}{S_w\cdot\sqrt{\dfrac{1}{m}+\dfrac{1}{n}}}\sim t(m+n-2)$	$\left[\overline{X}-\overline{Y}\pm t_{\alpha/2}S_w\sqrt{\dfrac{1}{m}+\dfrac{1}{n}}\right]$
$\dfrac{\sigma_1^2}{\sigma_2^2}$	μ_1，μ_2 均已知	$\dfrac{n\sum\limits_{i=1}^{m}(X_i-\mu_1)^2}{m\sum\limits_{i=1}^{n}(Y_i-\mu_2)^2}\cdot\dfrac{\sigma_2^2}{\sigma_1^2}\sim F(m,n)$	$\left[\begin{array}{l}AF_{1-\alpha/2}(m,n),\\ AF_{\alpha/2}(m,n)\end{array}\right]$
	μ_1，μ_2 均未知	$\dfrac{S_1^2}{S_2^2}\cdot\dfrac{\sigma_2^2}{\sigma_1^2}\sim F(m-1,n-1)$	$\left[\dfrac{S_1^2}{S_2^2}F_{1-\alpha/2}(n-1,m-1),\right.$ $\left.\dfrac{S_1^2}{S_2^2}F_{\alpha/2}(n-1,m-1)\right]$

在表 6-2 中，$S_1^2 = \dfrac{1}{m-1}\sum\limits_{i=1}^{m}(X_i-\overline{X})^2$; $S_2^2 = \dfrac{1}{n-1}\sum\limits_{i=1}^{n}(Y_i-\overline{Y})^2$;

$$S_w^2 = \frac{(m-1)S_1^2 + (n-1)S_2^2}{m+n-2}; A = \frac{m\sum\limits_{i=1}^{m}(Y_i-\mu_2)^2}{n\sum\limits_{i=1}^{m}(X_i-\mu_1)^2}.$$

求置信区间的关键是如何选择合适的枢轴量. 一般地,应遵循以下原则:

(1) 一定要包含待估参数.

(2) 不能包含未知非待估参数.

(3) 尽可能包含已知参数.

(4) 已知枢轴量的分布.

3. $(0\sim1)-p$ 分布的参数 p 的区间估计

假设总体 $X\sim(0\sim1)-p$,即 X 的分布列为

$$P\{X=x\} = p^x(1-p)^{1-x} \quad (x=0,1).$$

其中 p 为未知参数. 从总体 X 中抽取容量 $n>50$ 的样本 $X_1,X_2,\cdots,X_n$, 下面求参数 p 的置信度为 $1-\alpha$ 的置信区间.

根据中心极限定理知,当 n 很大时,下列枢轴量

$$\frac{\sum\limits_{i=1}^{n}X_i - np}{\sqrt{np(1-p)}} = \frac{n\overline{X} - np}{\sqrt{np(1-p)}}.$$

近似服从 $N(0,1)$ 分布,于是

$$P\left\{-u_{\alpha/2} < \frac{n\overline{X}-np}{\sqrt{np(1-p)}} < u_{\alpha/2}\right\} = 1-\alpha.$$

上式等价于

$$P\{(n+u_{\alpha/2}^2)p^2 - (2n\overline{X}+u_{\alpha/2}^2)p + n\overline{X}^2 < 0\} = 1-\alpha.$$

记

$$p_1 = \frac{1}{2a}(-b-\sqrt{b^2-4ac}), p_2 = \frac{1}{2a}(-b+\sqrt{b^2-4ac}),$$

这里 $a=n+u_{\alpha/2}^2, b=-(2n\overline{X}+u_{\alpha/2}^2), c=n\overline{X}^2$,于是有

$$P\{p_1 < p < p_2\} = 1-\alpha$$

即得到参数 p 的近似的、置信度为 $1-\alpha$ 的置信区间为 (p_1, p_2).

4. 单侧置信区间

设 θ 为总体分布的未知参数,$X_1,X_2,\cdots,X_n$ 是来自总体 X 的样本.

(1) 若存在统计量 $\hat{\theta}_2 = \hat{\theta}_2(X_1X_2,\cdots,X_n)$,使得对于给定的 $\alpha(0<\alpha<1)$,有

$$P\{\theta > \hat{\theta}_1\} = 1 - \alpha$$

成立,则称$(\hat{\theta}_1, +\infty)$为参数$\theta$的置信度为$1-\alpha$的单侧置信区间,$\hat{\theta}_1$称为单侧置信下限.

(2) 若存在统计量$\hat{\theta}_2 = \hat{\theta}_2(X_1, X_2, \cdots, X_n)$,使得对于给定的$\alpha(0 < \alpha < 1)$,有 $P\{\theta < \hat{\theta}_2\} = 1 - \alpha$ 成立,则称$(-\infty, \hat{\theta}_2)$为参数$\theta$的置信度为$1-\alpha$的单侧置信区间,$\hat{\theta}_2$称为单侧置信上限.

单侧置信区间与双侧置信区间的求法类似,所用的枢轴量也相同,只是所选取的区间不同,具体求法见随后例题.

四、假设检验

1. 显著性检验的基本思想

为了对总体的分布类型或分布中的未知参数作出推断,首先对它提出一个假设 H_0,然后在 H_0 成立的条件下,通过选取恰当的统计量来构造一个小概率事件,若在一次抽样中,这个小概率事件居然发生了,就完全有理由认为 H_0 不成立;否则在没有充分的理由拒绝 H_0 时,就认为 H_0 成立.这就是显著性检验的基本思想.

换句话说,接受 H_0 只是因为拒绝 H_0 的理由不充分.正因如此,如果拒绝了 H_0,我们感到比较可靠;而如果接受了 H_0,我们感到并不可靠.

2. 假设检验的基本步骤

(1) 由实际问题提出原假设 H_0 和备选假设 H_1(H_1 也称作备择假设);

(2) 选取适当的统计量,并在 H_0 成立的条件下确定该统计量的分布;

(3) 根据该统计量服从的分布以及显著性水平 α 确定拒绝域;

(4) 由样本观察值计算统计量的观察值,根据统计量的观察值是否属于拒绝域作出拒绝或接受 H_0 的推断.

3. 假设检验的两类错误

如果 H_0 本来是正确的,但在检验后作出了拒绝 H_0 的推断,这种错误称为第一类错误,简称"弃真"错误;如果 H_0 本来是不正确的,但在检验后作出了接受 H_0 的判断,这种错误称为第二类错误,简称"取伪"错误.

4. 单侧检验与双侧检验

拒绝域在接受域两侧的假设检验称为双侧检验;拒绝域在接受域的单侧的假设检验称为单侧检验.单侧检验又分为左侧检验和右侧检验.读者应重点掌握双侧检验的方法.

5. 单正态总体参数的假设检验（见表 6-3）

表 6-3　　　　　　　　　　　单正态总体参数的假设检验表

条　　件	原假设 H_0	检验统计量	拒绝域
已知方差 $\sigma^2 = \sigma_0^2$	$\mu = \mu_0$	$U = \dfrac{\overline{X} - \mu_0}{\sigma_0/\sqrt{n}} \sim N(0,1)$	$\lvert u \rvert > u_{\alpha/2}$
	$\mu \leqslant \mu_0$		$u > u_\alpha$
	$\mu \geqslant \mu_0$		$u < -u_\alpha$
方差 σ^2 未知	$\mu = \mu_0$	$T = \dfrac{\overline{X} - \mu_0}{S/\sqrt{n}} \sim t(n-1)$	$\lvert t \rvert > t_{\alpha/2}(n-1)$
	$\mu \leqslant \mu_0$		$t > t_\alpha(n-1)$
	$\mu \geqslant \mu_0$		$t < -t_\alpha(n-1)$
已知均值 $\mu = \mu_0$	$\sigma^2 = \sigma_0^2$	$\chi^2 = \dfrac{1}{\sigma_0^2} \sum\limits_{i=1}^{n} (X_i - \mu_0)^2 \sim \chi^2(n)$	$\chi^2 < \chi_{1-\alpha}^2$ 或 $\chi^2 > \chi_{\alpha/2}^2$
	$\sigma^2 \leqslant \sigma_0^2$		$\chi^2 > \chi_\alpha^2$
	$\sigma^2 \geqslant \sigma_0^2$		$\chi^2 < \chi_{1-\alpha}^2$
均值 μ 未知	$\sigma^2 = \sigma_0^2$	$\chi^2 = \dfrac{(n-1)S^2}{\sigma_0^2} \sim x^2(n)$	$\chi^2 < \chi_{1-\alpha/2}^2$ 或 $\chi^2 > \chi_{\alpha/2}^2$
	$\sigma^2 \leqslant \sigma_0^2$		$\chi^2 > \chi_\alpha^2$
	$\sigma^2 \geqslant \sigma_0^2$		$\chi^2 < \chi_{1-\alpha}^2$

6. 双正态总体参数的假设检验（见表 6-4）

表 6-4　　　　　　　　　　　双正态总体参数的假设检验表

条　　件	原假设 H_0	检验统计量	拒绝域
σ_1^2, σ_2^2 均已知	$\mu_1 = \mu_2$	$U = \dfrac{\overline{X} - \overline{Y}}{\sqrt{\dfrac{\sigma_1^2}{m} + \dfrac{\sigma_2^2}{n}}} \sim N(0,1)$	$\lvert u \rvert > u_{\alpha/2}$
	$\mu_1 \leqslant \mu_2$		$u > u_\alpha$
	$\mu_1 \geqslant \mu_2$		$u < -u_\alpha$
σ_1^2, σ_2^2 未知但相等	$\mu_1 = \mu_2$	$T = \dfrac{\overline{X} - \overline{Y}}{S_w \sqrt{\dfrac{1}{m} + \dfrac{1}{n}}} \sim t(m+n-2)$	$\lvert t \rvert > t_{\alpha/2}(m+n-2)$
	$\mu_1 \leqslant \mu_2$		$t > t_\alpha(m+n-2)$
	$\mu_1 \geqslant \mu_2$		$t < -t_\alpha(m+n-2)$
μ_1, μ_2 均已知	$\sigma_1^2 = \sigma_2^2$	$F = \dfrac{n \sum\limits_{i=1}^{m} (X_i - \mu_1)^2}{m \sum\limits_{i=1}^{n} (Y_i - \mu_2)^2} \sim F(m,n)$	$F < F_{1-\alpha/2}$ 或 $F > F_{\alpha/2}$
	$\sigma_1^2 \leqslant \sigma_2^2$		$F > F_\alpha$
	$\sigma_1^2 \geqslant \sigma_2^2$		$F < F_{1-\alpha}$
μ_1, μ_2 均未知	$\sigma_1^2 = \sigma_2^2$	$F = \dfrac{S_1^2}{S_2^2} \sim F(m-1, n-1)$	$x^2 < x_{1-\alpha/2}^2$ 或 $x^2 > x_{\alpha/2}^2$
	$\sigma_1^2 \leqslant \sigma_2^2$		$x^2 > x_\alpha^2$
	$\sigma_1^2 \geqslant \sigma_2^2$		$x^2 < x_{1-\alpha}^2$

在表 6-4 中，$S_1^2 = \dfrac{1}{m-1} \displaystyle\sum_{i=1}^{m} (X_i - \overline{X})^2$；$S_2^2 = \dfrac{1}{n-1} \displaystyle\sum_{i=1}^{n} (Y_i - \overline{Y})^2$；

$$S_w^2 = \frac{(m-1)S_1^2 + (n-1)S_2^2}{m+n-2}.$$

例 6.1　设总体 X 的概率密度为

$$f(x) = \begin{cases} \dfrac{6x(\theta-x)}{\theta^3}, & 0 < x < \theta; \\[2mm] 0, & \text{其他}. \end{cases}$$

$X_1, X_2, \cdots, X_n$ 是来自总体 X 的简单样本.

(1) 求 θ 的矩估计量 $\hat{\theta}$；

(2) 求 $\hat{\theta}$ 的方差 $D\hat{\theta}$；

(3) θ 的矩估计量 $\hat{\theta}$ 是不是 θ 的相合估计量？

解　(1) $EX = \displaystyle\int_{-\infty}^{+\infty} x f(x)\mathrm{d}x = \int_0^\theta \frac{6x^2(\theta-x)}{\theta^3}\mathrm{d}x = \frac{\theta}{2}.$

令 $\dfrac{\theta}{2} = \overline{X}$ 得 $\theta = 2\overline{X}$. 于是求 θ 的矩估计量为 $\hat{\theta} = 2\overline{X}$.

(2) 由于

$$EX^2 = \int_{-\infty}^{+\infty} x^2 f(x)\mathrm{d}x = \int_0^\theta \frac{6x^3(\theta-x)}{\theta^3}\mathrm{d}x = \frac{6\theta^2}{20}.$$

$$DX = EX^2 - (EX)^2 = \frac{6\theta^2}{20} - \left(\frac{\theta}{2}\right)^2 = \frac{\theta^2}{20}.$$

所以 $\hat{\theta} = 2\overline{X}$ 的方差为

$$D\hat{\theta} = 4D\overline{X} = 4 \times \frac{DX}{n} = \frac{\theta^2}{5n}.$$

(3) $E\hat{\theta} = 2E\overline{X} = 2EX = \theta$；$D\hat{\theta} = \dfrac{\theta^2}{5n}.$

由切比晓夫不等式，对于任意的 $\varepsilon > 0$，有

$$P\{|\hat{\theta} - \theta| < \varepsilon\} \geqslant 1 - \frac{D\hat{\theta}}{\varepsilon^2} = 1 - \frac{\theta^2}{5n\varepsilon^2},$$

上式两端取极限，即得

$$\lim_{n \to \infty} P\{|\hat{\theta} - \theta| < \varepsilon\} \geqslant 1\,(\text{只能等于 } 1).$$

即 $\hat{\theta} = 2\overline{X}$ 是 θ 的相合估计量.

例 6.2　设总体的概率密度为 $f(x) = \begin{cases} 2\mathrm{e}^{-2(x-\theta)}, & x > \theta; \\ 0, & x \leqslant \theta; \end{cases}$ $X_1, X_2, \cdots, X_n$ 是

来自总体 X 的简单样本,记 $\hat{\theta}=\min(X_1,X_2,\cdots,X_n)$.

(1) 求总体 X 的分布函数 $F(x)$;

(2) 求统计量 $\hat{\theta}$ 的分布函数 $G(x)$;

(3) 如果用 $\hat{\theta}$ 作为 θ 的估计量,讨论它的无偏性.

解　(1) $F(x)=\displaystyle\int_{-\infty}^{x}f(x)\mathrm{d}x=\begin{cases}1-\mathrm{e}^{-2(x-\theta)}, & x\geqslant\theta,\\ 0, & x<\theta;\end{cases}$

(2) $G(x)=1-[1-F(x)]^n=\begin{cases}1-\mathrm{e}^{-2n(x-\theta)}, & x\geqslant\theta,\\ 0, & x<\theta;\end{cases}$

(3) $\hat{\theta}$ 的概率密度为

$$g(x)=G'(x)=\begin{cases}2n\mathrm{e}^{-2n(x-\theta)}, & x\geqslant\theta,\\ 0, & x<\theta;\end{cases}$$

因为

$$E\hat{\theta}=\int_{\theta}^{+\infty}2nx\mathrm{e}^{-2n(x-\theta)}\mathrm{d}x=\theta+\frac{1}{2n}\neq\theta.$$

所以 $\hat{\theta}$ 不是 θ 的无偏估计量.

例 6.3　设总体 X 的概率分布为

X	0	1	2	3
P	θ^2	$2\theta(1-\theta)$	θ^2	$1-2\theta$

其中 $0<\theta<\dfrac{1}{2}$ 是未知参数. 利用总体 X 的如下样本值

$$3,\ 1,\ 3,\ 0,\ 3,\ 1,\ 2,\ 3$$

求 θ 的矩估计值和极大似然估计值.

解　$E\theta=0\times\theta^2+1\times2\theta(1-\theta)+2\theta^2+3(1-2\theta)=3-4\theta.$

由 $3-4\theta=\overline{X}$,得 θ 的矩估计量为 $\hat{\theta}=\dfrac{3-\overline{X}}{4}$. 将样本值代入,得矩估计值

$\hat{\theta}=\dfrac{1}{4}$. 对于给定的样本值,似然函数为 $L(\theta)=4\theta^6(1-\theta)^2(1-2\theta)^4$. 于是

$$\ln L(\theta)=\ln 4+6\ln\theta+2\ln(1-\theta)+4\ln(1-2\theta);$$

$$\frac{\mathrm{d}\ln L(\theta)}{\mathrm{d}\theta}=\frac{6}{\theta}-\frac{2}{1-\theta}-\frac{8}{1-2\theta}=\frac{6-28\theta+24\theta^2}{\theta(1-\theta)(1-2\theta)}.$$

令 $\dfrac{\mathrm{d}\ln L(\theta)}{\mathrm{d}\theta}=0$,解得 $\theta_{1,2}=\dfrac{7\pm\sqrt{13}}{12}$

因为 $\dfrac{7+\sqrt{13}}{12}>\dfrac{1}{2}$ 不合题意,所以 θ 的极大似然估计值为 $\overset{\wedge}{\theta}=\dfrac{7-\sqrt{13}}{12}$.

例 6.4　假设 $0.50,1.25,0.80,2.00$ 是来自总体 X 的简单样本值. 已知 $Y=\ln X\sim N(\mu,1)$.

（1）求 X 的数学期望 EX（记 EX 为 b）；

（2）求 μ 的置信度为 95％但的置信区间；

（3）利用上述结果求 b 的置信度为 95％但的置信区间.

解　（1）Y 的概率密度为

$$f(y)=\frac{1}{\sqrt{2\pi}}\mathrm{e}^{\frac{(y-\mu)^2}{2}},\ -\infty<x<+\infty.$$

于是（令 $t=y-\mu$）得

$$b=EX=E\mathrm{e}^Y=\frac{1}{\sqrt{2\pi}}\int_{-\infty}^{+\infty}\mathrm{e}^y\cdot\mathrm{e}^{\frac{(y-\mu)^2}{2}}\mathrm{d}y=\mathrm{e}^{\mu+\frac{1}{2}}\cdot\int_{-\infty}^{+\infty}\frac{1}{\sqrt{2\pi}}\mathrm{e}^{-\frac{1}{2}(t-1)^2}\mathrm{d}t=\mathrm{e}^{\mu+\frac{1}{2}}.$$

（2）由于 $0.50,1.25,0.80,2.00$ 是来自总体 X 的简单样本值,故

$$\ln 0.50,\ln 1.25,\ln 0.80,\ln 2.00$$

是来自总体 $Y=\ln X\sim N(\mu,1)$ 的简单样本值. 这就转化为求已知方差的正态总体的均值的置信区间问题. 由 $\dfrac{\overline{Y}-\mu}{\sigma_0/\sqrt{n}}\sim N(0,1)$ 得

$$P\left\{-u_{\alpha/2}<\frac{\overline{Y}-\mu}{\sigma_0/\sqrt{n}}<u_{\alpha/2}\right\}=1-\alpha,$$

即

$$P\left\{\overline{Y}-u_{\alpha/2}\cdot\frac{\sigma_0}{\sqrt{n}}<\mu<\overline{Y}+u_{\alpha/2}\cdot\frac{\sigma_0}{\sqrt{n}}\right\}=1-\alpha.$$

这里,$\sigma_0=1,n=4,\alpha=0.05,u_{\alpha/2}=u_{0.025}=1.96$,

$$\overline{y}=\frac{1}{4}(\ln 0.50+\ln 1.25+\ln 0.80+\ln 2.00)=0.$$

经计算,得 $P\{-0.98<\mu<0.98\}=0.95$.

于是,$(-0.98,0.98)$ 即 μ 的置信度为 95％的置信区间.

（3）由于

$$0.95=P\{-0.98<\mu<0.98\}=P\left\{-0.48<\mu+\frac{1}{2}<1.48\right\}$$

$$=P\{\mathrm{e}^{-0.48}<b=\mathrm{e}^{\mu+\frac{1}{2}}<\mathrm{e}^{1.48}\}.$$

故 b 的置信度为 95％的置信区间为 $(\mathrm{e}^{-0.48},\mathrm{e}^{1.48})$.

例 6.5　设总体 $X\sim N(\mu,\sigma^2)$,其中 μ 已知而 $\sigma^2>0$ 未知,$X_1,X_2,\cdots,X_n$ 是来自总体 X 的简单样本$(n>1)$,考虑 σ^2 的两个估计量：

$$\hat{\sigma}_1^2 = S^2 = \frac{1}{n-1} \sum_{i=1}^{n} (X_i - \overline{X})^2 ; \hat{\sigma}_2^2 = \frac{1}{n} \sum_{i=1}^{n} (X_i - \mu)^2.$$

试讨论它们的无偏性、有效性和相合性.

解　因为

$$E\hat{\sigma}_1^2 = ES^2 = \sigma^2 ; \ E\hat{\sigma}_2^2 = \frac{1}{n} \sum_{i=1}^{n} E(X_i - \mu)^2 = \frac{1}{n} \sum_{i=1}^{n} DX_i = \sigma^2.$$

所以它们都是 σ^2 的无偏估计量.

下面讨论有效性,即比较它们的方差.

由于

$$\frac{(n-1)S^2}{\sigma^2} \sim \chi^2(n-1) ; \frac{1}{\sigma^2} \sum_{i=1}^{n} (X_i - \mu)^2 \sim \chi^2(n).$$

所以

$$D\left[\frac{(n-1)S^2}{\sigma^2}\right] = 2(n-1) ; D\left[\frac{1}{\sigma^2} \sum_{i=1}^{n} (X_i - \mu)^2\right] = 2n.$$

从而

$$D\hat{\sigma}_1^2 = DS^2 = \left(\frac{\sigma^2}{n-1}\right)^2 \cdot 2(n-1) = \frac{2\sigma^4}{n-1}.$$

$$D\hat{\sigma}_2^2 = \left(\frac{\sigma^2}{n}\right)^2 D\left[\frac{1}{\sigma^2} \sum_{i=1}^{n} (X_i - \mu)^2\right] = \frac{2\sigma^4}{n}.$$

显然 $D\hat{\sigma}_1^2 > D\hat{\sigma}_2^2$,故 $\hat{\sigma}_2^2$ 比 $\hat{\sigma}_1^2$ 有效.

下面讨论 $\hat{\sigma}_1^2 = S^2 = \frac{1}{n-1} \sum_{i=1}^{n} (X_i - \overline{X})^2$ 的相合性.

由切比晓夫不等式,对于任意的 $\varepsilon > 0$,有

$$P\{|S^2 - \sigma^2| < \varepsilon\} \geqslant 1 - \frac{DS^2}{\varepsilon^2} = 1 - \frac{2\sigma^4}{(n-1)\varepsilon^2}.$$

上式两端取极限,得

$$\lim_{n \to \infty} P\{|S^2 - \sigma^2| < \varepsilon\} \geqslant 1 (只能等于 1).$$

从而 $\hat{\sigma}_1^2 = S^2 = \frac{1}{n-1} \sum_{i=1}^{n} (X_i - \overline{X})^2$ 是 σ^2 的相合估计量.

同理,$\hat{\sigma}_2^2 = \frac{1}{n} \sum_{i=1}^{n} (X_i - \mu)^2$ 也是 σ^2 的相合估计量.

一般地,只要 $\hat{\theta}$ 是 θ 的无偏估计量,并且,$\lim_{n \to \infty} D\hat{\theta} = 0$,则根据切比晓夫不等式,$\hat{\theta}$ 就一定是 θ 的相合估计量.

例 6.6　设总体 X 服从 $[0, \theta]$ 上的均匀分布,$\theta > 0$ 是未知参数,$X_1, X_2, \cdots,$

X_n 是来自总体 X 的简单样本,$x_1,x_2,\cdots,x_n$ 是样本值,试求 θ 的最大似然估计量,并讨论该估计量的无偏性和相合性.

解 首先求最大似然估计量.似然函数为

$$L(x_1,x_2,\cdots,x_n;\theta)=\frac{1}{\theta^n}.$$

因为 $\dfrac{\mathrm{d}L(\theta)}{\mathrm{d}\theta}=-\dfrac{n}{\theta^{n+1}}<0$,显然无法从 $\dfrac{\mathrm{d}L(\theta)}{\mathrm{d}\theta}=0$ 求得最大似然估计量.这时应考虑最大似然法的基本思想.欲使 $L(\theta)$ 最大,θ 应尽量小,但它又不能太小,因为它必须满足 $\theta>x_i(i=1,2,\cdots,n)$.即只能小到样本值的最大值 $\hat{\theta}=\max(x_1x_2,\cdots,x_n)$.于是 $\hat{\theta}=\max(X_1,X_2,\cdots,X_n)$ 是 θ 的最大似然估计量.

下面考虑无偏性.

设总体 X 的分布函数为 $F(x)$,$\hat{\theta}=\max(X_1,X_2,\cdots,X_n)$ 的分布函数和概率密度分别为 $G(x)$ 和 $g(x)$,则

$$F(x)=\begin{cases}0, & x<0;\\ \dfrac{x}{\theta}, & 0\leqslant x\leqslant\theta;\\ 1, & x>\theta;\end{cases}\quad G(x)=F^n(x)=\begin{cases}0, & x<0;\\ \dfrac{x^n}{\theta^n}, & 0\leqslant x\leqslant\theta;\\ 1, & x>\theta.\end{cases}$$

从而

$$g(x)=G'(x)=\begin{cases}\dfrac{nx^{n-1}}{\theta^n}, & 0<x<\theta;\\ 0, & \text{其他}.\end{cases}$$

$$E\hat{\theta}=\int_{-\infty}^{+\infty}xg(x)\mathrm{d}x=\int_0^\theta x\cdot\frac{nx^{n-1}}{\theta^n}\mathrm{d}x=\frac{n}{n+1}\theta\neq\theta.$$

故 $\hat{\theta}=\max(X_1,X_2,\cdots,X_n)$ 不是 θ 的无偏估计量.

但因 $\lim\limits_{n\to\infty}E\hat{\theta}=\lim\limits_{n\to\infty}\dfrac{n}{n+1}\theta=\theta$.所以 $\hat{\theta}=\max(X_1,X_2,\cdots,X_n)$ 是 θ 的渐近无偏估计量.

下面讨论相合性.

对于任意的 $\varepsilon>0$,有

$$P\{|\hat{\theta}-\theta|<\varepsilon\}=G(\theta+\varepsilon)-G(\theta-\varepsilon)=1-\frac{(\theta-\varepsilon)^n}{\theta^n}=1-\left(1-\frac{\varepsilon}{\theta}\right)^n.$$

上式两端取极限,即得 $\lim\limits_{n\to\infty}\{|\hat{\theta}-\theta|<\varepsilon\}=1.$

即 $\hat{\theta}=\max(X_1,X_2,\cdots,X_n)$ 是 θ 的相合估计量.

注意：判断估计量的相合性时，如果该估计量是无偏的，则一般用切比晓夫不等式；而如果该估计量是有偏的，则一般先求出估计量的分布函数，然后验证是否满足相合性的定义．

例 6.7 设总体 X 的概率密度为 $f(x;\theta,\mu)=\begin{cases} \dfrac{1}{\theta}\mathrm{e}^{-\frac{x-\mu}{\theta}}, & x\geqslant\mu; \\ 0, & \text{其他．} \end{cases}$

其中参数 θ 和 μ 均未知，$\theta>0$．$X_1,X_2,\cdots,X_n$ 是总体 X 的样本，试求 θ 和 μ 的矩估计量．

解 令 $\dfrac{x-\mu}{\theta}=t$，则

$$EX=\int_{-\infty}^{+\infty}xf(x;\theta,\mu)\mathrm{d}x=\int_{\mu}^{+\infty}\frac{x}{\theta}\mathrm{e}^{-\frac{x-\mu}{\theta}}\mathrm{d}x=\int_{0}^{+\infty}(\theta\cdot t+\mu)\mathrm{e}^{-t}\mathrm{d}t$$

$$=\theta\cdot\Gamma(2)+\mu\cdot\Gamma(1)=\theta+\mu.$$

$$EX^2=\int_{-\infty}^{+\infty}x^2f(x;\theta,\mu)\mathrm{d}x=\int_{\mu}^{+\infty}\frac{x^2}{\theta}\mathrm{e}^{-\frac{x-\mu}{\theta}}\mathrm{d}x=\int_{0}^{+\infty}(\theta\cdot t+\mu)^2\mathrm{e}^{-t}\mathrm{d}t$$

$$=\theta^2\cdot\Gamma(3)+2\mu\cdot\theta\cdot\Gamma(2)+\mu^2\cdot\Gamma(1)=2\theta^2+2\mu\cdot\theta+\mu^2.$$

$$DX=EX^2-(EX)^2=\theta^2.$$

由 $\begin{cases} EX=\theta+\mu \\ DX=\theta^2 \end{cases}$ 得 $\begin{cases} \theta=\sqrt{DX}; \\ \mu=EX-\sqrt{DX}. \end{cases}$

于是 θ 和 μ 的矩估计量为 $\begin{cases} \hat{\theta}=\sqrt{\dfrac{1}{n}\sum\limits_{i=1}^{n}(X_i-\overline{X})^2}; \\ \hat{\mu}=\overline{X}-\sqrt{\dfrac{1}{n}\sum\limits_{i=1}^{n}(X_i-\overline{X})^2}. \end{cases}$

例 6.8 设总体 X 的概率密度为 $f(x)=\begin{cases} \dfrac{1}{\theta}\mathrm{e}^{-\frac{x}{\theta}}, & x>0; \\ 0, & x\leqslant0. \end{cases}$

参数 $\theta>0$ 未知，$X_1,X_2,\cdots,X_n$ 是来自总体 X 的简单样本．

(1) 求证：$\dfrac{2n\overline{X}}{\theta}\sim x^2(2n)$；(2) 求 θ 的置信度为 $1-\alpha$ 的置信区间．

解 (1) 记 $Y=\dfrac{2X}{\theta}$，由于函数 $y=\dfrac{2x}{\theta}$ 当 $x>0$ 时是单调增函数，且其反函数为 $x=\dfrac{\theta y}{2}$，则 Y 的概率密度为

$$f_Y(y)=\begin{cases} \dfrac{1}{\theta}\mathrm{e}^{-\frac{1}{\theta}\cdot\frac{\theta y}{2}}\dfrac{\theta}{2}, & y>0 \\ 0, & y\leqslant0 \end{cases}=\begin{cases} \dfrac{1}{2}\mathrm{e}^{-\frac{y}{2}}, & y>0; \\ 0, & y\leqslant0. \end{cases}$$

根据 χ^2 分布的概率密度可知　$Y=\dfrac{2X}{\theta}\sim\chi^2(2)$. 即

$$\frac{2X_i}{\theta}\sim\chi^2(2)(i=1,2,\cdots,n).$$

又根据 χ^2 分布的参数可加性,可得

$$\sum_{i=1}^n\frac{2X_i}{\theta}=\frac{2n\overline{X}}{\theta}\sim\chi^2(2n).$$

(2) 由 $\dfrac{2n\overline{X}}{\theta}\sim\chi^2(2n)$,得

$$P\left\{\chi^2_{1-\alpha/2}(2n)<\frac{2n\overline{X}}{\theta}<\chi^2_{\alpha/2}(2n)\right\}=1-\alpha.$$

经不等式变形,得 $P\left\{\dfrac{2n\overline{X}}{\chi^2_{\alpha/2}(2n)}<\theta<\dfrac{2n\overline{X}}{\chi^2_{1-\alpha/2}(2n)}\right\}=1-\alpha.$

于是 $\left(\dfrac{2n\overline{X}}{\chi^2_{\alpha/2}(2n)},\dfrac{2n\overline{X}}{\chi^2_{1-\alpha/2}(2n)}\right)$ 即为所求置信区间.

例 6.9　设总体 X 的均值为 μ,统计量 $\hat{\mu}_1$ 和 $\hat{\mu}_2$ 是参数 μ 的两个无偏估计量,它们的方差分别为 σ_1^2 和 σ_2^2,相关系数为 ρ. 试确定系数 $c_1>0,c_2>0,c_1+c_2=1$,使得 $c_1\hat{\mu}_1+c_2\hat{\mu}_2$ 有最小方差.

解　$D(c_1\hat{\mu}_1+c_2\hat{\mu}_2)=c_1^2\sigma_1^2+c_2^2\sigma_2^2+2c_1c_2\sigma_1\sigma_2\rho$

$$=c_1^2\sigma_1^2+(1-c_1)^2\sigma_2^2+2c_1(1-c_1)\sigma_1\sigma_2\rho.$$

由　$\dfrac{\mathrm{d}[D(c_1\hat{\mu}_1+c_2\hat{\mu}_2)]}{\mathrm{d}c_1}=2\sigma_1^2c_1-2\sigma_2^2(1-c_1)+2\sigma_1\sigma_2\rho(1-c_1)-2\sigma_1\sigma_2\rho c_1$

$$=2[(\sigma_1^2+\sigma_2^2-2\rho\sigma_1\sigma_2)c_1-\sigma_2(\sigma_2-\rho\sigma_1)]=0$$

可得 $c_1=\dfrac{\sigma_2^2-\rho\sigma_1\sigma_2}{\sigma_1^2+\sigma_2^2-2\rho\sigma_1\sigma_2}$.

由于所求 c_1 需满足条件 $0\leqslant c_1\leqslant1$,故需讨论:

(1) 当 $0\leqslant\dfrac{\sigma_2^2-\rho\sigma_1\sigma_2}{\sigma_1^2+\sigma_2^2-2\rho\sigma_1\sigma_2}\leqslant1$ 成立,即 $\rho\leqslant\min\left(\dfrac{\sigma_1}{\sigma_2},\dfrac{\sigma_2}{\sigma_1}\right)$ 时,

$$c_1=\frac{\sigma_2^2-\rho\sigma_1\sigma_2}{\sigma_1^2+\sigma_2^2-2\rho\sigma_1\sigma_2};c_2=1-c_1=\frac{\sigma_1^2-\rho\sigma_1\sigma_2}{\sigma_1^2+\sigma_2^2-2\rho\sigma_1\sigma_2}.$$

(2) 当 $\dfrac{\sigma_2^2-\rho\sigma_1\sigma_2}{\sigma_1^2+\sigma_2^2-2\rho\sigma_1\sigma_2}<0$ 成立,即 $\rho>\dfrac{\sigma_2}{\sigma_1}$ 且 $\sigma_1>\sigma_2$ 时,由于

$$\frac{\mathrm{d}[D(c_1\hat{\mu}_1+c_2\hat{\mu}_2)]}{\mathrm{d}c_1}=2[(\sigma_1^2+\sigma_2^2-2\rho\sigma_1\sigma_2)c_1-\sigma_2(\sigma_2-\rho\sigma_1)]>0,$$

此时 $D(c_1\hat{\mu}_1+c_2\hat{\mu}_2)$ 是 $0 \leqslant c_1 \leqslant 1$ 上的单调增函数,则 $c_1=0,c_2=1$ 时方差最小.

(3) 当 $\dfrac{\sigma_2^2-\rho\sigma_1\sigma_2}{\sigma_1^2+\sigma_2^2-2\rho\sigma_1\sigma_2}>1$ 成立,即 $\rho>\dfrac{\sigma_1}{\sigma_2}$ 且 $\sigma_1<\sigma_2$ 时,由于

$$\frac{\mathrm{d}[D(c_1\hat{\mu}_1+c_2\hat{\mu}_2)]}{\mathrm{d}c_1}=2[(\sigma_1^2+\sigma_2^2-2\rho\sigma_1\sigma_2)c_1-\sigma_2(\sigma_2-\rho\sigma_1)]<0,$$

此时 $D(c_1\hat{\mu}_1+c_2\hat{\mu}_2)$ 是 $0 \leqslant c_1 \leqslant 1$ 上的单调减函数,则 $c_1=1,c=0$ 时方差最小.

例 6.10　设有 k 个事件 $A_1,A_2,\cdots,A_k$,它们两两互不相容,其概率 $p_1,p_2,\cdots,p_k$ 之和为 1. 做 n 次独立重复试验,事件 $A_1,A_2,\cdots,A_k$ 发生的次数分别为 $n_1,n_2,\cdots,n_k$. 试证明事件 $A_i(i=1,2,\cdots,k)$ 发生的频率 n_i/n 为其概率 p_i 的最大似然估计.

证明　似然函数即在 n 次独立重复试验中,事件 $A_1,A_2,\cdots,A_k$ 发生的次数分别为 $n_1,n_2,\cdots,n_k$ 的概率. 从而

$$L=\frac{n!}{n_1!n_2!\cdots n_k!}p_1^{n_1}p_2^{n_2}\cdots p_k^{n_k}=MP_1^{n_1}P_2^{n_2}\cdots P_k^{n_k}.$$

这里 $M=\dfrac{n!}{n_1!n_2!\cdots n_k!}$.

最大似然估计值就是似然函数的最大值点. 这里 $p_1,p_2,\cdots,p_k$ 满足 $p_1+p_2+\cdots+p_k=1$,故只要求出似然函数在 $p_1+p_2+\cdots+p_k=1$ 条件下的最大值点即可.

构造拉格朗日函数

$$L^*=M \cdot p_1^{n_1}p_2^{n_2}\cdots p_k^{n_k}+\lambda(p_1+p_2+\cdots+p_k-1).$$

由

$$\frac{\partial L^*}{\partial p_1}=n_1M \cdot p_1^{n_1-1}p_2^{n_2}\cdots p_k^{n_k}+\lambda=L \cdot \frac{n_1}{p_1}+\lambda=0$$

$$\frac{\partial L^*}{\partial p_2}=n_2M \cdot p_1^{n_1}p_2^{n_2-1}\cdots p_k^{n_k}+\lambda=L \cdot \frac{n_2}{p_2}+\lambda=0$$

······

$$\frac{\partial L^*}{\partial p_i}=n_iM \cdot p_1^{n_1}p_2^{n_2}\cdots p_{i-1}^{n_{i-1}}p_i^{n_i-1}p_{i+1}^{n_{i+1}}\cdots p_k^{n_k}+\lambda=L \cdot \frac{n_i}{p_i}+\lambda=0$$

······

$$\frac{\partial L^*}{\partial p_k}=n_kM \cdot p_1^{n_1}p_2^{n_2}\cdots p_k^{n_k-1}+\lambda=L \cdot \frac{n_k}{p_k}+\lambda=0$$

$$p_1+p_2+\cdots+p_k=1$$

解得 $-\dfrac{L}{\lambda}n=1, p_i=-\dfrac{L}{\lambda}\cdot\dfrac{n_i}{n}(i=1,2,\cdots,k)$.

于是 $\hat{p}_i=\dfrac{n_i}{n}(i=1,2,\cdots,k)$.

例 6.11 设总体 $X\sim N(\mu,\sigma_0^2)$,其中 σ_0 是已知常数.为使 μ 的置信度为 $1-\alpha$ 的置信区间的长度不大于常数 d,样本容量 n 至少多大?

解 由 $\dfrac{\overline{X}-\mu}{\sigma_0/\sqrt{n}}\sim N(0,1)$,知 $P\left\{-u_{\alpha/2}<\dfrac{\overline{X}-\mu}{\sigma_0/\sqrt{n}}<u_{\alpha/2}\right\}=1-\alpha$. 不等式变形,得

置信区间为 $\left(\overline{X}-\dfrac{\sigma_0 u_{\alpha/2}}{\sqrt{n}},\overline{X}+\dfrac{\sigma_0 u_{\alpha/2}}{\sqrt{n}}\right)$.

故置信区间长度为 $\dfrac{2\sigma_0 u_{\alpha/2}}{\sqrt{n}}$. 由 $\dfrac{2\sigma_0 u_{\alpha/2}}{\sqrt{n}}\leqslant d$,解得 $n\geqslant\left(\dfrac{2\sigma_0 u_{\alpha/2}}{d}\right)^2$.

例 6.12 随机抽取某种炮弹 9 发做试验,测得炮口速度的样本标准差为

$$s_9=\sqrt{\frac{1}{9}\sum_{i=1}^9(x_i-\overline{x})^2}=10.5(米/秒),$$

设炮口速度 $X\sim N(\mu,\sigma^2)$,求炮口速度的标准差 σ 的置信度为 $1-\alpha$ 的置信区间 $(\alpha=0.05)$.

解 由 $\dfrac{nS_n^2}{\sigma^2}\sim\chi^2(n-1)$,可得 $P\left\{\chi_{1-\alpha/2}^2(n-1)<\dfrac{nS_n^2}{\sigma^2}<\chi_{\alpha/2}^2(n-1)\right\}=1-\alpha$.

经不等式变形,得

$$P\left\{S_n\sqrt{\frac{n}{\chi_{\alpha/2}^2(n-1)}}<\sigma<S_n\sqrt{\frac{n}{\chi_{1-\alpha/2}^2(n-1)}}\right\}=1-\alpha.$$

于是所求置信区间为 $\left(S_n\sqrt{\dfrac{n}{\chi_{\alpha/2}^2(n-1)}},S_n\sqrt{\dfrac{n}{\chi_{1-\alpha/2}^2(n-1)}}\right)$.

将 $s_n=10.5, n=9, \alpha=0.05, \chi_{0.025}^2(8)=17.535, \chi_{0.975}^2(8)=2.18$ 代入上式,得置信区间:$(7.2,20.42)$.

例 6.13 在 A,B 两个地区种植同一品种的小麦.现抽取了 19 块面积相同的麦田,其中 9 块属于 A 地区,另外 10 块属于 B 地区,测得它们的小麦产量(单位:千克)分别为:

地区 A:100,105,110,125,110,98,105,116,112;

地区 B:101,100,105,115,111,107,106,121,102,92.

设地区 A 的小麦产量 $X\sim N(\mu_1,\sigma^2)$,地区 B 的小麦产量 $Y\sim N(\mu_2,\sigma^2)$,μ_1,μ_2,σ 均未知.试求这两个地区小麦平均产量之差 $\mu_1-\mu_2$ 的置信度为 90% 的置信区间.

解 由 $\dfrac{\overline{X}-\overline{Y}-(\mu_1-\mu_2)}{S_W \cdot \sqrt{\dfrac{1}{m}+\dfrac{1}{n}}} \sim t(m+n-2)$ 得 $\mu_1-\mu_2$ 的置信度为 $1-\alpha$ 的置信

区间为

$$\left[\overline{X}-\overline{Y} \pm t_{\alpha/2} S_W \sqrt{\frac{1}{m}+\frac{1}{n}}\right].$$

这里 $S_W^2 = \dfrac{(m-1)S_1^2+(n-1)S_2^2}{m+n-2}$；$S_1^2 = \dfrac{1}{m-1}\sum\limits_{i=1}^{m}(X_i-\overline{X})^2$；

$$S_2^2 = \frac{1}{n-1}\sum_{i=1}^{n}(Y_i-\overline{Y})^2.$$

由 $\alpha=0.1, m=9, n=10$，查表，得 $t_{0.05}(17)=1.7396$. 按已知数据计算，得

$$\overline{x}=109, \overline{y}=106, s_1^2=\frac{550}{8}, s_2^2=\frac{606}{9}, s_W^2=68, s_W=8.246.$$

将以上数据代入置信区间计算，得 $\mu_1-\mu_2$ 的 90% 但的置信区间为 $(-3.59, 9.59)$.

例 6.14 某钢铁公司的管理人员为比较新旧两个电炉的温度状况，他们抽取了新电炉的 31 个温度数据及旧电炉的 25 个温度数据，并计算得修正的样本方差分别为 $s_1^2=75, s_2^2=100$. 设新电炉的温度 $X \sim N(\mu_1, \sigma_1^2)$，旧电炉的温度 $Y \sim N(\mu_2, \sigma_2^2)$. 试求 σ_1^2/σ_2^2 的置信度为 $1-\alpha$ 的置信区间($\alpha=0.05$).

解 由 $\dfrac{S_1^2}{S_2^2} \cdot \dfrac{\sigma_2^2}{\sigma_1^2} \sim F(m-1, n-1)$ 得 σ_1^2/σ_2^2 的置信度为 $1-\alpha$ 的置信区间为

$$\left[\frac{S_1^2}{S_2^2} \cdot F_{1-\alpha/2}(n-1, m-1), \frac{S_1^2}{S_2^2} \cdot F_{\alpha/2}(n-1, m-1)\right].$$

这里 $\alpha=0.05, m=31, n=25, s_1^2=75, s_2^2=100$. 查表得

$$F_{0.025}(24,30)=2.14, F_{0.975}(24,30)=\frac{1}{F_{0.025}(30,24)}=\frac{1}{2.21}.$$

于是，置信下限为 $\dfrac{75}{100} \times \dfrac{1}{2.21}=0.34$；置信上限为 $\dfrac{75}{100} \times 2.14=1.61$. 所求置信区间为 $(0.34, 1.61)$.

例 6.15 一台机床加工某种零件，按设计要求，零件长度(单位:毫米)应服从 $N(150, 2^2)$ 分布. 今从某一天的产品中抽取 8 个零件，测得长度分别为

$$152.2, 147.0, 150.5, 154.4, 153.6, 155.9, 149.8, 148.6.$$

已知这批产品的方差为 $\sigma^2=2^2$，试问能否认为这一天生产的产品符合设计要求($\alpha=0.05$)?

解 $H_0: \mu=150$；$H_1: \mu \neq 150$.

当 H_0 成立时　$U=\dfrac{\overline{X}-150}{150/\sqrt{8}}\sim N(0,1)$. 拒绝域为 $|u|>u_{a/2}=u_{0.025}=1.96$.

根据样本值算得

$$\overline{x}=151.5,u=\frac{151.5-150}{150/\sqrt{8}}\approx 2.12>1.96.$$

于是,拒绝 H_0,接受 H_1,即不能认为这一天生产的产品符合设计要求.

例 6.16　某炼铁厂铁水的含碳量 X,在正常情况下服从方差为 0.112^2 正态分布. 现操作工艺发生了改变,从改变工艺后的铁水中抽取了 7 炉,测得含碳量数据(单位:千克)为

$$4.421,4.052,4.357,4.394,4.326,4.287,4.683.$$

试问:是否可以认为新工艺炼出的铁水的含量的方差仍为 $0.112^2(\alpha=0.05)$?

解　$H_0:\sigma^2=0.112^2;H_1:\sigma^2\neq 0.112^2$.

当 H_0 成立时

$$\chi^2=\frac{(n-1)S^2}{\sigma^2}=\frac{6S^2}{0.112^2}\sim \chi^2(6).$$

拒绝域为 $(0,\chi_{0.975}^2(6))\bigcup(\chi_{0.025}^2(6),+\infty)$.

经查表得 $\chi_{0.095}^2(6)=1.237,\chi_{0.025}^2(6)=14.449$.

于是拒绝域为 $(0,1.237)\bigcup(14.449,+\infty)$.

根据样本值算得

$$\overline{x}=4.36,6S^2=\sum_{i=1}^{7}(x_i-\overline{x})^2=0.2106.$$

$$\chi^2=\frac{0.2106}{0.112^2}=16.789>14.449.$$

故应拒绝原假设,认为新工艺炼出的铁水的含碳量的方差发生了显著变化.

例 6.17　假设总体 $X\sim N(\mu,\sigma^2)$,方差 σ^2 已知,$X_1,X_2,\cdots,X_n$ 是来自总体 X 的简单样本. 在显著性检验

$$H_0:\mu=\mu_0;H_1:\mu=\mu_1(\mu_0<\mu_1)$$

中,已知检验的否定域为

$$V=\left\{(x_1,x_2,\cdots,x_n):\frac{\overline{X}-\mu_0}{\sigma/\sqrt{n}}>u_\alpha\right\},\alpha=0.05.$$

试计算犯第二类错误的概率 β,要求计算结果用标准正态分布的分布函数 $\Phi(x)$ 表示,并讨论 β 与样本容量 n 的关系.

解　犯第二类错误的概率 β 是指在 $H_1:\mu=\mu_1$ 成立的条件下接受 $H_0:\mu=\mu_0$ 的概率. 即

$$\beta = P\left\{\frac{\overline{X}-\mu_0}{\sigma/\sqrt{n}} \leqslant u_{0.05}\right\} = P\left\{\frac{\overline{X}-\mu_1}{\sigma/\sqrt{n}} + \frac{\mu_1-\mu_0}{\sigma/\sqrt{n}} \leqslant u_{0.05}\right\}$$

$$= P\left\{\frac{\overline{X}-\mu_1}{\sigma/\sqrt{n}} \leqslant u_{0.05} - \frac{\mu-\mu_0}{\sigma/\sqrt{n}}\right\} = \Phi\left(u_{0.05} - \frac{\mu-\mu_0}{\sigma/\sqrt{n}}\right).$$

易见,当 n 增大时, $u_{0.05} - \dfrac{\mu_1-\mu_0}{\sigma/\sqrt{n}}$ 减小,而 $\Phi(x)$ 是单调增函数,从而 $\beta = \Phi\left(u_{0.05} - \dfrac{\mu_1-\mu_0}{\sigma/\sqrt{n}}\right)$ 也减小.

例 6.18 测定某种溶液中的水分含量.它的 10 个测定值给出 $\bar{x}=0.637\%$, $s_n=0.04\%$,设该溶液中的水分含量服从正态分布 $N(\mu,\sigma^2)$.试在显著性水平 $\alpha=0.05$ 下检验假设:

$$H_0: \sigma=0.045\% ; H_1: \sigma<0.045\%.$$

解 在 H_0 成立时, $\dfrac{nS_n^2}{0.045^2} \sim \chi^2(n-1)$,拒绝域为 $(0, \chi^2_{0.95}(n-1))$.这里 $n=10, S_n=0.04\%$.经查表 $\chi^2_{0.95}(9)=3.325$.

由于 $\dfrac{10\times 0.04^2}{0.045^2}=7.9>3.325$,故接受 H_0,即认为 σ 明显小于 0.045.

例 6.19 一辆货车从甲地到乙地有两条行车路线,行车时间分别是 $X \sim N(\mu_2,\sigma_1^2)$ 和 $Y \sim N(\mu_2,\sigma_2{}^2)$.现让一名驾驶员在每条路上跑 50 次,记录其行车时间(单位:分).在线路 A 上有 $\bar{x}=95, s_X=20$;在线路 B 上有 $\bar{y}=76, s_Y=15$.若已知 $\sigma_1^2=\sigma_2^2$,试在显著性水平 $\alpha=0.05$ 下检验两者的均值是否相等.

解 $\qquad\qquad\qquad H_0: \mu_1=\mu_2 ; H_1: \mu_1 \neq \mu_2.$

在 H_0 成立时,由于样本容量 $n=50$ 很大,故可按大样本来计算.此时

$$U = \frac{\overline{X}-\overline{Y}}{\sqrt{\dfrac{S_X^2}{50}+\dfrac{S_Y^2}{50}}} \sim N(0,1); \text{拒绝域为} |u|>u_{0.025}=1.96.$$

将 $\bar{x}=95, s_X=20 ; \bar{y}=76, s_Y=15$.代入计算得

$$u = \frac{95-76}{\sqrt{\dfrac{20^2}{50}+\dfrac{15^2}{50}}}=5.374>1.96.$$

故拒绝 H_0,即认为两者的均值明显不相等.

习题六

一、填空题

1. 设正态总体 X 的方差为 1,根据来自总体 X 的容量为 100 的简单样本,测得样本均值

为 5，则 X 的数学期望的置信度为 95% 但的置信区间是_____.

2. 设 $X_1,X_2,\cdots,X_n$ 是来自总体 $X\sim N(\mu,\sigma^2)$ 的简单样本，其中 μ,σ^2 均未知，记

$$\overline{X}=\frac{1}{n}\sum_{i=1}^{n}X_i,\quad Q^2=\sum_{i=1}^{n}(X_i-\overline{X})^2.$$

则检验 $H_0:\mu=0;H_1:\mu\neq0$ 时采用_____检验法；所用统计量为_____.

3. 设总体 X 的概率密度为 $f(x;\theta)=\begin{cases}e^{-(x-\theta)}, & x>\theta;\\ 0, & x\leqslant\theta;\end{cases}$ $X_1,X_2,\cdots,X_n$ 是来自总体 X 的简单样本，则未知参数 θ 的矩估计量为_____.

4. 总体 $X\sim N(\mu,\sigma^2)$，若 σ^2 已知，总体均值 μ 的置信度为 $1-\alpha$ 的置信区间是 $\left(\overline{X}-\dfrac{\lambda\sigma}{\sqrt{n}},\overline{X}+\dfrac{\lambda\sigma}{\sqrt{n}}\right)$，则 $\lambda=$_____.

5. 设来自总体 $X\sim N(\mu,0.9^2)$ 的容量为 9 的简单样本的均值为 $\overline{x}=5$，则总体均值 μ 的置信度为 95% 但的置信区间是_____.

6. 设 X_1,X_2 是来自总体 $X\sim N(\mu,\sigma^2)$ 的样本，若统计量 $\overset{\wedge}{\mu}=CX_1+\dfrac{1}{1999}X_2$ 是 μ 的无偏估计量，则 $C=$_____.

7. 设 $X_1,X_2,\cdots,X_n$ 是来自总体 $X\sim N(\mu,\sigma^2)$ 的样本，a,b 为常数且 $0<a<b$，则随机区间 $\left[\sum_{i=1}^{n}\dfrac{(X_i-\mu)^2}{b},\sum_{i=1}^{n}\dfrac{(X_i-\mu)^2}{a}\right]$ 的长度 L 的数学期望是_____.

8. 在显著性检验中，若要使犯两类错误的概率同时变小，只有_____.

二、选择题

1. 设 n 个随机变量 $X_1,X_2,\cdots,X_n$ 独立同分布，$DX_1=\sigma^2$. 记 $\overline{X}=\dfrac{1}{n}\sum_{i=1}^{n}X_i$，$S^2=\dfrac{1}{n-1}\sum_{i=1}^{n}(X_i-\overline{X})^2$. 则_____.

(A) S 是 σ 的无偏估计量；　　　　(B) S 是 σ 的最大似然估计量；

(C) S 是 σ 的相合估计量；　　　　(D) S 与 $\overline{X}$ 互相独立.

2. 设总体 $X\sim N(\mu,\sigma^2)$，其中 σ^2 是已知参数. 在显著性检验 $H_0:\mu=\mu_0;H_1:\mu\neq\mu_0$ 中，若在显著性水平 $\alpha=0.05$ 下接受了原假设 H_0，则在 $\alpha=0.01$ 时_____.

(A) 必拒绝 H_0；　　　　　　　　　(B) 必接受 H_0；

(C) 犯第一类错误的概率变大；　　　(D) 犯第二类错误的概率变大.

3. 在假设检验中，H_0 表示原假设，H_1 表示备选假设，则称为犯第二类错误的是_____.

(A) H_1 不真，接受 H_1；　　　　　(B) H_0 不真，接受 H_1；

(C) H_0 不真，接受 H_0；　　　　　(D) H_0 为真，接受 H_1.

4. 设总体 X 的二阶矩存在，$X_1,X_2,\cdots,X_n$ 是总体 X 的样本，S_n^2 是样本的二阶中心矩，则 $E(X^2)$ 的矩估计量是_____.

(A) $\overline{X}$；　　　(B) S_n^2；　　　(C) $\dfrac{n}{n-1}S_n^2$；　　　(D) $\dfrac{1}{n}\sum_{i=1}^{n}X_i^2$.

5. 设 $X_1, X_2, \cdots, X_n$ 是总体 X 的样本,下列矩估计量正确的是_____.

　　(A) 当 $X \sim (0 \sim 1) - p$ 时, $\hat{p} = \overline{X}$;

　　(B) 当 $X \sim U_{[0,\theta]}$ 时, $\hat{\theta} = 2\overline{X}$;

　　(C) 当 $X \sim P(\lambda)$ 时, $\hat{\lambda} = \overline{X}$;

　　(D) 当 $X \sim N(\mu, \sigma^2)$ 时, $\hat{\mu} = \overline{X}, \hat{\sigma}^2 = S_n^2$;

　　(E) 当 $X \sim e(\lambda)$ 时, $\hat{\lambda} = \dfrac{1}{\overline{X}}$.

6. 设 $X_1, X_2, \cdots, X_{50}$ 是总体 $X \sim N(\mu, \sigma^2)$ 的样本,其中 σ^2 未知,则 $S_n^2 = \dfrac{1}{50} \sum\limits_{i=1}^{50} (X_i - \overline{X})^2$ 不是_____.

　　(A) 样本的二阶中心矩;　　　　　　(B) σ^2 的矩估计;

　　(C) σ^2 的极大似然估计;　　　　(D) σ^2 的无偏估计.

7. 设 X_1, X_2, X_3 是总体 X 的样本,则_____不是 EX 的无偏估计.

　　(A) $\dfrac{X_1 + X_2}{2}$;　　　　　　　　(B) $\dfrac{X_2 + 2X_3}{3}$;

　　(C) $\dfrac{X_1 + 3X_3}{4}$;　　　　　　　　(D) $\dfrac{X_1 + X_2 + X_3}{2}$.

8. 设 $X_1, X_2, \cdots, X_{20}$ 是总体 $X \sim N(\mu, \sigma^2)$ 的样本,其中 μ 为已知参数,则下列统计量中_____是 σ^2 的无偏估计.

　　(A) $\dfrac{1}{19} \sum\limits_{i=1}^{19} (X_i - \overline{X})^2$;　　　　(B) $\dfrac{1}{19} \sum\limits_{i=1}^{20} (X_i - \overline{X})^2$;

　　(C) $\dfrac{1}{19} \sum\limits_{i=1}^{19} (X_i - \mu)^2$;　　　　(D) $\dfrac{1}{19} \sum\limits_{i=1}^{20} (X_i - \mu)^2$.

9. 设 $X_1, X_2, \cdots, X_n$ 是总体 X 的样本, $EX = \mu, DX = \sigma^2$, 则_____.

　　(A) $X_i (i = 1, 2, \cdots, n)$ 是 μ 的无偏估计量;

　　(B) $\overline{X}$ 是 μ 的无偏估计量;

　　(C) $X_i^2 (i = 1, 2, \cdots, n)$ 是 σ^2 的无偏估计量;

　　(D) $\overline{X}^2$ 是 σ^2 的无偏估计量.

10. 设 $X_1, X_2, \cdots, X_n$ 是总体 X 的样本, $EX = \mu, DX = \sigma^2$, 则_____是 σ^2 的无偏估计量.

　　(A) 当 μ 已知时, $\dfrac{1}{n} \sum\limits_{i=1}^{n} (X_i - \mu)^2$;

　　(B) 当 μ 已知时, $\dfrac{1}{n-1} \sum\limits_{i=1}^{n} (X_i - \mu)^2$;

　　(C) 当 μ 未知时, $\dfrac{1}{n} \sum\limits_{i=1}^{n} (X_i - \overline{X})^2$;

　　(D) 当 μ 未知时, $\dfrac{1}{n-1} \sum\limits_{i=1}^{n} (X_i - \overline{X})^2$.

11. 设 $X_1, X_2, \cdots, X_n$ 是总体 X 的样本, $EX = \mu$, 则下列统计量中,_____是 μ 最有效的

无偏估计量.

(A) $\dfrac{X_1+X_2}{2}$;　　　　　　　　(B) $\dfrac{1}{n}\sum\limits_{i=1}^{n}X_i\,(n>2)$;

(C) $\dfrac{1}{n}\sum\limits_{i=1}^{n}X_i-\dfrac{X_1+X_2}{n}$;　　　(D) $\max\limits_{1\leqslant i\leqslant n}\{x_i\}$.

12. 对总体 $X\sim N(\mu,\sigma^2)$ 的均值 μ 作区间估计,得到置信度为 95% 的置信区间,其意是指这个区间_____.

(A) 平均含总体 95% 的值;　　　(B) 平均含样本 95% 的值;

(C) 有 95% 的机会含 μ 的值;　　　(D) 有 95% 的机会含样本的值.

13. 设 $X_1,X_2,\cdots,X_n$ 是总体 $X\sim N(\mu,\sigma^2)$ 样本,若 μ,σ^2 均未知,则 μ 的 $100(1-\alpha)$% 但置信区间为_____.

(A) $\left(\overline{X}-u_{\alpha/2}\dfrac{S}{\sqrt{n}},\overline{X}+u_{\alpha/2}\dfrac{S}{\sqrt{n}}\right)$;

(B) $\left(\overline{X}-t_{\alpha/2}(n-1)\dfrac{S}{\sqrt{n}},\overline{X}+t_{\alpha/2}(n-1)\dfrac{S}{\sqrt{n}}\right)$;

(C) $\left(\overline{X}-u_{\alpha/2}\dfrac{\sigma}{\sqrt{n}},\overline{X}+u_{\alpha/2}\dfrac{\sigma}{\sqrt{n}}\right)$;

(D) $\left(\overline{X}-t_{\alpha/2}(n)\dfrac{S}{\sqrt{n}},\overline{X}+t_{\alpha/2}(n)\dfrac{S}{\sqrt{n}}\right)$.

14. 设 $X_1,X_2,\cdots,X_m$ 与 $Y_1,Y_2,\cdots,Y_n$ 分别是来自总体 $X\sim N(\mu_1,\sigma_1^2)$ 和 $Y\sim N(\mu_2,\sigma_2^2)$ 的样本,两总体互相独立且参数 μ_1,μ_2 未知,σ_1^2,σ_2^2 已知,则 $\mu_1-\mu_2$ 的 $100(1-\alpha)$% 但置信区间为_____.

(A) $\left(\overline{X}-\overline{Y}\pm u_{\alpha/2}\sqrt{\dfrac{\sigma_1^2}{m}+\dfrac{\sigma_2^2}{n}}\,\right)$;

(B) $\left(\overline{Y}-\overline{X}\pm u_{\alpha/2}\sqrt{\dfrac{\sigma_1^2}{m}+\dfrac{\sigma_2^2}{n}}\,\right)$;

(C) $\left(\overline{X}-\overline{Y}\pm t_{\alpha/2}(m+n-1)\sqrt{\dfrac{S_1^2}{m}+\dfrac{S_2^2}{n}}\,\right)$;

(D) $\left(\overline{Y}-\overline{X}\pm t_{\alpha/2}(m+n-1)\sqrt{\dfrac{S_1^2}{m}+\dfrac{S_2^2}{n}}\,\right)$.

15. 设 $X_1,X_2,\cdots,X_m$ 与 $Y_1,Y_2,\cdots,Y_n$ 分别是来自总体 $X\sim N(\mu_1,\sigma_1^2)$ 和 $Y\sim N(\mu_2,\sigma_2^2)$ 的样本,且两总体互相独立,记

$$T=\dfrac{\overline{X}-\overline{Y}}{\sqrt{\sum\limits_{i=1}^{m}(X_i-\overline{X})^2+\sum\limits_{i=1}^{n}(Y_i-\overline{Y})^2}}\cdot\sqrt{\dfrac{mn(m+n-2)}{m+n}},$$

则当_____时,$T\sim t(m+n-2)$.

(A) $\mu_1=\mu_2$;　　　　　　　　(B) $\mu_1=\mu_2,\sigma_1^2=\sigma_2^2$;

(C) $\mu_1=\mu_2,\sigma_1^2,\sigma_2^2$ 已知;　　　(D) μ_1,μ_2 已知,$\sigma_1^2=\sigma_2^2$.

16. 为检验某一电话交换台在某一段时间内接收到的呼唤次数是否服从泊松分布,通常

采用_____检验法.

(A) U；　　　(B) χ^2；　　　(C) t；　　　(D) F.

17. 设矿砂中的铜含量 $X \sim N(\mu, \sigma^2)$，其中 μ, σ^2 均未知，从中抽取容量是 5 的样本测得它们的观察值为 $x_1, x_2, \cdots, x_5$，S 是修正的样本标准差，在 $\alpha = 0.01$ 下检验 $\mu = \mu_0$，则取统计量_____.

(A) $U = \dfrac{\overline{X} - \mu_0}{\sigma}$；　　　　　(B) $U = \dfrac{\overline{X} - \mu_0}{\sigma/5}$；

(C) $t = \dfrac{\overline{X} - \mu_0}{S/\sqrt{5}}$；　　　　　(D) $t = \dfrac{\overline{X} - \mu_0}{S/\sqrt{4}}$.

18. 设总体 $X \sim N(\mu, \sigma^2)$，其中 σ^2 已知，从中抽取容量是 n 的样本测得它们的观察值为 $x_1, x_2, \cdots, x_n$，S 是修正的样本标准差，在检验 $H_0 : \mu = \mu_0$ 时，应取统计量_____.

(A) $U = \dfrac{\overline{X} - \mu_0}{\sigma}$；　　　　　(B) $U = \dfrac{\overline{X} - \mu_0}{\sigma/\sqrt{n}}$；

(C) $t = \dfrac{\overline{X} - \mu_0}{\sigma/\sqrt{n-1}}$；　　　　(D) $t = \dfrac{\overline{X} - \mu_0}{S}$.

19. 在假设检验中_____.

(A) 只可能犯第一类错误；

(B) 只可能犯第二类错误；

(C) 既可能犯第一类错误，也可能犯第二类错误；

(D) 既不可能犯第一类错误，也不可能犯第二类错误.

20. 在假设检验中，显著性水平 α 的含义是_____.

(A) 原假设 H_0 成立，经检验被拒绝的概率；

(B) 原假设 H_0 成立，经检验被接受的概率；

(C) 原假设 H_0 不成立，经检验被拒绝的概率；

(D) 原假设 H_0 不成立，经检验被接受的概率.

21. 已知单正态总体 $X \sim N(\mu, \sigma^2)$ 的方差，在显著性水平 α 下检验假设 $H_0 : \mu = \mu_0$ 时，若统计量 $U = \dfrac{\overline{X} - \mu_0}{\sigma/\sqrt{n}}$ 的值满足_____，则拒绝原假设(式子中的分位数是上侧分位数).

(A) $|u| > u_{1-\alpha}$；　　　　　(B) $|u| > u_{1-\alpha/2}$；

(C) $|u| > u_{\alpha}$；　　　　　　(D) $|u| > u_{\alpha/2}$.

22. 通常情况下某种导线的电阻(单位：欧姆)服从正态分布 $N(\mu, 0.005^2)$．今从新工艺生产的电阻中随机抽取 9 根，测得修正的样本标准差为 $s = 0.008$ 欧姆．对于 $\alpha = 0.05$ 能否认为新工艺生产的电阻的标准差仍为 0.005 欧姆，本题应提出的假设为_____.

(A) $H_0 : \sigma^2 = 0.005^2$；$H_1 : \sigma^2 \neq 0.005^2$；

(B) $H_0 : \sigma^2 \geq 0.005^2$；$H_1 : \sigma^2 < 0.005^2$；

(C) $H_0 : \sigma^2 \leq 0.005^2$；$H_1 : \sigma^2 > 0.005^2$；

(D) $H_0 : \sigma^2 = 0.008^2$；$H_1 : \sigma^2 \neq 0.008^2$.

23. 在上题中，如果规定电阻的方差大于 0.005^2 则为不合格品，问这批产品是否合格，应提出的假设为_____.

(A) $H_0 : \sigma^2 = 0.005^2$；$H_1 : \sigma^2 \neq 0.005^2$；

(B) $H_0 : \sigma^2 \geq 0.005^2$；$H_1 : \sigma^2 < 0.005^2$；

(C) $H_0 : \sigma^2 \leq 0.005^2$；$H_1 : \sigma^2 > 0.005^2$；

(D) $H_0 : \sigma^2 = 0.008^2$；$H_1 : \sigma^2 \neq 0.008^2$.

24. 在进行假设检验时，所选取的统计量应_____.

(A) 是样本函数；

(B) 不能包含总体分布中的任何参数；

(C) 可包含总体分布的已知参数；

(D) 其观察值可以由样本值计算出来.

25. 设一批电子元件的寿命服从正态分布，现随机抽取 7 只，测得它们的寿命（单位：小时）为 $x_1, x_2, \cdots, x_7$，要检验这批电子元件的平均寿命是否为 2350 小时，应取统计量_____.

(A) $\dfrac{\overline{X} - 2350}{\sqrt{7}S}$；

(B) $\dfrac{6S^2}{\sigma^2}$；

(C) $\dfrac{\sum\limits_{i=1}^{7} X_i - 2350}{S/\sqrt{7}}$；

(D) $\dfrac{\sum\limits_{i=1}^{7} X_i - 7 \times 2350}{\sqrt{7}S}$.

26. 要检验某自动机床加工的零件直径是否服从正态分布，需要用_____检验法.

(A) U；　　　(B) χ^2；　　　(C) t；　　　(D) F.

27. 在参数的假设检验中，当原假设成立时，下列统计量服从标准正态分布的有_____.

(A) $\dfrac{\overline{X} - \mu_0}{\sigma_0}$；

(B) $\dfrac{1}{\sigma^2} \sum\limits_{i=1}^{n} (X_i - \overline{X})^2$；

(C) $\dfrac{\overline{X} - \overline{Y}}{\sqrt{\dfrac{\sigma_1^2}{m} + \dfrac{\sigma_2^2}{n}}}$；

(D) $\dfrac{\overline{X} - \mu_0}{S/\sqrt{n}}$.

三、计算与证明题

1. 设总体 X 的概率密度为 $f(x) = \begin{cases} (\theta+1)x^\theta, & 0 < x < 1; \\ 0, & \text{其他}; \end{cases}$ 其中 $\theta > -1$ 是未知参数，X_1, $X_2, \cdots, X_n$ 是总体 X 的样本，分别用矩估计法和极大似然估计法求参数 θ 的估计量.

2. 设某次考试的考试成绩服从正态分布，从中随机抽取 36 位考生的成绩，算得平均成绩为 66.5 分，标准差为 15 分。问在显著性水平 $\alpha = 0.05$ 下，是否可认为这次考试全体考生的平均成绩为 70 分？并写出检验过程.

3. 设某种元件的使用寿命 X 的概率密度为 $f(x) = \begin{cases} 2e^{-2(x-\theta)}, & x > \theta; \\ 0, & x \leq \theta; \end{cases}$ 其中 $\theta > 0$ 为未知参数. 又设 $x_1, x_2, \cdots, x_n$ 是 X 的一组样本值，求参数 θ 的最大似然估计值.

4. 设总体 Y 的概率密度为 $f(x; \lambda) = \begin{cases} \lambda \alpha x^{\alpha-1} e^{\lambda x^\alpha}, & x > 0; \\ 0, & x \leq 0; \end{cases}$ 其中 $\lambda > 0$ 是未知参数，$\alpha > 0$ 是

已知参数,试根据 X 的简单样本 $X_1,X_2,\cdots,X_n$ 求参数 λ 的最大似然估计量.

5. 设总体服从 $[0,\theta]$ 上的均匀分布,$\theta>0$ 为未知参数,$X_1,X_2,\cdots,X_n$ 是总体 X 的简单样本,$x_1,x_2,\cdots,x_n$ 是样本值,求 θ 的矩估计量,并讨论该估计量的无偏性和相合性.

6. 设总体 X 服从参数为 (m,p) 的二项分布,m 已知,p 未知.$X_1,X_2,\cdots,X_n$ 为总体 X 的样本,试求:

(1) p 的最大似然估计量和矩估计量;

(2) p 与 q 之比的矩估计量.其中 $q=1-p$.

7. 设总体 $X\sim N(\mu,\sigma^2)$,其中 μ 未知,$\sigma=4.5$.现从总体中抽取容量为 36 的样本,测得样本均值为 $\bar{x}=54.4$,试求 μ 的置信度为 95％但置信区间.

8. 设总体 $X\sim N(\mu,\sigma^2)$,其中 μ 未知,$\sigma^2=4$.$X_1,X_2,\cdots,X_n$ 为总体 X 的样本.试求:

(1) 当 $n=16$ 时,求 μ 的置信度为 $1-\alpha$ 的置信区间的长度 Δ;

(2) n 多大才能使得 μ 的置信度为 90％但的置信区间长度不超过 1?

9. 为考察某大学成年男性的胆固醇水平,抽取了容量为 25 的样本,并测得样本均值 $\bar{x}=186$,修正的样本标准差 $s=12$.假定所讨论的胆固醇水平 $X\sim N(\mu,\sigma^2)$,参数 μ 和 σ^2 均未知,试分别求 μ 和 σ 的置信度为 95％但的置信区间.

10. 设是 X_1,X_2 来自总体 $X\sim N(\mu,1)$ 的样本,试证下列两个统计量:

$$\hat{\mu}_1=\frac{1}{3}X_1+\frac{2}{3}X_2;\hat{\mu}_2=\frac{1}{4}X_1+\frac{3}{4}X_2$$

都是 μ 的无偏估计量,并分析哪一个较有效.

11. 设 $X_1,X_2,\cdots,X_n$ 是总体 X 的简单样本,$x_1,x_2,\cdots,x_n$ 是样本值,求下列总体分布中未知参数的最大似然估计量.

(1) 总体 X 的概率密度为 $f(x;\theta)=\begin{cases}\sqrt{\theta}x^{\sqrt{\theta}-1},&0\leq x\leq 1;\\0,&\text{其他;}\end{cases}$ 其中 $\theta>0$ 未知;

(2) 总体 X 的分布列为 $P\{X=k\}=p(1-p)^{k-1},(k=1,2,\cdots)$,其中 p 未知,$0<p<1$;

(3) 总体 X 的分布列为 $P\{X=1\}=p,P\{x=0\}=1-p$.其中 p 未知,$0<p<1$;

(4) 总体 X 的概率密度为 $f(x;\lambda,\alpha)=\begin{cases}\dfrac{\lambda^\alpha}{\Gamma(\alpha)}x^{\alpha-1}\mathrm{e}^{-\lambda x},&x>0;\\0,&\text{其他;}\end{cases}$ 其中 α 已知,$\lambda>0$ 未知.

12. 某地区去年每个月因交通事故死亡的人数如下:

$$3,2,0,5,4,3,1,0,7,2,0,2.$$

假设每月因交通事故死亡的人数服从参数为 λ 的泊松分布,$\lambda>0$ 未知.试求:

(1) 参数 λ 的最大似然估计值和矩估计值;

(2) $P\{X=0\}$ 的最大似然估计值.

13. 已知某种金属丝的抗断强度 $X\sim N(\mu,20^2)$（单位:千克),今从一批产品中抽取 16 根,测得它们的平均抗断强度 $\bar{x}=281$ 试求未知参数 μ 的置信度为 95％但的置信区间.

14. 某纺织厂生产纺丝.设每缕纺丝所含细纱支数 $X\sim N(\mu,\sigma^2)$,今从生产的纺丝中抽取 15 缕,测得每缕纺丝所含细纱支数的(修正的)标准差 $s=2.1$.试求每缕纺丝所含细纱支数

的均匀度 σ^2 的置信度为 95% 但% 但的置信区间.

15. 为比较甲、乙两种灯泡的寿命(单位:小时)状况,抽取了 10 只甲灯泡和 8 只乙灯泡,测得平均寿命分别为 $\bar{x}=1400$ 和 $\bar{y}=1250$,修正的样本标准差分别为 $s_1=52$ 和 $s_2=64$. 假设两种灯泡的寿命分别服从 $N(\mu_1,\sigma^2)$ 和 $N(\mu_2,\sigma^2)$,其中分布参数均未知. 求两种灯泡的平均寿命之差 $\mu_1-\mu_2$ 的置信度为 95% 但的置信区间.

16. 在上题中,假设两种灯泡的寿命分别服从 $N(\mu_1,\sigma_1^2)$ 和 $N(\mu_2,\sigma_2^2)$,其中分布参数均未知. 求两种灯泡寿命的方差之比 σ_1^2/σ_2^2 的置信度为 95% 但的置信区间.

17. 假设总体 X 服从 $[\theta,\theta+1]$ 上的均匀分布,θ 是未知参数,$X_1,X_2,\cdots,X_n$ 是总体 X 的样本,试求参数 θ 的最大似然估计量,并说明你对这一结果的看法.

18. 设总体 $X\sim N(\mu,9)$,μ 为未知参数,$X_1,X_2,\cdots,X_{25}$ 为总体的样本,在下述检验问题 $H_0:\mu=\mu_0;H_1:\mu\neq\mu_0$ 中,取否定域

$$C=\{(x_1,x_2,\cdots,x_{25}):|\bar{X}-\mu_0|\geqslant\lambda\}.$$

试求常数 λ,使得该检验的显著性水平为 $\alpha=0.05$.

19. 某百货公司的日销售额(单位:万元)服从正态分布,去年的日均销售额为 53.6,方差为 36. 今年随机抽查了 10 个日销售额,分别为

57.2,57.8,58.4,59.3,60.7,71.3,56.4,58.9,47.5,49.5.

根据经验,方差一般不会发生变化,问今年的日均销售额与去年相比有无显著变化($\alpha=0.05$)?

20. 为研究正常成年男女血液红细胞平均数的差别,抽查某地正常成年男子 156 名,女子 74 名,计算得样本平均值(单位:万/毫米³)为:男性 $\bar{x}=465.13$;女性 $\bar{y}=422.16$;修正的样本标准差为:男性 $s_1=54.8$,女性 $s_2=49.2$. 根据经验知,正常成年男性与女性血液红细胞数都服从正态分布,且方差相等. 试检验该地区成年人的红细胞数是否与性别有关($\alpha=0.01$).

21. 在上题中,利用所给数据检验:能否认为男女血液红细胞数的方差相等?

22. 设 $X_1,X_2,\cdots,X_n$ 是总体 $X\sim N(\mu,4)$ 的样本,在显著性水平 α 下检验

$$H_0:\mu=\mu_0;H_1:\mu\neq\mu_0.$$

现取拒绝域为

$$W=\left\{(x_1,x_2,\cdots,x_n)\left|\frac{\sqrt{n}}{2}|\bar{x}|>u_{\alpha/2}\right.\right\}.$$

当实际情况 $\mu=1$ 时,求犯第二类错误的概率.

23. 设总体 X 在 $[a,b]$ 上服从均匀分布,$X_1,X_2,\cdots,X_n$ 是总体 X 的样本,试求未知参数 a,b 的极大似然估计量.

24. 设来自总体 $X\sim N(\mu,16)$ 的容量是 15 的样本均值为 $\bar{x}=14.6$,来自总体 $Y\sim N(\mu_2,9)$ 的容量是 20 的样本均值为 $\bar{y}=13.2$,并且两总体互相独立,试求 $\mu_1-\mu_2$ 的置信度为 90% 但的置信区间.

25. 设某种岩石密度的测量误差 $X\sim N(\mu,\sigma^2)$,取样本值 12 个,得修正的样本方差 $s_n^2=0.04$,试求 σ^2 的置信度为 90% 但的置信区间.

26. 随机地从 A 批导线中抽取 4 根,从 B 批导线中抽取 5 根,测得其电阻(单位:欧姆)为

$$A:0.143,0.142,0.143,0.137;$$
$$B:0.140,0.142,0.136,0.138,0.140.$$

设两批导线的电阻分别服从 $N(\mu_1,\sigma^2)$ 和 $N(\mu_2,\sigma^2)$，且它们互相独立，参数 μ_1,μ_2,σ^2 均未知，试求 $\mu_1-\mu_2$ 的置信度为 95% 但的置信区间.

27. 正态总体 $N(\mu_1,\sigma_1^2)$ 和 $N(\mu_2,\delta_2^2)$ 的分布参数均未知，依次取容量为 25 和 15 的两个样本，测得修正的样本方差依次为 $s_1^2=6.38,s_2^2=5.15$. 试求 σ_1^2/σ_2^2 的置信度为 90% 但的置信区间.

28. 设总体 X 的概率密度为 $f(x;\theta)=\begin{cases}\dfrac{x}{\theta}e^{-\frac{x^2}{2\theta}}, & x>0 \\ 0, & x\leqslant 0\end{cases}$ $(\theta>0);X_1,X_2,\cdots,X_n$ 是总体 X 的样本，试求未知参数 θ 的极大似然估计量 $\hat{\theta}$，并讨论 $\hat{\theta}$ 的无偏性.

29. 设总体 X 的概率密度为 $f(x;\theta)=\begin{cases}\dfrac{\beta^n}{(m-1)!}x^{m-1}e^{-\beta x}, & x>0 \\ 0, & x\leqslant 0;\end{cases}$ 其中 m 是已知正整数，而 $\beta>0$ 未知. $X_1,X_2,\cdots,X_n$ 是总体 X 的样本，试求参数 β 的极大似然估计量与矩估计量.

30. 设总体 X 服从 $[0,\theta]$ 上的均匀分布，$\theta>0$ 是未知参数，$X_1,X_2,\cdots,X_n$ 是来自总体 X 的简单样本，$X_n^*=\max(X_1,X_2,\cdots,X_n)$，试在置信度 $1-\alpha$ 下，利用 $Y=\dfrac{X_n^*}{\theta}$ 求 θ 的形如 $(0,z)$ 的置信区间.

31. 已知某炼铁厂铁水含碳量应服从正态分布 $N(4.55,0.108^2)$，现在测定了 9 炉铁水，其平均含碳量为 4.484，如果估计方差没有变化，可否认为现在生产的铁水的含碳量平均为 $4.55(\alpha=0.05)$？

32. 有两批棉纱，为比较其断裂强度，从中各取一个样本，测得数据如下：
A 批：$m=200,\overline{x}=0.532$ 斤，$s_1=0.218$ 斤
B 批：$n=100,\overline{y}=0.576$ 斤，$s_1=0.176$ 斤
试检验这两批棉纱断裂强度的均值有无显著差异($\alpha=0.05$)？

33. 已知某一实验过程中的温度服从正态分布 $N(\mu,\sigma^2)$，现在测量了温度的 5 个观察值为：

$$1250,1265,1245,1260,1275$$

问是否可以认为 $\mu=1277(\alpha=0.05)$？

34. 某卷烟厂生产甲、乙两种卷烟，分别对它们的尼古丁含量（单位：毫克）作了 6 次测定，得样本观察值为
甲：$25,28,23,26,29,22.$
乙：$28,23,30,25,21,27.$
假设香烟的尼古丁含量均服从正态分布，并且方差相等，试问在显著性水平 $\alpha=0.05$ 下两种香烟的尼古丁含量有无显著差异？

35. 已知维尼纤度在正常情况下服从正态分布 $N(1.405,0.048^2)$. 某日随机抽取了 5 根

维尼纤维,测得其纤度分别为

$$1.32,1.36,1.55,1.40,1.44$$

问这天纤度总体的标准差是否正常($\alpha=0.05$)?

36. 设 $X_1,X_2,\cdots,X_n$ 是来自总体 $X\sim N(\mu,\sigma^2)$ 的样本,在三个统计量

$$S_1^2=\frac{1}{n-1}\sum_{i=1}^{n}(X_i-\overline{X})^2;S_2^2=\frac{1}{n}\sum_{i=1}^{n}(X_i-\overline{X})^2;$$

$$S_3^2=\frac{1}{n+1}\sum_{i=1}^{n}(X_i-\overline{X})^2$$

中:(1) 哪一个是 σ^2 的无偏估计量?(2) 哪一个对 σ^2 的均方误差 $E(S_i^2-\sigma^2)^2$ 最小?

附录一　2007～2016 年全国硕士研究生入学统一考试数学试题(概率统计部分)汇总

一、单项选择题(每小题 4 分)

1. 某人向同一目标独立重复射击,每次射击命中目标的概率为 $p(0 < p < 1)$, 则此人第 4 次射击恰好第 2 次命中目标的概率为(　　).

(A)$3p(1-p)^2$ 　　　　　　　(B)$6p(1-p)^2$

(C)$3p^2(1-p)^2$ 　　　　　　(D)$6p^2(1-p)^2$

2. 设随机变量(X,Y) 服从二维正态分布,且 X,Y 不相关,$f_X(x),f_Y(y)$ 分别表示 X,Y 的概率密度,则在 $Y=y$ 的条件下,X 的密度 $f_{X|Y}(x\mid y)$ 为(　　).

(A)$f_X(x)$ 　　(B)$f_Y(y)$ 　　(C)$f_X(x)f_Y(y)$ 　　(D)$\dfrac{f_X(x)}{f_Y(y)}$

3. 设随机变量 X,Y 独立同分布,且 X 的分布函数为 $F(x)$,则 $Z=\max\{X,Y\}$ 的分布函数为(　　).

(A)$F^2(z)$ 　　　　　　　　(B)$F(x)F(y)$

(C)$1-[1-F(x)]^2$ 　　　　　(D)$[1-F(x)][1-F(y)]$

4. 设随机变量 $X\sim N(0,1),Y\sim N(1,4)$ 且相关系数 $\rho_{XY}=1$,则(　　).

(A)$P\{Y=-2X-1\}=1$ 　　　(B)$P\{Y=2X-1\}=1$

(C)$P\{Y=-2X+1\}=1$ 　　　(D)$3P\{Y=2X+1\}=1$

5. 设随机变量 X 的分布函数为 $F(x)=0.3\Phi(x)+0.7\Phi(\dfrac{x-1}{2})$,其中 $\Phi(x)$ 为标准正态分布的分布函数,则 $EX=$(　　).

(A)0 　　(B)0.3 　　(C)0.7 　　(D)1

6. 设随机变量 X 与 Y 互相独立,且 $X\sim N(0,1),Y$ 的概率分布为 $P\{Y=0\}=P\{Y=1\}=\dfrac{1}{2}$,则随机变量 $Z=XY$ 的分布函数 $F_z(z)$ 的间断点个数为(　　).

(A)0 　　(B)1 　　(C)2 　　(D)3

7. 设随机变量 X 的分布函数为 $F(x) = \begin{cases} 0, & x < 0, \\ \dfrac{1}{2}, & 0 \leqslant x < 1, \\ 1 - e^{-x}, & x \geqslant 1, \end{cases}$ 则 $P(X = 1)$

= (　　).

(A)0　　　　　　(B)$\dfrac{1}{2}$　　　　　(C)$\dfrac{1}{2} - e^{-1}$　　　　(D)$1 - e^{-1}$

8. 设 $f_1(x)$ 是标准正态分布的概率密度函数，$f_2(x)$ 是$[-1,3]$上均匀分布的概率密度函数. 若 $f(x) = \begin{cases} af_1(x), x \leqslant 0, \\ bf_2(x), x > 0, \end{cases}$ $(a > 0, b >))$，则 a,b 满足(　　).

(A)$2a + 3b = 4$　　　　　　(B)$3a + 2b = 4$

(C)$a + b = 1$　　　　　　　(D)$a + b = 2$

9. 设 $F_1(x), F_2(x)$ 为两个分布函数，其相应的概率密度 $f_1(x), f_2(x)$ 为连续函数，则必为概率密度的是(　　).

(A)$f_1(x)f_2(x)$　　　　　　(B)$2f_2(x)F_1(x)$

(C)$f_1(x)F_2(x)$　　　　　　(D)$f_1(x)F_2(x) + f_2(x)F_1(x)$

10. 设 X,Y 互相独立，EX, EY 都存在，记 $U = \max(X,Y), V = \min(X,Y)$，则 $E(UV) = ($　　$)$.

(A)$EU \cdot EV$　　(B)$EX \cdot EY$　　(C)$EU \cdot EY$　　(D)$EX \cdot EV$

11. 设总体 X 服从参数是 $\lambda > 0$ 的泊松分布，$X_1, X_2, \cdots, X_n (n \geqslant 2)$ 为来自总体 X 的简单样本，则对于统计量 $T_1 = \dfrac{1}{n}\sum_{i=1}^{n}X_i$，$T_2 = \dfrac{1}{n-1}\sum_{i=1}^{n-1}X_i + \dfrac{1}{n}X_n$，有(　　).

(A)$ET_1 > ET_2, DT_1 > DT_2$　　(B)$ET_1 > ET_2, DT_1 < DT_2$

(C)$ET_1 < ET_2, DT_1 > DT_2$　　(D)$ET_1 < ET_2, DT_1 < DT_2$

12. 将 1 米长的棒随机折成两段，则两段长度的相关系数是(　　).

(A)1　　　　　　(B)$\dfrac{1}{2}$　　　　　(C)$-\dfrac{1}{2}$　　　　(D)-1

13. 设 X,Y 互相独立且都服从$(0,1)$上的均匀分布，则 $P(X^2 + Y^2 \leqslant 1) = ($　　$)$.

(A)$\dfrac{1}{4}$　　　　(B)$\dfrac{1}{2}$　　　　(C)$\dfrac{\pi}{4}$　　　　(D)$\dfrac{\pi}{8}$

14. 设 $X_1, X_2, \cdots, X_n$ 为来自总体 $N(1, \sigma^2)$ 的简单样本，则统计量 $\dfrac{X_1 - X_2}{|X_3 + X_4 - 2|}$ 的分布是(　　).

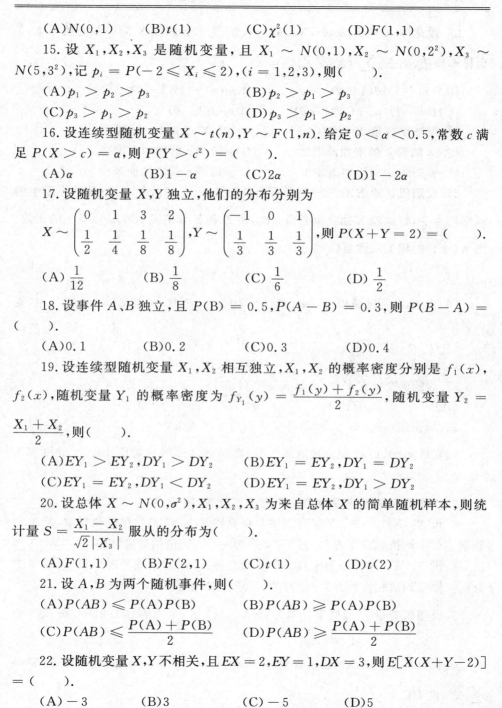

(A)$N(0,1)$　　　(B)$t(1)$　　　　　(C)$\chi^2(1)$　　　　　(D)$F(1,1)$

15. 设 X_1,X_2,X_3 是随机变量,且 $X_1 \sim N(0,1)$,$X_2 \sim N(0,2^2)$,$X_3 \sim N(5,3^2)$,记 $p_i = P(-2 \leqslant X_i \leqslant 2)$,$(i=1,2,3)$,则(　　).

(A)$p_1 > p_2 > p_3$　　　　　　　　(B)$p_2 > p_1 > p_3$

(C)$p_3 > p_1 > p_2$　　　　　　　　(D)$p_3 > p_1 > p_2$

16. 设连续型随机变量 $X \sim t(n)$,$Y \sim F(1,n)$.给定 $0 < \alpha < 0.5$,常数 c 满足 $P(X > c) = \alpha$,则 $P(Y > c^2) = ($　　$)$.

(A)α　　　　　(B)$1-\alpha$　　　　(C)2α　　　　(D)$1-2\alpha$

17. 设随机变量 X,Y 独立,他们的分布分别为

$$X \sim \begin{pmatrix} 0 & 1 & 3 & 2 \\ \frac{1}{2} & \frac{1}{4} & \frac{1}{8} & \frac{1}{8} \end{pmatrix}, Y \sim \begin{pmatrix} -1 & 0 & 1 \\ \frac{1}{3} & \frac{1}{3} & \frac{1}{3} \end{pmatrix}, 则 P(X+Y=2) = ($　　$)$.$$

(A)$\dfrac{1}{12}$　　　(B)$\dfrac{1}{8}$　　　(C)$\dfrac{1}{6}$　　　(D)$\dfrac{1}{2}$

18. 设事件 A、B 独立,且 $P(B) = 0.5$,$P(A-B) = 0.3$,则 $P(B-A) = ($　　$)$.

(A)0.1　　　　(B)0.2　　　　(C)0.3　　　　(D)0.4

19. 设连续型随机变量 X_1,X_2 相互独立,X_1,X_2 的概率密度分别是 $f_1(x)$,$f_2(x)$,随机变量 Y_1 的概率密度为 $f_{Y_1}(y) = \dfrac{f_1(y)+f_2(y)}{2}$,随机变量 $Y_2 = \dfrac{X_1+X_2}{2}$,则(　　).

(A)$EY_1 > EY_2,DY_1 > DY_2$　　　　(B)$EY_1 = EY_2,DY_1 = DY_2$

(C)$EY_1 = EY_2,DY_1 < DY_2$　　　　(D)$EY_1 = EY_2,DY_1 > DY_2$

20. 设总体 $X \sim N(0,\sigma^2)$,X_1,X_2,X_3 为来自总体 X 的简单随机样本,则统计量 $S = \dfrac{X_1-X_2}{\sqrt{2}|X_3|}$ 服从的分布为(　　).

(A)$F(1,1)$　　　(B)$F(2,1)$　　　(C)$t(1)$　　　　(D)$t(2)$

21. 设 A,B 为两个随机事件,则(　　).

(A)$P(AB) \leqslant P(A)P(B)$　　　　(B)$P(AB) \geqslant P(A)P(B)$

(C)$P(AB) \leqslant \dfrac{P(A)+P(B)}{2}$　　　　(D)$P(AB) \geqslant \dfrac{P(A)+P(B)}{2}$

22. 设随机变量 X,Y 不相关,且 $EX = 2$,$EY = 1$,$DX = 3$,则 $E[X(X+Y-2)] = ($　　$)$.

(A)-3　　　　(B)3　　　　(C)-5　　　　(D)5

23. 设总体 $X \sim B(m, \theta)$，$X_1, X_2, \cdots, X_n$ 为来自总体 X 的简单随机样本，$\overline{X}$ 为样本均值，则 $E\left[\sum_{i=1}^{n}(X_i - \overline{X})^2\right] = ($　　$)$.

(A) $(m-1)n\theta(1-\theta)$　　　　(B) $m(n-1)\theta(1-\theta)$

(C) $(m-1)(n-1)\theta(1-\theta)$　　(D) $mn\theta(1-\theta)$

24. 设随机变量 $X \sim N(\mu, \sigma^2)$，记 $p = P\{X \leqslant \mu + \sigma^2\}$，则($　　$).

(A) p 随着 μ 的增加而增加　　　　(B) p 随着 σ 的增加而增加

(C) p 随着 μ 的增加而减少　　　　(D) p 随着 σ 的增加而减少

25. 设随机试验 E 有三种两两不相容的结果 A_1, A_2, A_3，且三种结果发生的概率均为 $\frac{1}{3}$，将试验 E 独立重复做 2 次，用 X 和 Y 分别表示 A_1, A_2 发生的次数，则 X 与 Y 的相关系数是($　　$).

(A) $-\frac{1}{2}$　　　(B) $-\frac{1}{3}$　　　(C) $\frac{1}{2}$　　　(D) $\frac{1}{3}$

26. 设 A, B 为随机事件，$0 < P(A) < 1$，$0 < P(B) < 1$，若 $P(A|B) = 1$，则正确的是($　　$).

(A) $P(\overline{B}|\overline{A}) = 1$　　　　(B) $P(A|\overline{B}) = 0$

(C) $P(A+B) = 1$　　　　(D) $P(B|A) = 1$

27. 设随机变量 X, Y 独立，且 $X \sim N(1, 2)$，$Y \sim N(1, 4)$，则 $D(XY) = ($　　$)$.

(A) 6　　　　(B) 8　　　　(C) 14　　　　(D) 15

二、填空题(每小题 4 分，把答案填在题中横线上)

1. 在区间 $(0,1)$ 中随机地取两个数，则两数之差的绝对值小于 $\frac{1}{2}$ 的概率为

_____.

2. 设随机变量 X 服从参数为 1 的泊松分布，则 $P\{X = EX^2\} =$ _____.

3. 设 $X_1, X_2, \cdots, X_m$ 为来自二项分布总体 $B(n, p)$ 的简单随机样本，$\overline{X}$ 和 S^2 分别为样本均值和样本方差. 若 $\overline{X} + kS^2$ 为 np^2 的无偏估计量，则 $k =$ _____.

4. 设 $X_1, X_2, \cdots, X_m$ 为来自二项分布总体 $B(n, p)$ 的简单随机样本，$\overline{X}$ 和 S^2 分别为样本均值和样本方差. 设若 $T = \overline{X} - S^2$，则 $ET =$ _____.

5. 设随机变量 X 的概率分布为 $P(X = k) = \dfrac{C}{k!}$，$k = 0, 1, 2, \cdots$，则 $EX^2 =$

_____.

6. 设 $X_1, X_2, \cdots, X_n$ 是来自总体 $X \sim N(\mu, \sigma^2)(\sigma > 0)$ 的简单样本，$T = \sum_{i=1}^{n} X_i^2$，则 $ET =$ _____.

7. 设 $(X,Y) \sim N(\mu,\mu;\sigma^2,\sigma^2,0)$, 则 $E(XY^2) =$ _____.

8. 设 A,B,C 是随机事件, A,C 互不相容, $P(AB) = \frac{1}{2}$, $P(C) = \frac{1}{3}$, 则 $P(AB|\bar{C}) =$ _____.

9. 设随机变量 Y 服从参数是 1 的指数分布, $a > 0$, 则 $P(Y \leqslant a+1 | Y > a)$ = _____.

10. 设随机变量 $X \sim N(0,1)$, 则 $E(Xe^{2X}) =$ _____.

11. 设总体 X 的概率密度为 $f(x,\theta) = \begin{cases} \dfrac{2x}{3\theta^2}, & \theta < x < 2\theta, \\ 0, & \text{其他,} \end{cases}$ 其中 $\theta > 0$ 是未知

参数, $X_1,X_2,\cdots,X_n$ 为来自总体 X 的简单随机样本. 若 $E\left(c\sum\limits_{i=1}^{n}X_i^2\right) = \theta^2$, 则 $c =$ _____.

12. 设随机变量 $(X,Y) \sim N(1,0;1,1;0)$, 则 $P(XY - Y < 0) =$ _____.

13. 设 $x_1,x_2,\cdots,x_n$ 为来自总体 $N(\mu,\sigma^2)$ 的简单随机样本, 样本均值 $\bar{x} = 9.5$, 参数 μ 的置信度为 0.95 的双侧置信区间的置信上限为 10.8, 则 μ 的置信度为 0.95 的双侧置信区间为_____.

14. 设袋中有红、白、黑球各一个, 从中有放回的取球, 每次取一个, 直到三种颜色的球都取到为止, 则取球次数恰好为 4 的概率为_____.

三、解答题(每小题 11 分)

1. 设二维随机变量 (X,Y) 的概率密度为
$$f(x,y) = \begin{cases} 2-x-y, & 0 < x < 1, 0 < y < 1, \\ 0, & \text{其他.} \end{cases}$$

(1) 求 $P\{X > 2Y\}$;

(2) 求 $Z = X + Y$ 的概率密度 $f_Z(z)$.

2. 设总体 X 的概率密度为
$$f(x,\theta) = \begin{cases} \dfrac{1}{2\theta}, & 0 < x < \theta, \\ \dfrac{1}{2(1-\theta)}, & \theta \leqslant x < 1, \\ 0, & \text{其他;} \end{cases}$$

其中参数 $\theta(0 < \theta < 1)$ 未知, $X_1,X_2\cdots,X_n$ 是来自总体 X 的简单随机样本, $\bar{X}$ 是样本均值.

(1) 求参数 θ 的矩估计量 $\hat{\theta}$;

(2) 判断 $4\bar{X}^2$ 是否为 θ^2 的无偏估计量, 并说明理由.

3.设随机变量 X 与 Y 独立同分布,且 X 的概率分布为

X	1	2
P	$\dfrac{2}{3}$	$\dfrac{1}{3}$

记 $U = \max\{X,Y\}$,$V = \min\{X,Y\}$.

(1) 求 (U,V) 的概率分布;

(2) 求 (U,V) 的协方差 $\mathrm{cov}(U,V)$.

4.设随机变量 X,Y 互相独立,X 的概率分布为 $P\{X=i\} = \dfrac{1}{3}(i=-1,0,1)$,

Y 的概率密度为 $f_Y(y) = \begin{cases} 1, & 0 \leqslant y < 1, \\ 0, & \text{其他}, \end{cases}$ 记 $Z = X + Y$.

(1) 求 $P\{Z \leqslant \dfrac{1}{2} \mid X = 0\}$;

(2) 求 Z 的概率密度.

5.设 $X_1, X_2, \cdots, X_n$ 是来自总体 $N(\mu, \sigma^2)$ 的简单样本,记 $\overline{X} = \dfrac{1}{n}\sum\limits_{i=1}^{n} X_i$;$S^2$

$= \dfrac{1}{n-1}\sum\limits_{i=1}^{n}(X_i - \overline{X})^2$,$T = \overline{X}^2 - \dfrac{1}{n}S^2$.

(1) 求证 T 是 μ^2 的无偏矩估计量;

(2) 当 $\mu = 0, \sigma = 1$ 时,求 DT.

6.某生产线上产品的合格率为 0.96,不合格品中只有 $\dfrac{3}{4}$ 的产品可以再加工,且再加工的合格率为 0.8,其余均为废品.已知每件合格品可获利 80 元,每件废品亏损 20 元.为保证该企业每天平均利润不低于 2 万元,问该企业每天至少应生产多少产品?

7.袋中有 1 红、2 黑、3 白球.现有放回地取两次,每次取一只.以 X,Y,Z 分别表示两次取球所取得的红、黑、白球个数.

(1) 求 $P\{X = 1 \mid Z = 0\}$;

(2) 求二维随机变量 (X,Y) 的概率分布.

8.设总体 X 的概率密度为 $f(x) = \begin{cases} \lambda^2 x \mathrm{e}^{-\lambda x}, & x > 0, \\ 0, & \text{其他}, \end{cases}$ 其中参数 $\lambda > 0$ 未知,

$X_1, X_2, \cdots, X_n$ 是来自总体 X 的简单样本.

(1) 求 λ 的矩估计量;

(2) 求 λ 的最大似然估计量.

9.设二维随机变量(X,Y)的概率密度为 $f(x,y)=\begin{cases} e^{-x}, & 0<y<x, \\ 0, & \text{其他.} \end{cases}$

(1)求条件概率密度 $f_{Y|X}(y|x)$;

(2)求条件概率 $P\{X\leqslant 1 \mid Y\leqslant 1\}$.

10.设随机变量 X 与 Y 的概率密度为

$$f(x,y)=Ae^{-2x^2+2xy-y^2}, \quad -\infty< x <+\infty, \quad -\infty< y <+\infty,$$

(1)求常数 A;

(2)求条件概率密度 $f_{Y|X}(y|x)$.

11.设总体 X 的概率分布为

X	1	2	3
P_i	$1-\theta$	$\theta-\theta^2$	θ^2

其中 $\theta \in (0,1)$ 未知.以 N_i 表示来自总体 X 的容量是 n 的简单样本中等于 i 的个数($i=1,2,3$),试求常数 a_1,a_2,a_3,使 $T=\sum\limits_{i=1}^{3} a_i N_i$ 为 θ 的无偏估计量,并求 T 的方差.

12.设有 6 个球,其中红、白、黑球个数分别为1,2,3个.现从中随机取出 2 个球,记 X,Y 分别表示取出的红球、白球个数,

(1)求(X,Y)的概率分布;

(2)求 $\text{cov}(X,Y)$.

13.设随机变量 X 与 Y 的概率分布为 $X \sim \begin{pmatrix} 0 & 1 \\ \dfrac{1}{3} & \dfrac{2}{3} \end{pmatrix}$; $Y \sim \begin{pmatrix} -1 & 0 & 1 \\ \dfrac{1}{3} & \dfrac{1}{3} & \dfrac{1}{3} \end{pmatrix}$,

且 $P(X^2=Y^2)=1$.

(1)求(X,Y)的概率分布;

(2)求 $Z=XY$ 的概率分布;

(3)求 X 与 Y 相关系数.

14.设 $X_1,X_2,\cdots,X_n$ 为来自总体 $X \sim N(\mu_0,\sigma^2)$ 的简单样本,其中 μ_0 已知,$\sigma^2 >0$ 未知,$\overline{X}$ 和 S^2 分别是样本均值和样本方差.

(1)求 σ^2 的最大似然估计量 $\hat{\sigma}^2$;

(2)计算 $E\hat{\sigma}^2$ 和 $D\hat{\sigma}^2$.

15.设(X,Y) 在由 $x-y=0,x+y=2,y=0$ 围成的三角形区域 G 上服从均与分布.

(1) 求 X 的概率密度 $f_X(x)$；

(2) 求条件概率密度 $f_{X|Y}(x|y)$.

16. 设二维离散型随机变量的概率分布为

X ＼ Y	0	1	2
0	$\frac{1}{4}$	0	$\frac{1}{4}$
1	0	$\frac{1}{3}$	0
2	$\frac{1}{12}$	0	$\frac{1}{12}$

(1) 求 $P(X = 2Y)$；

(2) 求 $\text{cov}(X - Y, Y)$ 与 ρ_{XY}.

17. 设随机变量 X, Y 互相独立且分别服从正态分布 $N(\mu, \sigma^2)$，$N(\mu, 2\sigma^2)$，其中 $\sigma > 0$ 未知，设 $Z = X - Y$.

(1) 求 Z 的概率密度 $f(z, \sigma^2)$；

(2) 设 $Z_1, Z_2, \cdots, Z_n$ 为来自总体 Z 的简单样本，求 σ^2 的最大似然估计量 $\hat{\sigma}^2$；

(3) 证明 $\hat{\sigma}^2$ 是 σ^2 的无偏估计量.

18. 设 X, Y 互相独立且都服从参数是 1 的指数分布，$U = \max(X, Y)$，$V = \min(X, Y)$.

(1) 求随机变量 V 的概率密度；

(2) 求 $E(U + V)$.

19. 设随机变量 X 的概率密度为 $f(x, \theta) = \begin{cases} \dfrac{x^2}{9}, & 0 < x < 3, \\ 0, & \text{其他}, \end{cases}$

令随机变量 $Y = \begin{cases} 2, & X \leqslant 1; \\ X, & 1 < X < 2; \\ 1, & X \geqslant 2. \end{cases}$

(1) 求 Y 的分布函数 $F_Y(y)$；

(2) 求 $P(X \leqslant Y)$.

20. 总体 X 的概率密度为 $f(x, \theta) = \begin{cases} \dfrac{\theta^2}{x^3} e^{-\frac{\theta}{x}}, & x \geqslant 0, \\ 0, & \text{其他}, \end{cases}$ 其中 $\theta > 0$ 是未知参

数, $X_1, X_2, \cdots, X_n$ 为来自总体 X 的简单随机样本,

(1) 求 θ 的矩估计量;

(2) 求 θ 的最大似然估计量.

21. (X, Y) 是二维随机变量, X 的边缘概率密度为 $f_X(x) = \begin{cases} 3x^2, & 0 < x < 1, \\ 0, & \text{其他,} \end{cases}$ 在给定 $X = x(0 < x < 1)$ 的条件下, Y 的条件概率密度

$$f_{Y|X}(y|x) = \begin{cases} \dfrac{3y^2}{x^3}, & 0 < y < x, \\ 0, & \text{其他.} \end{cases}$$

(1) 求 (X, Y) 的概率密度 $f(x, y)$;

(2) 求 Y 的边缘概率密度 $f_Y(y)$;

(3) 求 $P(X > 2Y)$.

22. 设随机变量 X 的概率分布为 $P(X = 1) = P(X = 2) = \dfrac{1}{2}$. 在给定 $X = i$ 的条件下随机变量 Y 服从均匀分布 $U(0, i)(i = 1, 2)$.

(1) 求 Y 的分布函数 $F_Y(y)$;

(2) 求 EY.

23. 设总体 X 的分布函数为 $F(x, \theta) = \begin{cases} 1 - e^{-\frac{x^2}{\theta}}, & x \geqslant 0, \\ 0, & \text{其他,} \end{cases}$ 其中 $\theta > 0$ 是未知参数, $X_1, X_2, \cdots, X_n$ 为来自总体 X 的简单随机样本,

(1) 求 $EX, E(X^2)$;

(2) 求 θ 的最大似然估计量 $\hat{\theta}_n$;

(3) 是否存在常数 a, 使得对任何 $\varepsilon > 0$, 都有 $\lim\limits_{n \to \infty} P\{|\hat{\theta}_n - a| \geqslant \varepsilon\} = 0$?

24. 设随机变量 X 与 Y 同分布, X 的分布列为 $P(X = 0) = \dfrac{1}{3}$, $P(X = 1) = \dfrac{2}{3}$, 且 X 与 Y 的相关系数为 $\rho_{XY} = \dfrac{1}{2}$.

(1) 求 (X, Y) 的概率分布;

(2) 求 $P(X + Y \leqslant 1)$.

25. 设二维随机变量 X 的概率密度为 $f(x) = \begin{cases} 2^{-x} \ln 2, & x > 0, \\ 0, & x \leqslant 0. \end{cases}$ 对 X 进行独立重复的观测, 直到两个大于 3 的观测值出现时停止. 记 Y 为观测次数.

(1) 求 Y 的概率分布;

（2）求 EY.

26.设总体 X 的概率密度为 $f(x,\theta)=\begin{cases}\dfrac{1}{1-\theta}, & \theta<x<1,\\[2mm]0, & \text{其他},\end{cases}$ 其中 θ 是未知

参数，$X_1,X_2,\cdots,X_n$ 为来自总体 X 的简单随机样本.

（1）求 θ 的矩估计量；

（2）求 θ 的最大似然矩估计量.

27.设二维随机变量 (X,Y) 在区域 $D=\{(x,y)\mid 0<x<1,x^2<y<\sqrt{x}\}$

上服从均匀分布，令 $U=\begin{cases}1, & X\leqslant Y,\\0, & X>Y.\end{cases}$

（1）写出 (X,Y) 的概率密度；

（2）问 U 与 X 是否独立？并说明理由；

（3）求 $Z=U+X$ 的分布函数 $F(z)$.

28.设总体 X 的概率密度为 $f(x,\theta)=\begin{cases}\dfrac{3x^2}{\theta^3}, & 0<x<\theta,\\[2mm]0, & \text{其他},\end{cases}$ 其中 $\theta>0$ 是未

知参数，X_1,X_2,X_3 为来自总体 X 的简单随机样本，令 $T=\max(X_1,X_2,X_3)$.

（1）求 T 的概率密度；

（2）确定常数 a，使得 aT 为 θ 的无偏估计.

附录二　答案与提示

习题一

一、填空题

1. 0. 7.　2. 0. 3.　3. 0. 75.　4. 1/6.　5. $1-p$.　6. 17/25.　7. $\frac{1}{2}+\frac{1}{\pi}$.　8. $\frac{3}{7}$.

9. $\frac{1}{4}$.　10. 72%　11. $\frac{2}{3}$.　12. $\frac{2}{3}$.　13. 0. 6.　14. $\frac{2!\cdot 2!}{7!}=\frac{1}{1260}$.　15. $\frac{5}{8}$.　16. $\frac{2}{3}$.

17. $\frac{1}{5}$.　18. $\frac{11}{24}$.　19. 0.

二、选择题

1. (C)　2. (C)　3. (D)　4. (A)　5. (D)　6. (B)　7. 都不对.　8. (D)　9. (B)　10. (B)
11. (A)　12. (D)　13. (C)　14. (B)　15. (C)　16. (A)　17. (B)　18. (C)　19. (B)　20. (B)
21. (C)　22. (D)　23. (B)　24. (A)　25. (D)　26. (B)　27. (D)　28. (C)　29. (D)　30. (D)
31. (A)　32. (C)　33. (A)　34. (A)　35. (B)　36. (A)　37. (B)　38. (C)　39. (B)(D)
40. (B)(C)(D)　41. (A)(C)(D)　42. (A)　43. (D)　44. (D)　45. (D)　46. (C)　47. (B)

三、计算与证明题

1. $p_k=C_3^k(0.4)^k(0.6)^{3-k}(k=0,1,2,3)$.

2. (1) $\alpha=0.94^n$；

   (2) $\beta=C_n^2(0.94)^{n-2}(0.06)^2$；

   (3) $\theta=1-n\times 0.06\times(0.94)^{n-1}-(0.94)^n$.

3. $p=\frac{19}{36}$；$q=\frac{1}{18}$.

4. $\frac{P_{13}^3}{13^3}=\frac{132}{169}$.

5. (1) $\frac{C_4^0 C_1^1 C_5^2}{C_{10}^3}$；　(2) $\frac{C_4^2 C_1^1 C_5^0}{C_{10}^3}$；　(3) $\frac{C_4^1 C_1^1 C_5^1}{C_{10}^3}$；

6. (1) $\frac{C_2^1 4!}{5!}=\frac{2}{5}$；　　　　　　　　　　(2) $\frac{2!\cdot 3!}{5!}=\frac{1}{10}$；

(3) $\dfrac{2}{5}+\dfrac{2}{5}-\dfrac{1}{10}=\dfrac{7}{10}$;

(4) $\dfrac{2\times4!}{5!}=\dfrac{2}{5}$.

7. (1) $\displaystyle\sum_{k=0}^{3}\dfrac{C_9^k C_3^{3-k}}{C_{12}^3}\cdot\dfrac{C_9^{3-k}}{C_{12}^3}$.

(2) $\dfrac{C_{12}^3}{C_{12}^3}\cdot\dfrac{C_6^3}{C_{12}^3}\Big/\displaystyle\sum_{k=0}^{3}\dfrac{C_9^k C_3^{3-k}}{C_{12}^3}\cdot\dfrac{C_9^{3-k}}{C_{12}^3}$.

8. (1) $P(A)=\dfrac{P_8^3}{P_{10}^3}$(按无放回)或 $P(A)=\dfrac{C_8^3}{C_{10}^3}$(按一次取).

(2) $P(B)=\dfrac{C_9^3+C_9^3-C_8^3}{C_{10}^3}=\dfrac{14}{15}$.

(3) $P(C)=\dfrac{C_9^2-C_8^1}{C_{10}^3}$.

9. 提示：$P\{X>Y\}=P\{X<Y\}$；$P\{X>Y\}+P\{X<Y\}=1$.

10. 提示：$P\{甲正>乙正\}=P\{甲反>乙反\}$，$P\{甲正>乙正\}+P\{甲反>乙反\}=1$，故 $P\{甲正>乙正\}=P\{甲反>乙反\}=0.5$.

11. 提示：$p_1+p_2=1$；

$$p_1-p_2=\sum_{k=0}^{n}C_n^k\ (-p)^k\ (1-p)^{n-k}=(1-2p)^n.$$

12. $p_1=C_3^2 p^2(1-p)+C_3^3 p^3\ (1-p)^0$；

$p_2=C_5^3 p^3\ (1-p)^2+C_5^4 p^4(1-p)+C_5^5 p^5\ (1-p)^0$.

因为 $p_2-p_1=3p^2\ (1-p)^2(2p-1)>0$. 所以五局三胜制对强队更有利.

13. 略.

14. 提示：

$$P(A\cup B\cup C)+P(AB\cup BC\cup AC)=P(A)+P(B)+P(C)-P(ABC).$$

15. 略.

16. 由 $\dfrac{0.1}{0.1+0.9^{n+1}}\geqslant0.7$，得 $n\geqslant29$.

17. $1-\left(\dfrac{5}{9}\right)^n-\left(\dfrac{8}{9}\right)^n+\left(\dfrac{4}{9}\right)^n$.

18. 13/24.

19. 0.458

20. 任取一只被检验为次品的概率为 $0.04\times0.95+0.96\times0.01=0.0476$；能出厂的概率是 $(1-0.0476)^3=0.864$.

21. (1) $\dfrac{1}{10}+\dfrac{9}{10}\cdot\dfrac{1}{9}+\dfrac{9}{10}\cdot\dfrac{8}{9}\cdot\dfrac{1}{8}=\dfrac{3}{10}$；

(2) $\dfrac{1}{5}+\dfrac{4}{5}\cdot\dfrac{1}{4}+\dfrac{4}{5}\cdot\dfrac{3}{4}\cdot\dfrac{1}{3}=\dfrac{3}{5}$.

22. (1) $1-\left(\dfrac{8}{9}\right)^{25}$.

(2) $1-\left(\dfrac{7}{9}\right)^{25}$.

(3) $2\left[1-\left(\dfrac{8}{9}\right)^{25}\right]-\left[1-\left(\dfrac{7}{9}\right)^{25}\right]$.

(4) $C_{25}^3\left(\dfrac{1}{9}\right)^3\left(\dfrac{8}{9}\right)^{22}$.

23. $\dfrac{C_5^1 C_3^1 C_2^1}{C_{10}^3}$.

24. 两两独立但不互相独立.

25. $\dfrac{C_2^1 C_{18}^9}{C_{20}^{10}}$.

26. (1) $\dfrac{2(n-r-1)!(n-2)!}{n!} = \dfrac{2(n-r-1)}{n(n-1)}$;

　(2) $\dfrac{n \cdot (n-2)!}{n!} = \dfrac{1}{n-1}$.

27. $C_{2n-k}^n \left(\dfrac{1}{2}\right)^n \cdot \left(\dfrac{1}{2}\right)^{n-k} = C_{2n-k}^n 2^{k-2n}$.

28. $\left(\dfrac{k}{n}\right)^m - \left(\dfrac{k-1}{n}\right)^m$.

29. (1) 0.008.　(2) 0.6.

30. 0.328.

31. (1) $P(A) = \dfrac{C_n^{2r} \cdot 2^{2r}}{C_{2n}^{2r}}$.　　　(2) $P(B) = \dfrac{C_n^1 \cdot C_{n-1}^{2r-2} \cdot 2^{2r-2}}{C_{2n}^{2r}}$.

　(3) $P(C) = \dfrac{C_n^r}{C_{2n}^{2r}}$.

32. (1) $P(A) = \dfrac{8! \cdot 3!}{10!}$.　　　(2) $P(B) = \dfrac{7! \cdot 4!}{10!}$.

　(3) $P(C) = \dfrac{3!4!5!}{10!}$.　　　(4) $P(D) = P(A) + P(B) - P(C) = \dfrac{2}{21}$.

　(5) $P(E) = \dfrac{2 \times 2 \times 5!}{10!} = \dfrac{1}{7560}$.

33. (1) $P(A) = \dfrac{C_6^1 C_n^3 \cdot 5^{n-3}}{6^n}$.　　　(2) $P(B) = 1 - \left(\dfrac{5}{6}\right)^n - \left(\dfrac{5}{6}\right)^{n-1}$.

　(3) $P(C) = \left(\dfrac{4}{6}\right)^n - \left(\dfrac{3}{6}\right)^n$.

34. 23/50.

35. (1) 0.30.　(2) 0.07.　(3) 0.73.　(4) 0.14.　(5) 0.90.　(6) 0.10.　(7) 0.83.

36. $\dfrac{C_{2n}^n}{C_{2n-1}^n + C_{2n}^n} = \dfrac{2}{3}$.

37. (1) $C_8^5 p^5 q^3$.　(2) 1/56.

38. $\dfrac{7}{8}$.

39. $\dfrac{2}{5}$.

40. (1) $\dfrac{7}{18}$.　(2) 0.01.

41. $\dfrac{C_5^1 C_{10}^2}{C_{15}^3} \cdot \dfrac{C_4^1 C_8^2}{C_{12}^3} \cdot \dfrac{C_3^1 C_6^2}{C_9^3} \cdot \dfrac{C_2^1 C_4^2}{C_6^3} \cdot 1 \approx 0.089$.

42. 由 $1 - (1-p)^n \geqslant q$ 得 $n \geqslant \dfrac{\ln(1-q)}{\ln(1-p)}$.

43. 记 $B=$ "前 $n+m-1$ 次中有 m 次失败", $C=$ "第 $m+n$ 次成功". 则 $A=BC$ 且事件 B 与 C 互相独立. 于是

$$P(A)=P(BC)=P(B)P(C)=C_{n+m-1}^{n-1}p^{n-1}(1-p)^m \cdot p=C_{n+m-1}^{n-1}p^n(1-p)^m.$$

44. 提示: 与黑球出现的次序无关. 答案: $\dfrac{4}{7}$.

45. $\dfrac{(1-2r)^2}{a^2}$.

46. 分析: 记 $B_n=$ "任取 n 次全为红球", $A_k=$ "取到第 k 个匣子", 则所求概率可表示为 $P(B_n)$. 由全概率公式

$$P(B_n)=\sum_{k=0}^{N}P(A_k)P(B_n|A_k)=\sum_{k=0}^{N}\frac{1}{N+1}\left(\frac{k}{N}\right)^n=\frac{1}{(N+1)N^n}\sum_{k=1}^{N}k^n.$$

47. $\dfrac{3}{4}$.

48. (1) $\dfrac{25}{91}$. (2) $\dfrac{6}{91}$. 提示: 将 15 名新生随机地平均分配到三个班级中去的分法总数为 $C_{15}^5C_{10}^5C_5^5=\dfrac{15!}{5!5!5!}$. 每一个班级各分到一名优秀生的分法总数为 $3!\cdot C_{12}^4C_8^4C_4^4=\dfrac{3!12!}{4!4!4!}$. 三名优秀生分在同一个班级的分法总数为 $3\times C_{12}^2C_{10}^5C_5^5=\dfrac{3\times 12!}{2!5!5!}$.

49. $\left(1-\dfrac{1}{2}\right)\left(1-\dfrac{7}{10}\right)\left(1-\dfrac{9}{10}\right)=\dfrac{3}{200}$.

50. $\dfrac{C_4^4C_{48}^9}{C_{52}^{13}}\times 4\approx 0.01056$.

51. (1) $\dfrac{1}{n-1}$. (2) $\dfrac{3!(n-2)!}{n!}=\dfrac{6}{n(n-1)}(n\geqslant 3)$.

　　(3) $\dfrac{(n-1)!}{n!}=\dfrac{1}{n};\dfrac{3!(n-2)!}{n!}=\dfrac{6}{n(n-1)}(n\geqslant 3)$.

52. 当 n 为偶数时, $p=\dfrac{C_{n/2}^2+C_{n/2}^2}{C_n^2}=\dfrac{n-2}{2(n-1)}$.

　　当 n 为奇数时, $p=1-\dfrac{\dfrac{n+1}{2}\times\dfrac{n-1}{2}}{C_n^2}=\dfrac{n-1}{2n}$.

53. $\dfrac{20}{21}$.

习题二

一、填空题

1. 0.8. 　2. 0.9876. 　3. $F(x)=\begin{cases}\dfrac{1}{2}e^x, & x<0;\\[2mm]1-\dfrac{1}{2}e^{-x}, & x\geqslant 0.\end{cases}$ 　4. $\dfrac{1}{4\sqrt{y}}$.

5. $\mu=4$.　6. $f_Y(y)=\begin{cases}0, & y<1; \\ \dfrac{1}{y^2}, & y\geqslant1.\end{cases}$

7. 提示：由 $F\left(\dfrac{\pi}{2}+0\right)=F\left(\dfrac{\pi}{2}\right)$，得 $A=1$；$P\left\{|X|<\dfrac{\pi}{6}\right\}=\dfrac{1}{2}$.

8. $X\sim\begin{pmatrix}-1 & 1 & 3 \\ 0.4 & 0.4 & 0.2\end{pmatrix}$　9. $\dfrac{19}{27}$.　10. $[1,3]$.　11. $c=1$.

12. $\mu=c$.　13. $P\{(X<-1)\cup(X>2)\}=2-\Phi(1)-\Phi(2)$.

14. $\lambda=\dfrac{1}{1+b}$.

15. $P\{X=a\}=F(a)-F(a-0)$；$P\{X<a\}=F(a-0)$.

二、选择题

1. (B)　2. (B)　3. (C)　4. (A)　5. (D)　6. (C)　7. (B)　8. (A)　9. (C)　10. (D)　11. (B)　12. (A)　13. (C)　14. (B)　15. (D)　16. (B)　17. (B)　18. (B)　19. (A)　20. (D)　21. (A)　22. (A)　23. (D)　24. (C)　25. (C)(D)　26. (A)　27. (A)　28. (C)　29. (A)　30. (C)　31. (C)

三、计算与证明题

1. $\dfrac{20}{27}$.　2. $\alpha=1-e^{-1}$.　3. $2\Phi(1)-1=0.682$.

4. (1) $\alpha=0.0642$.　(2) $\beta=0.009$.

5. 略.　6. T 服从参数为 3λ 的指数分布.

7. $f_Y(y)=\dfrac{3}{\pi}\cdot\dfrac{(1-y)^2}{1+(1-y)^6}$.

8. $A=\dfrac{1}{\pi}$，$F(x)=\begin{cases}0, & x<-1; \\ \dfrac{1}{2}+\dfrac{1}{\pi}\arcsin x, & -1\leqslant x<1; \\ 1, & x\geqslant1.\end{cases}$

9. (1) $A=\dfrac{1}{2}$，$B=\dfrac{1}{\pi}$.　(2) $\dfrac{2}{3}$.

(3) $f(x)=\begin{cases}\dfrac{1}{\pi\sqrt{a^2-x^2}}, & |x|<a; \\ 0, & |x|\geqslant a.\end{cases}$

10. 提示：参考例题 2.11.

11. $1-\displaystyle\sum_{i=0}^{1}C_{100}^{i}\left(\dfrac{1}{500}\right)^i\left(\dfrac{499}{500}\right)^{100-i}\approx0.0175$.

12. (1) $P\{X\geqslant2\}=\displaystyle\sum_{k=2}^{20}C_{20}^{k}0.01^k\cdot0.99^{20-k}\approx\sum_{k=2}^{\infty}\dfrac{0.2^k}{k!}e^{-0.2}\approx0.0175$.

(2) $P\{Y\geqslant2\}=\displaystyle\sum_{k=2}^{80}C_{80}^{k}0.01^k\cdot0.99^{80-k}\approx\sum_{k=2}^{\infty}\dfrac{0.8^k}{k!}e^{-0.8}\approx0.0091$.

13. $Y \approx \begin{pmatrix} 1 & 3 & 9 \\ 0.2 & 0.4 & 0.4 \end{pmatrix}$；$F_Y(y) = \begin{cases} 0, & y < 1; \\ 0.2, & 1 \leqslant y < 3; \\ 0.6, & 3 \leqslant y < 9; \\ 1, & y > 9. \end{cases}$

14. (1) $f_X(x) = \begin{cases} \dfrac{1}{\pi} \cdot \dfrac{1}{\sqrt{R^2 - x^2}}, & |x| < R; \\ 0, & \text{其他.} \end{cases}$

　　(2) $f_Y(z) = \begin{cases} \dfrac{2}{\pi} \cdot \dfrac{1}{\sqrt{4R^2 - z^2}}, & 0 \leqslant z < 2R; \\ 0, & \text{其他.} \end{cases}$

提示：设点 $M(X, Y)$ 的圆心角为 θ，则 $\theta \sim U_{[0, 2\pi]}$，且 $X = R\cos\theta$；$Z = 2R\cos\dfrac{\theta}{2}$.

15. $f_Y(y) = \begin{cases} \dfrac{4\sqrt{2y}}{m^{3/2} \alpha^3 \sqrt{\pi}} e^{-\frac{2y}{ma^2}}, & y < 0; \\ 0, & y \leqslant 0. \end{cases}$

16. 提示：$P\{X \leqslant 150\} = \dfrac{1}{3}$；$Y \sim B\left(3, \dfrac{1}{3}\right)$.

17. (1) $\Phi(0.25) + \Phi(1.25) - 1 \approx 0.4931$.

　　(2) $1 - 0.5069^3 \approx 0.8689$.

18. (1) 当 $y < 1$ 时，$F_Y(y) = 0, f_Y(y) = 0$.

　　当 $y \geqslant 1$ 时，$F_Y(y) = 2\Phi\left(\sqrt{\dfrac{y-1}{2}}\right) - 1$.

　　$f_Y(y) = F'_Y(y) = \dfrac{1}{2\sqrt{\pi(y-1)}} e^{-\frac{y-1}{4}} \quad (y > 1)$.

　　(2) 当 $z < 0$ 时，$F_z(z) = 0, f_z(z) = 0$.

　　当 $z \geqslant 0$ 时，$F_z(z) = P\{|X| \leqslant z\} = 2\Phi(z) - 1$；

　　$f_z(z) = F'_z(z) = 2\varphi(z) = \sqrt{\dfrac{2}{\pi}} e^{-\frac{z^2}{2}} \quad (z \geqslant 0)$.

19. 当 X 取自然数时，$Y = \sin\left(\dfrac{\pi}{2} X\right)$ 的所有可能的取值只有 $-1, 0$ 和 1.

　　$P\{Y = 0\} = P\left\{\bigcup_{i=1}^{\infty} \{x = 2i\}\right\} = \sum_{i=1}^{\infty} P\{X = 2i\} = \sum_{i=1}^{\infty} \dfrac{1}{2^{2i}} = \dfrac{1}{3}$；

　　$P\{Y = -1\} = P\left\{\bigcup_{i=1}^{\infty} \{X = 4i-1\}\right\} = \sum_{i=1}^{\infty} P\{X = 4i-1\} = \sum_{i=1}^{\infty} \dfrac{1}{2^{4i-1}} = \dfrac{2}{15}$；

　　$P\{Y = 1\} = P\left\{\bigcup_{i=0}^{\infty} \{X = 4i+1\}\right\} = \sum_{i=0}^{\infty} P\{X = 4i+1\} = \sum_{i=0}^{\infty} \dfrac{1}{2^{4i+1}} = \dfrac{8}{15}$.

20. 当 $x > 0$ 时，$y = \sqrt{\dfrac{x}{n}}$ 单调可微，其反函数是 $x = ny^2$. 用公式法.

　　当 $y < 0$ 时，$F_Y(y) = 0$；$f_Y(y) = 0$.

　　当 $y \geqslant 0$ 时，

$$f_Y(y) = f(ny^2) | (ny^2)' | = \frac{1}{2^{\frac{n}{2}} \Gamma\left(\frac{n}{2}\right)} (ny^2)^{\frac{n}{2}-1} e^{-\frac{ny^2}{2}} \cdot 2ny$$

$$= \frac{2}{\Gamma\left(\frac{n}{2}\right)} \cdot \left(\frac{n}{2}\right)^{\left(\frac{n}{2}\right)} \cdot y^{n-1} \cdot e^{-\frac{ny^2}{2}} \quad (y>0).$$

21. 提示：转化成二重积分后交换积分次序.

22. 略.　23. 略.

24. $P\{0.5 < X < 2\} = P\{\ln 0.5 < \ln X < \ln 2\} = P\left\{\frac{\ln 0.5 - 1}{2} < \frac{\ln X - 1}{2} < \frac{\ln 2 - 1}{2}\right\}$

$$= \Phi\left(\frac{\ln 2 - 1}{2}\right) - \Phi\left(\frac{\ln 0.5 - 1}{2}\right) \approx 0.24.$$

25. $f(y) = \begin{cases} \dfrac{1}{2y}, & e^2 < y < e^4; \\ 0, & \text{其他}. \end{cases}$

26. (1) $(1-0.0025)^{24} \approx 0.94.$

　　(2) 由 $1-(1-0.0025)^n \geqslant 0.9$，并且 n 为自然数，得 $n \geqslant 920.$

27. $F(x) = \begin{cases} 0, & x < 0; \\ \dfrac{x}{2}, & 0 \leqslant x < 1; \\ 1, & x \geqslant 1. \end{cases}$ 它是既非离散又非连续型的随机变量.

28. $f_Y(y) = \begin{cases} \dfrac{2}{\pi\sqrt{1-y^2}}, & 0 < y < 1; \\ 0, & \text{其他}. \end{cases}$

29. $f_Y(y) = \begin{cases} \dfrac{1}{2\sqrt{y+1}}, & -1 < y < 0; \\ 0, & \text{其他}. \end{cases}$

30. $Y_1 \sim \begin{pmatrix} -1 & 0 & 1 \\ 0.3 & 0.4 & 0.3 \end{pmatrix}$; $Y_2 \sim \begin{pmatrix} -2 & 0 & 2 \\ 0.2 & 0.6 & 0.2 \end{pmatrix}$.

31. $Y \sim \begin{pmatrix} -1 & 1 \\ 1/2 & 1/2 \end{pmatrix}$.

32. $c = \dfrac{\lambda^{a+1}}{a\Gamma(a)}.$

33. 提示：考虑 $(1+x)^N = \displaystyle\sum_{k=0}^{N} C_N^k x^k$ 以及

$$(1+x)^M (1+x)^{N-M} = \left(\sum_{i=0}^{M} C_N^k x^k\right) \left(\sum_{j=0}^{N-M} C_{N-M}^j x^j\right).$$

可得

$$\sum_{k=0}^{N} C_N^k x^k = \left(\sum_{i=0}^{M} C_N^k x^k\right) \left(\sum_{j=0}^{N-M} C_{N-M}^j x^j\right).$$

两端 x^n 的系数相等，得

$$C_N^n = \sum_{k=0}^{l} C_N^k C_{N-M}^{n-k}.$$

即

$$\sum_{k=0}^{l} \frac{C_M^k C_{N-M}^{n-k}}{C_N^n} = 1.$$

34. $a=0, b=1, c=-1, d=1$.

35. $X \sim \begin{pmatrix} 1 & 2 & 3 & 4 & 5 & 6 \\ \dfrac{1}{36} & \dfrac{1}{12} & \dfrac{5}{36} & \dfrac{7}{36} & \dfrac{1}{4} & \dfrac{11}{36} \end{pmatrix}$

36. 提示:$Y = 4\tan(\pi - \theta) = -4\tan\theta$.

　　答案:$f_Y(y) = \dfrac{4}{\pi(y^2+16)}(-\infty < y < +\infty)$.

37. 略.

38. 由 $P\{X>90\}=0.0359$,得 $\Phi\left(\dfrac{90-\mu}{\sigma}\right)=P\{X\leqslant 90\}=0.9641$. 查表可得 $\dfrac{90-\mu}{\sigma}=1.8$. 同理可

得$\dfrac{\mu-60}{\sigma}=1.2$. 于是 $\mu=72, \sigma=10$. 已知录用率为 $\dfrac{2500}{10000}=0.25$,设被录用者最低分为 x_0,则

$P\{X\leqslant x_0\}=\Phi\left(\dfrac{x_0-72}{10}\right)=1-0.25=0.75$. 查表得 $\dfrac{x_0-72}{10}\approx 0.675$. 解得 $x_0\approx 79$(分).

习题三

一、填空题

1. $M \sim \begin{pmatrix} 0 & 1 \\ 1/4 & 3/4 \end{pmatrix}; N \sim \begin{pmatrix} 0 & 1 \\ 3/4 & 1/4 \end{pmatrix}$.

2. $P\{\max(X,Y)\geqslant 0\}=P\{\{X\geqslant 0\}\cup\{Y\geqslant 0\}\}$

$\qquad\qquad\qquad = P\{X\geqslant 0\}+P\{Y\geqslant 0\}-P\{X\geqslant 0, Y\geqslant 0\}$

$\qquad\qquad\qquad = \dfrac{4}{7}+\dfrac{4}{7}-\dfrac{3}{7}=\dfrac{5}{7}$.

3. $f_X(2)=\dfrac{1}{4}$.

4. $P\{X+Y\leqslant 1\}=\displaystyle\int_0^{\frac{1}{2}} 6x\,\mathrm{d}x\int_x^{1-x}\mathrm{d}y=\dfrac{1}{4}$.

5. $Z \sim N(0,5)$.

　　提示:互相独立的服从正态分布的随机变量的线性函数仍然服从正态分布. 因此,只要确定分布参数即可. 由数学期望和方差的性质,易得

$$EZ=E(X-2Y+7)=EX-2EY+7=0.$$

$$DZ=D(X-2Y+7)=DX+4DY=5.$$

于是,$Z \sim N(0,5)$.

6. 提示：$X \sim N(5,9)$，故 $f_z(z) = \dfrac{1}{3\sqrt{2\pi}} e^{-\frac{(x-5)^2}{18}}$.

7. 0.5.

8. $f(x,y) = \begin{cases} \dfrac{1}{\sqrt{2\pi}} e^{-\frac{1}{2}y^2}, & 0 \leqslant x \leqslant 1, -\infty < y < +\infty; \\ 0, & \text{其他}. \end{cases}$

二、选择题

1.（B）　提示：$X+Y \sim N(1,2)$，$X-Y \sim N(-1,2)$.

2.（D）　提示：$F_1(x) \cdot F_2(x)$ 是 $\max\{X_1, X_2\}$ 的分布函数.

3.（C）　提示：

$P\{X=Y\} = P\{X=-1, Y=-1\} + P\{X=1, Y=1\} = P\{X=-1\}P\{Y=-1\} + P\{X=1\}, P\{Y=1\} = \dfrac{1}{2}$.

4.（A）　提示：先求联合分布.

5.（C）　6.（D）　7.（B）　8.（D）　9.（A）（D）　10.（C）　11.（A）

三、计算与证明题

1. 提示：(X,Y) 的概率密度为

$$f(x,y) = f_X(x) f_Y(y) = \begin{cases} e^{-y}, & 0 \leqslant x \leqslant 1, y > 0; \\ 0, & \text{其他}. \end{cases}$$

因此，Z 的分布函数为

$$F_z(z) = P\{2X+Y \leqslant z\} = \iint\limits_{2x+y \leqslant z} f_X(x) f_Y(y) \mathrm{d}x\mathrm{d}y$$

$$= \begin{cases} 0, & z < 0 \\ \displaystyle\int_0^{\frac{z}{2}} \mathrm{d}x \int_0^{z-2x} e^{-y}\mathrm{d}y, & 0 \leqslant z < 2 \\ \displaystyle\int_0^1 \mathrm{d}x \int_0^{z-2x} e^{-y}\mathrm{d}y, & z \geqslant 2 \end{cases}$$

$$= \begin{cases} 0, & z < 0 \\ \displaystyle\int_0^{\frac{z}{2}} (1-e^{2x-z})\mathrm{d}x, & 0 \leqslant z < 2 \\ \displaystyle\int_0^1 (1-e^{2x-z})\mathrm{d}x, & z \geqslant 2 \end{cases}$$

$$= \begin{cases} 0, & z < 0; \\ \dfrac{1}{2}(z + e^{-z} - 1), & 0 \leqslant z < 2; \\ 1 + \dfrac{1}{2}(1-e^2)e^{-z}, & z \geqslant 2. \end{cases}$$

于是，Z 的概率密度为

$$f_z(z)=F'Z(z)=\begin{cases}0, & z<0;\\[2mm]\dfrac{1-e^{-z}}{2}, & 0\leqslant z<2;\\[3mm]\dfrac{(e^2-1)e^{-z}}{2}, & z\geqslant2.\end{cases}$$

2. 见下表

X ＼ Y	y_1	y_2	y_3	$P\{X=x_i\}$
x_1	1/24	1/8	1/12	1/4
x_2	1/8	3/8	1/4	3/4
$P\{Y=y_j\}$	1/6	1/2	1/3	1

3. $F_z(z)=P\{X+2Y\leqslant z\}=\iint\limits_{x+2y\leqslant z}f(x,y)\mathrm{d}x\mathrm{d}y$

$$=\begin{cases}\displaystyle\int_0^z\mathrm{d}x\int_0^{\frac{z-x}{2}}2e^{-(x+2y)}\mathrm{d}y, & z\geqslant0\\0, & z<0\end{cases}=\begin{cases}1-e^{-z}-ze^{-z}, & z\geqslant0;\\0, & z<0.\end{cases}$$

4. 解法 1：(1) X 和 Y 的分布函数分别是

$$F_X(x)=F(x,+\infty)=\begin{cases}1-e^{-0.5x}, & x\geqslant0;\\0, & x<0;\end{cases}$$

$$F_Y(y)=F(+\infty,y)=\begin{cases}1-e^{-0.5y}, & y\geqslant0;\\0, & y<0.\end{cases}$$

由于 $F(x,y)=F_X(x)F_Y(y)$，故 X 和 Y 互相独立.

(2) 由于 X 和 Y 互相独立，故

$P\{X>0.1,Y>0.1\}=P\{X>0.1\}P\{Y>0.1\}$

$=[1-F_X(0.1)][1-F_Y(0.1)]=e^{-0.05}\cdot e^{-0.05}=e^{-0.1}.$

解法 2：(1) X 与 Y 的联合概率密度和边缘概率密度分别是

$$f(x,y)=\frac{\partial^2F(x,y)}{\partial x\partial y}=\begin{cases}0.25e^{-0.5(x+y)}, & x>0,y>0;\\0, & 其他;\end{cases}$$

$$f_X(x)=\int_{-\infty}^{+\infty}f(x,y)\mathrm{d}y=\begin{cases}0.5e^{-0.5x}, & x\geqslant0;\\0, & 其他;\end{cases}$$

$$f_Y(y)=\int_{-\infty}^{+\infty}f(x,y)\mathrm{d}x=\begin{cases}0.5e^{-0.5y}, & y\geqslant0;\\0, & 其他.\end{cases}$$

由于 $f(x,y)=f_X(x)f_Y(y)$，故 X 和 Y 互相独立.

(2) $P\{X>0.1,Y>0.1\}=\displaystyle\int_{0.1}^{+\infty}\int_{0.1}^{+\infty}f(x,y)\mathrm{d}x\mathrm{d}y.$

$=\displaystyle\int_{0.1}^{+\infty}0.5e^{-0.5x}\mathrm{d}x\int_{0.1}^{+\infty}0.5^{-0.5y}\mathrm{d}y=e^{-0.1}.$

5. 当 $x<0$ 或 $y<0$ 时，$F(x,y)=P\{X\leqslant x,Y\leqslant y\}=0$；

　　当 $x\geqslant 1$ 且 $y\geqslant 1$ 时，$F(x,y)=P\{X\leqslant x,Y\leqslant y\}=1$；

　　当 $0\leqslant x<1$ 且 $0\leqslant y<1$ 时，$F(x,y)=\int_0^x\int_0^y 4uv\mathrm{d}u\mathrm{d}v=x^2y^2$；

　　当 $0\leqslant x<1$ 且 $y\geqslant 1$ 时，$F(x,y)=\int_0^x\int_0^1 4uv\mathrm{d}u\mathrm{d}v=x^2$；

　　当 $x\geqslant 1$ 且 $0\leqslant y<1$，$F(x,y)=\int_0^1\int_0^y 4uv\mathrm{d}u\mathrm{d}v=y^2$.

6. $X\sim\begin{pmatrix}0&1&2\\0.64&0.32&0.04\end{pmatrix}$，$Y\sim\begin{pmatrix}0&1&2\\0.25&0.5&0.25\end{pmatrix}$.

X \ Y	0	1	2
0	0.16	0.08	0.01
1	0.32	0.16	0.02
2	0.16	0.08	0.01

7. 不独立.

X_1 \ X_2	0	1	
−1	1/4	0	1/4
0	0	1/2	1/2
1	1/4	0	1/4
	1/2	1/2	

8. $f_X(x)=\begin{cases}2x,&0<x<1;\\0,&\text{其他};\end{cases}$　$f(Y)(y)=\begin{cases}1+x,&-1<y<0;\\1-x,&0<y<1;\\0,&\text{其他}.\end{cases}$

9. 联合概率密度为

$$f(x,y)=f_X(x)\cdot f_Y(y)=\frac{1}{2\pi}\cdot\frac{1}{\sqrt{2\pi}\sigma}\mathrm{e}^{-\frac{(x-\mu)^2}{2\sigma^2}}\quad(-\pi\leqslant x\leqslant\pi,-\infty<y<+\infty).$$

利用卷积公式求 Z 的概率密度. 注意到 $f_Y(y)$ 仅在 $[-\pi,\pi]$ 上不为零，故

$$f_Z(z)=\int_{-\infty}^{+\infty}f_X(z-y)f_Y(y)\mathrm{d}y=\int_{-\pi}^{\pi}f_X(z-y)f_Y(y)\mathrm{d}y$$

$$=\frac{1}{2\pi}\int_{-\pi}^{\pi}\frac{1}{\sqrt{2\pi}\sigma}\mathrm{e}^{-\frac{(z-y-\mu)^2}{2\sigma^2}}\mathrm{d}y.$$

令 $t=\dfrac{x-y-\mu}{\sigma}$，则有

$$f_Z(z)=\frac{1}{2\pi}\int_{-\pi}^{\pi}\frac{1}{\sqrt{2\pi}\sigma}\mathrm{e}^{-\frac{(z-y-\mu)^2}{2\sigma^2}}\mathrm{d}y$$

$$= \frac{1}{2\pi} \int_{\frac{z-\pi-\mu}{\sigma}}^{\frac{z+\pi-\mu}{\sigma}} \frac{1}{\sqrt{2\pi}} e^{-\frac{t^2}{2}} dt$$

$$= \frac{1}{2\pi} \left[\Phi\left(\frac{z+\pi-\mu}{\sigma} \right) - \Phi\left(\frac{z-\pi-\mu}{\sigma} \right) \right].$$

10. 解 (X,Y) 的概率密度为 $\varphi(x,y) = \begin{cases} \dfrac{1}{2}, & (x,y) \in G; \\ 0, & (x,y) \notin G. \end{cases}$ 设 $F(s)$ 为 S 的分布函数,则

当 $s<0$ 时,$F(s)=0$;当 $s \geqslant 2$ 时,$F(s)=1$.

当 $0 \leqslant s < 2$ 时,曲线 $xy=s$ 与矩形 G 的上边交于点 $(s,1)$;位于曲线 $xy=s$ 上方的点满足 $xy>s$,位于曲线下方的点满足 $xy<s$,于是

$$F(s) = P\{XY \leqslant s\} = 1 - P\{XY>s\} = 1 - \iint_{xy>s} \varphi(x,y) dx dy = 1 - \iint_{xy>s} \frac{1}{2} dx dy$$

$$= 1 - \frac{1}{2} \int_s^2 dx \int_{\frac{s}{x}}^1 dy = \frac{s}{2}(1+\ln 2 - \ln s).$$

从而

$$f(s) = F'(s) = \begin{cases} \dfrac{1}{2}(\ln 2 - \ln s), & 0 \leqslant s < 2; \\ 0, & \text{其他}. \end{cases}$$

11. $F(u) = \begin{cases} 0, & u<0; \\ 1 - \dfrac{1}{4}(2-u)^2, & 0 \leqslant u < 2; \\ 1, & u \geqslant 2. \end{cases}$ $p(u) = \begin{cases} 1 - \dfrac{u}{2}, & 0 \leqslant u < 2; \\ 0, & \text{其他}. \end{cases}$

12. $F_X(x) = \dfrac{1}{\pi}\left(\dfrac{\pi}{2} + \arctan \dfrac{x}{2} \right)$; $F_Y(y) = \dfrac{1}{\pi}\left(\dfrac{\pi}{2} + \arctan \dfrac{y}{3} \right)$.

13. $P\{X=i, Y=j\} = \dfrac{C_2^i C_7^j C_1^{3-i-j}}{C_{10}^3}$, $(2 \leqslant i+j \leqslant 3)$;

$P\{X=i\} = \dfrac{C_2^i C_8^{3-i}}{C_{10}^3}$, $(i=0,1,2)$;

$P\{Y=j\} = \dfrac{C_7^j C_3^{3-j}}{C_{10}^3}$, $(j=0,1,2,3)$.

14. (1) $k = \dfrac{21}{4}$;(2) $\dfrac{3}{20}$.

15. 证明:(1) 对于任意的非负整数 m,有

$$P\{X+Y=m\} = P\{ \bigcup_{k=0}^m \{X=k, Y=m-k\} \}$$

$$= \sum_{k=0}^m P\{X=k, Y=m-k\}$$

$$= \sum_{k=0}^m P\{X=k\} P\{Y=m-k\}$$

$$= \sum_{k=0}^m \frac{\lambda_1^k}{k!} e^{-\lambda_1} \cdot \frac{\lambda_2^{m-k}}{(m-k)!} e^{-\lambda_2}$$

$$= \frac{1}{m!} \cdot e^{-(\lambda_1+\lambda_2)} \sum_{k=0}^{m} \frac{m!}{k!(m-k)!} \lambda_1^k \lambda_2^{m-k}$$

$$= \frac{(\lambda_1+\lambda_2)^m}{m!} e^{-(\lambda_1+\lambda_2)}.$$

(2) $P\{X=i \mid X+Y=n\} = \dfrac{P\{X=i, Y=n-i\}}{P\{X+Y=n\}}$

$$= \frac{\lambda_1^i}{i!} e^{-\lambda_1} \cdot \frac{\lambda_2^{n-i}}{(n-i)!} e^{-\lambda_2} \Big/ \frac{(\lambda_1+\lambda_2)^n e^{-(\lambda_1+\lambda_2)}}{n!}$$

$$= C_n^i \left(\frac{\lambda_1}{\lambda_1+\lambda_2}\right)^i \left(\frac{\lambda_2}{\lambda_1+\lambda_2}\right)^{n-i} \quad (i=0,1,\cdots,n).$$

即在 $X+Y=n$ 的条件下，$X \sim B\left(n, \dfrac{\lambda_1}{\lambda_1+\lambda_2}\right)$. 同理在 $X+Y=n$ 的条件下，$Y \sim B\left(n, \dfrac{\lambda_2}{\lambda_1+\lambda_2}\right)$.

16.

p_i	q^3	pq^2	pq^2	p^2q	pq^2	p^2q	p^2q	p^3
(X_1,X_2,X_3)	(0,0,0)	(0,0,1)	(0,1,0)	(0,1,1)	(1,0,0)	(1,0,1)	(1,1,0)	(1,1,1)
(Y_1,Y_2)	(0,0)	(0,1)	(1,1)	(1,0)	(1,0)	(1,1)	(0,1)	(0,0)
Y_1Y_2	0	0	1	0	0	1	0	0

$$Y_1Y_2 \sim \begin{pmatrix} 0, & 1 \\ 1-pq & pq \end{pmatrix}; \quad (Y_1,Y_2) \sim \begin{pmatrix} (0,0) & (0,1) & (1,0) & (1,1) \\ p^3+q^3 & pq & pq & pq \end{pmatrix}.$$

17. (1) 联合分布与边缘分布列见下表：

X \ Y	0	1	2	
0	1/9	2/9	1/9	4/9
1	2/9	1/9	0	4/9
2	1/9	0	0	1/9
	4/9	4/9	1/9	

(2) 不独立. (3) $(M,N) \sim \begin{pmatrix} (0,0) & (1,0) & (1,1) & (2,0) \\ 1/9 & 4/9 & 2/9 & 2/9 \end{pmatrix}.$

18. (1) $A = \dfrac{2}{3}$;

(2) $F(x,y) = \begin{cases} (1-e^{-2x})(1-e^{4y}), & x \geqslant 0, y \geqslant 0; \\ 0, & \text{其他}. \end{cases}$

(3) $f_X(x) = \begin{cases} 2e^{-2x}, & x \geqslant 0; \\ 0, & x < 0; \end{cases}$ $f_Y(y) = \begin{cases} 4e^{-4y}, & y \geqslant 0; \\ 0, & y < 0. \end{cases}$

(4) $F_X(x) = \begin{cases} 1-e^{-2x}, & x > 0; \\ 0, & \text{其他}; \end{cases}$ $F_Y(y) = \begin{cases} 1-e^{-4y}, & y > 0; \\ 0, & \text{其他}. \end{cases}$

(5) X 与 Y 独立.

当 $x>0$ 时，$f_{Y|X}(y|x)=\begin{cases}4\mathrm{e}^{-4y}, & y\geqslant0;\\ 0, & y<0,\end{cases}$ $F_{Y|X}(y|x)=\begin{cases}1-\mathrm{e}^{-4y}, & y>0;\\ 0, & \text{其他}.\end{cases}$

当 $y>0$ 时，$f_{X|Y}(x|y)=\begin{cases}2\mathrm{e}^{-2x}, & x\geqslant0;\\ 0, & x<0,\end{cases}$ $F_{X|Y}(x|y)=\begin{cases}1-\mathrm{e}^{-2x}, & x>0;\\ 0, & \text{其他};\end{cases}$

(6) $P\{X>2,Y<1\}=\mathrm{e}^{-4}-\mathrm{e}^{-8}$.

(7) $P\{X+Y<2\}=(1-\mathrm{e}^{-4})^2$.

(8) $P\{X<2|Y<1\}=1-\mathrm{e}^{-4}$.

19. $P\{X=i,Y=j\}=(1-p)^{j-2}p^2(i=1,2,\cdots;j>i)$.

当 $i\geqslant1$ 时，$P\{Y=j|X=i\}=p(1-p)^{j-i-1}(j>i)$.

当时 $j\geqslant2$ 时，$P\{X=i|Y=j\}=\dfrac{1}{j-1}(i=1,2,\cdots;j-1)$.

20. $f(x,y)=\begin{cases}\dfrac{1}{1-x}, & 0<x<1,x<y<1;\\ 0, & \text{其他};\end{cases}$ $f_Y(y)=\begin{cases}-\ln(1-y), & 0<y<1;\\ 0, & \text{其他}.\end{cases}$

21. $F_z(z)=\begin{cases}2z-z^2, & 0<z<1;\\ 0, & \text{其他};\end{cases}$ $f_z(z)=\begin{cases}2(1-z), & 0<z<1;\\ 0, & \text{其他}.\end{cases}$

22.

X \ Y	1	2	3	4	
1	1/4	0	0	0	1/4
2	1/8	1/8	0	0	1/4
3	1/12	1/12	1/12	0	1/4
4	1/16	1/16	1/16	1/16	1/4
	25/48	13/48	7/48	3/48	

23. $f_z(z)=\begin{cases}\dfrac{1}{2}\mathrm{e}^{-\frac{z}{2}}, & z\geqslant0;\\ 0, & z<0.\end{cases}$

24. (1) $P\{M=k\}=pq^{k-1}(2-q^{k-1}-q^k),k=1,2,\cdots$

(2) $P\{M=k,X=i\}=\begin{cases}pq^{k-1}(1-q^k), & \text{当 }k=i\text{ 时};\\ p^2q^{k+i-2}, & \text{当 }k>i\text{ 时};\\ 0, & \text{当 }k<i\text{ 时}.\end{cases}$

25. (1) $P\{X_1\geqslant2000\}=\mathrm{e}^{-2}$.

(2) $P\{X_1<2000,X_1+X_2\geqslant2000\}=2\mathrm{e}^{-2}$.

26. (1) $F(x,y)=F_X(x)F_Y(y)=\begin{cases}0, & x<0\text{ 或 }y<1;\\ \dfrac{x(y-1)}{2}, & 0\leqslant x<2\text{ 且 }1\leqslant y<2;\\ \dfrac{x}{2}, & 0\leqslant x<2\text{ 且 }y\geqslant2;\\ y-1, & x\geqslant2\text{ 且 }1\leqslant y<2;\\ 1, & x\geqslant2\text{ 且 }y\geqslant2.\end{cases}$

(2) $G(x,y)=P\{X^2\leqslant x,Y^2\leqslant y\}=P\{0\leqslant X<\sqrt{x},1\leqslant y<\sqrt{y}\}$

$$
=\begin{cases}
0, & x<0 \text{ 或 } y<1; \\[2mm]
\dfrac{\sqrt{x}(\sqrt{y}-1)}{2}, & 0\leqslant x<4 \text{ 且 } 1\leqslant y<4; \\[2mm]
\dfrac{\sqrt{x}}{2}, & 0\leqslant x<4 \text{ 且 } y\geqslant 4; \\[2mm]
\sqrt{y}-1, & x>4 \text{ 且 } 1\leqslant y<4; \\[2mm]
1, & x\geqslant 4 \text{ 且 } y\geqslant 4.
\end{cases}
$$

27. 证明：

$P\{x_1<X\leqslant x_2,y_1<Y\leqslant y_2\}$

$=F(x_2,y_2)-F(x_1,y_2)-F(x_2,y_1)+F(x_1,y_1)$

$=F_X(x_2)F_Y(y_2)-F_X(x_1)F_Y(y_2)-F_X(x_2)F_Y(y_1)+F_X(x_1)F_Y(y_1)$

$=[F_X(x_2)-F_X(x_1)]\cdot[F_Y(y_2)-F_Y(y_1)]$

$=P\{x_1<X\leqslant x_2\}P\{y_1<Y\leqslant y_2\}.$

28. $f_{Y|X}(y|x)=\begin{cases}\dfrac{1}{x+1}, & 0<y<x+1; \\[2mm] 0, & \text{其他};\end{cases}$ $\quad(0<x<1).$

$f_{Y|X}(y|x)=\begin{cases}\dfrac{1}{2}, & x-1<y<x+1; \\[2mm] 0, & \text{其他};\end{cases}$ $\quad(1\leqslant x\leqslant 2).$

$f_{X|Y}(x|y)=\begin{cases}\dfrac{1}{y+1}, & 0<x<y+1; \\[2mm] 0, & \text{其他};\end{cases}$ $\quad(0<y<1).$

$f_{X|Y}(x|y)=\begin{cases}\dfrac{1}{3-y}, & y-1<x<2; \\[2mm] 0, & \text{其他};\end{cases}$ $\quad(1\leqslant y\leqslant 2).$

29. $f_X(x)=\dfrac{1}{\sqrt{2\pi}}e^{-\frac{1}{2}x^2}$；$f_Y(y)=\dfrac{1}{\sqrt{2\pi}}e^{-\frac{1}{2}y^2}.$

不一定.

30. 提示：$(X_1,X_2)\sim N(4,2;3,1;0)$，$\rho=0$ 故 X_1 与 X_2 独立．所以

$$
X=\frac{X_1+X_2}{2}\sim N(3,1);Y=\frac{X_1-X_2}{2}\sim N(1,1).
$$

31. 提示：$f_Z(z)=\displaystyle\int_{-\infty}^{+\infty}|y|f(zy,y)\mathrm{d}y.$ 由 $\begin{cases}0<zy\leqslant 2\\0<y\leqslant 1\end{cases}$ 知，当 $0<y\leqslant\min\left(1,\dfrac{2}{z}\right)$ 时，

$|y|f(zy,y)\neq 0.$ 故

$$f_z(z) = \begin{cases} \int_0^{\frac{2}{z}} \dfrac{1}{2} y \mathrm{d}y, & \text{当 } z \geqslant 2 \\[2mm] \int_0^1 \dfrac{1}{2} y \mathrm{d}y, & \text{当 } 0 < z < 2 \\[2mm] 0, & z \leqslant 0 \end{cases} = \begin{cases} \dfrac{1}{z^2}, & \text{当 } z \geqslant 2; \\[2mm] \dfrac{1}{4}, & \text{当 } 0 < z < 2; \\[2mm] 0, & \text{当 } z \leqslant 0. \end{cases}$$

$$F_z(z) = \begin{cases} 0, & z < 0; \\[2mm] \dfrac{z}{4}, & 0 \leqslant z < 2; \\[2mm] 1 - \dfrac{1}{z}, & z \geqslant 2. \end{cases}$$

32. (1) 证明：

$$\begin{aligned} P\{X = i\} &= \sum_{j=0}^{N-i} \frac{N!}{i! j! (N-i-j)!} p_1^i p_2^j (1 - p_1 - p_2)^{N-i-j} \\ &= \sum_{j=0}^{N-i} C_N^i C_{N-i}^j p_1^i p_2^j (1 - p_1 - p_2)^{N-i-j} \\ &= C_N^i p_1^i \sum_{j=0}^{N-i} C_{N-i}^j p_2^j (1 - p_1 - p_2)^{N-i-j} \\ &= C_N^i p_1^i (1 - p_1)^{N-i} \quad (i = 0, 1, \cdots, N). \end{aligned}$$

故 $X \sim B(N, p_1)$. 同理, $Y \sim B(N, p_2)$.

(2) $P\{X = i \mid Y = j\} = \dfrac{C_N^i C_{N-i}^j p_1^i p_2^j (1 - p_1 - p_2)^{N-i-j}}{C_N^j p_2^j (1 - p_2)^{N-j}}$ $(i = 0, 1, \cdots, N-j)$.

注意到 $C_N^i C_{N-i}^j = C_N^j C_{N-j}^i$, 代入上式即得

$$P\{X = i \mid Y = j\} = C_{N-j}^i \left(\frac{p_1}{1 - p_2} \right)^i \left(1 - \frac{p_1}{1 - p_2} \right)^{N-j-i} \quad (i = 0, 1, \cdots, N-j).$$

即在 $Y = j$ 条件下, $X \sim B\left(N-j, \dfrac{p_1}{1-p_2} \right)$. 同理, 在 $X = i$ 的条件下, $Y \sim B\left(N-i, \dfrac{p_2}{1-p_1} \right)$.

33. 解 (1) $F_M(z) = P\{M \leqslant z\} = P\{X \leqslant z, Y \leqslant z\} = \iint\limits_{x \leqslant z, y \leqslant z} f(x, y) \mathrm{d}x \mathrm{d}y$.

$$= \begin{cases} 0, & z < 0 \\[2mm] \int_0^z \mathrm{d}x \int_0^z \dfrac{1}{3} \mathrm{d}y, & 0 \leqslant z < 1 \\[2mm] \int_0^1 \mathrm{d}x \int_0^z \dfrac{1}{3} \mathrm{d}y, & 1 \leqslant z < 3 \\[2mm] 1, & z \geqslant 3 \end{cases} = \begin{cases} 0, & z < 0; \\[2mm] \dfrac{z^2}{3}, & 0 \leqslant z < 1; \\[2mm] \dfrac{z}{3}, & 1 \leqslant z < 3; \\[2mm] 1, & z \geqslant 3. \end{cases}$$

所以

$$f_M(z) = \begin{cases} \dfrac{2z}{3}, & 0 \leqslant z < 1; \\[2mm] \dfrac{1}{3}, & 1 \leqslant z < 3; \\[2mm] 0, & \text{其他}. \end{cases}$$

(2) $F_N(z) = P\{N \leqslant z\} = 1 - P\{X > z, Y > z\} = 1 - \iint\limits_{x > z, y > z} f(x, y) \mathrm{d}x \mathrm{d}y$.

易算得

$$\iint\limits_{x>z,y>z} f(x,y)\mathrm{d}x\mathrm{d}y = \begin{cases} 1, & z<0; \\ \dfrac{(1-z)(3-z)}{3}, & 0\leqslant z<1; \\ 0, & z\geqslant 1. \end{cases}$$

故

$$F_N(z) = 1 - \iint\limits_{x>z,y>z} f(x,y)\mathrm{d}x\mathrm{d}y = \begin{cases} 0, & z<0; \\ 1-\dfrac{1}{3}(1-z)(3-z), & 0\leqslant z<1; \\ 1, & z\geqslant 1. \end{cases}$$

于是

$$f_N(z) = F'_N(z) = \begin{cases} \dfrac{4-2z}{3}, & 0\leqslant z\leqslant 1; \\ 0, & \text{其他}. \end{cases}$$

34. $F_Z(z) = \begin{cases} 1-\mathrm{e}^{-\frac{z^2}{2\sigma^2}}, & z\geqslant 0 \\ 0, & z<0 \end{cases}$;　$f_Z(z) = \begin{cases} \dfrac{z}{\sigma^2}\mathrm{e}^{-\frac{z^2}{2\sigma^2}}, & z\geqslant 0; \\ 0, & z<0. \end{cases}$

35. (1) $P\{Y=m\,|\,X=n\} = C_n^m p^m (1-p)^{n-m}, 0\leqslant m\leqslant n.$

(2) $P\{X=n,Y=m\} = C_n^m p^m (1-p)^{n-m} \cdot \dfrac{\lambda^n}{n!} \cdot \mathrm{e}^{-\lambda} (0\leqslant m\leqslant n, n=0,1,2,\cdots).$

习 题 四

一、填空题

1. 提示：将 $f(x)$ 改写为 $f(x) = \dfrac{1}{\sqrt{2\pi}\cdot\sqrt{1/2}} \cdot \exp\left\{-\dfrac{(x-1)^2}{2\left(\sqrt{1/2}\right)^2}\right\}$，可见 $X\sim N\left(1,\dfrac{1}{2}\right)$. 故有 $EX=1; DX=0.5.$

2. $EZ=3EX-2=3\times 2-2=4.$

3. $E(X+\mathrm{e}^{-2X}) = \displaystyle\int_0^{+\infty} (x-\mathrm{e}^{-2x})\mathrm{e}^{-x}\mathrm{d}x = 1+\dfrac{1}{3} = 1\dfrac{1}{3}.$

4. $X\sim B(10,0.4), EX=4, DX=2.4.$
$E(X^2) = DX+(EX)^2 = 18.4.$

5. $DY=DX_1+4DX_2+9DX_3 = 46.$

6. 提示：Z 为独立的正态分布随机变量的线性组合，故仍然服从正态分布. 于是只要求出分布参数即可.

$$EZ=EX-2EY+7=0; \quad DZ=DX+4DY=5.$$

所以 $Z\sim N(0,5).$

7. $\dfrac{1}{6}.$

8. $p=0.5$ 时，$\sqrt{100p(1-p)}$ 取到最大值 5.

9. 提示：$EY=\begin{vmatrix} EX_{11} & EX_{12} & \cdots & EX_{1n} \\ EX_{21} & EX_{22} & \cdots & EX_{2n} \\ \vdots & \vdots & & \vdots \\ EX_{n1} & EX_{n2} & \cdots & EX_{nn} \end{vmatrix}=\begin{vmatrix} 2 & 2 & \cdots & 2 \\ 2 & 2 & \cdots & 2 \\ \vdots & \vdots & & \vdots \\ 2 & 2 & \cdots & 2 \end{vmatrix}=0.$

10. $\lambda=1.$

11. $Y\sim\begin{pmatrix} -1 & 0 & 1 \\ \dfrac{1}{3} & 0 & \dfrac{2}{3} \end{pmatrix};DY=\dfrac{8}{9}.$

12. 先求 X^2,Y^2 以及 X^2Y^2 的分布列. 如下表：

p_{ij}	0.07	0.18	0.15	0.08	0.32	0.20
(X,Y)	$(0,-1)$	$(0,0)$	$(0,1)$	$(1,-1)$	$(1,0)$	$(1,1)$
X^2	0	0	0	1	1	1
Y^2	1	0	1	1	0	1
X^2Y^2	0	0	0	1	0	1

可得

$$X^2\sim\begin{pmatrix} 0 & 1 \\ 0,4 & 0.6 \end{pmatrix};Y^2\sim\begin{pmatrix} -1 & 0 & 1 \\ 0.15 & 0.5 & 0.35 \end{pmatrix};X^2Y^2\sim\begin{pmatrix} 0 & 1 \\ 0.72 & 0.28 \end{pmatrix}.$$

于是

$$EX^2=0.6;EY^2=0.5;E(X^2Y^2)=0.28.$$

所以

$$\mathrm{cov}(X^2,Y^2)=E(X^2Y^2)-E(X^2)E(Y^2)=-0.02.$$

13. $\mathrm{cov}(X,Y)=E(XY)-EXEY=0.12-0.6\times0.2=0.$ 故 $\rho=0.$

14. $0.9.$

15. $E(X+Y)^2=[E(X+Y)]^2+D(X+Y)$
$$=DX+DY+2\sqrt{DX}\sqrt{DY}\rho_{XY}=6.$$

16. $f_Z(z)=\dfrac{1}{\sqrt{2\pi}\sqrt{\sigma_1^2+\sigma_2^2-2\rho\sigma_1\sigma_2}}e^{-\frac{(z-\mu_1+\mu_2)^2}{2(\sigma_1^2+\sigma_2^2-2\rho\sigma_1\sigma_2)}};$

$\mathrm{cov}(X,Z)=\sigma_1^2-\rho\sigma_1\sigma_2.$

17. $a=-2,b=2.$

18. $\mathrm{cov}(X,Y)=12;D(X+Y)=85;D(X-Y)=37.$

19. $DX_1=13,;DX_2=4;\rho_{X_1X_2}=\dfrac{5\sqrt{13}}{26}.$

20. $E(3X^2-2XY+Y^2-3)=36;D(3X-Y+5)=63.$

21. $DZ=2.$　　22. $\dfrac{1}{2}.$　　23. $\dfrac{1}{9}.$　　24. $\dfrac{1}{12}.$　　25. $\dfrac{1}{12}.$　　26. $\dfrac{1}{2}.$

27. 标准正态分布.

二、选择题

1. (B)　2. (B)　3. (C)

提示：$E(UV)=E[(X-Y)(X+Y)]=E(X^2-Y^2)=EX^2-EY^2=0.$

$EU=EX-EY=0.$ 故 $\mathrm{cov}(U,V)=E(UV)-EU \cdot EV=0.$

4. (D)　5. (C)　6. (C)　7. (D)　8. (B)　9. (A)提示：$Y=n-X.$　10. (C)　11. (C)

12. (D)　13. (C) 因为方差无界.　14. (A)　15. (D)　16. (B)　17. (B)　18. (C)　19. (B)

20. (C)　21. (D)　22. (D)　23. (D)　24. (A)(D)　25. (D)　26. (B)(D)　27. (B)(C)(D)

28. (C)　29. (B)　30. (B)(D)　31. (B)　32. (A)(C)(D)　33. (A)　34. (C)　35. (C)

36. (A)　37. (A)(D)　38. (B)(C)　39. (D)　40. (A)(C)(D)　41. (B)(C)　42. (A)(D)

43. (A)(B)(C)　44. (A)(B)(C)　45. (C)

三、计算与证明题

1. $F(x)=P\{X \leqslant x\}=\begin{cases} 0, & x<1; \\ 0.2, & 1 \leqslant x<2; \\ 0.5, & 2 \leqslant x<3; \\ 1, & x \geqslant 3. \end{cases}$

$EX=5.9, DX=0.61.$

2. (1)

X ＼ Y	1	2	3
1	1/9	0	0
2	2/9	1/9	0
3	2/9	2/9	1/9

(2) $X \sim \begin{pmatrix} 1 & 2 & 3 \\ 1/9 & 1/3 & 5/9 \end{pmatrix}; EX=\dfrac{22}{9}.$

3. $f_X(x)=\begin{cases} 2x, & 0<x<1; \\ 0, & 其他. \end{cases} DZ=4DX=\dfrac{2}{9}.$

4. $Y \sim B\left(4, \dfrac{1}{2}\right), EY^2=DX+(EX)^2=1+2^2=5.$

5. $EY=\dfrac{\sqrt{2\pi}}{2a}.$

6. $X \sim \begin{pmatrix} 0 & 1 & 2 \\ \dfrac{4}{5} & \dfrac{8}{45} & \dfrac{1}{45} \end{pmatrix}; EX=\dfrac{2}{9}; DX=\dfrac{88}{405}.$

7. (1) $P\{X<Y\}=\displaystyle\int_0^{+\infty} \mathrm{d}y \int_0^y \mathrm{e}^{-(x+y)} \mathrm{d}x=\dfrac{1}{2}.$

(2) $E(XY) = \int_0^{+\infty} dy \int_0^{+\infty} xy e^{-(x+y)} dx = 1$.

8. (1) $X \sim \begin{pmatrix} 0 & 1 & 2 \\ 0.25 & 0.45 & 0.30 \end{pmatrix}$.

(2) $\dfrac{\pi(X+Y)}{2} \sim \begin{pmatrix} 0 & \dfrac{\pi}{2} & \pi & \dfrac{3\pi}{2} \\ 0.10 & 0.40 & 0.35 & 0.15 \end{pmatrix}$.

(3) $EZ = 0.4\sin\dfrac{\pi}{2} + 0.35\sin\pi + 0.15\sin\dfrac{3\pi}{2} = 0.25$.

9. (1) $X \sim \begin{pmatrix} 0 & 1 & 2 & 3 \\ 0.5 & 0.25 & 0.125 & 0.125 \end{pmatrix}$.

(2) $E\left(\dfrac{1}{1+X}\right) = \dfrac{67}{96}$.

10. (1) $\rho = 0$.　(2) 不独立.

11. (1) $a = \dfrac{5}{3}$ 或 $a = \dfrac{7}{3}$.　(2) $E\left(\dfrac{1}{X}\right) = \dfrac{\ln 3}{2}$.

12. $X \sim \begin{pmatrix} -1 & 0 & 1 \\ 0.1344 & 0.7312 & 0.1344 \end{pmatrix}$.

13. 设进货量为 a, 利润为 Y, 则

$Y = \begin{cases} 500a + 300(X-a) = 300X + 200a, & \text{若 } a < X \leqslant 30; \\ 500X - 100(a-X) = 600X - 100a, & \text{若 } 10 \leqslant X \leqslant a. \end{cases}$

$EY = \dfrac{1}{20}\left[\int_{10}^{a} (600x - 100a)dx + \int_a^{30} (300x + 200a)dx\right]$

$\quad = -7.5a^2 + 350a + 5250$.

由 $EY \geqslant 9280$, 解得 $20\dfrac{2}{3} \leqslant a \leqslant 26$. 故最少进货量为 21 单位.

14. (1) $(X,Y) \sim \begin{pmatrix} (-1,-1) & (-1,1) & (1,-1) & (1,1) \\ 0.25 & 0 & 0.5 & 0.25 \end{pmatrix}$.

(2) $D(X+Y) = 2$.

15. 提示：考虑随机变量

$X = \begin{cases} 1, \text{若 } A \text{ 发生}, \\ 0, \text{若 } A \text{ 不发生} \end{cases}$ 和 $Y = \begin{cases} 1, \text{若 } B \text{ 发生}; \\ 0, \text{若 } B \text{ 不发生}. \end{cases}$

求它们的相关系数.

16. $Y = g(X) = \begin{cases} 5-X, & 0 \leqslant X \leqslant 5; \\ 25-X, & 5 < X \leqslant 25; \\ 55-X, & 25 < X \leqslant 55; \\ 65-X, & 55 < X \leqslant 60; \end{cases}$ $EY = E[g(X)] = 11\dfrac{2}{3}$.

17. $f(t) = \begin{cases} 25te^{-5t}, & t > 0; \\ 0, & t \leqslant 0. \end{cases}$ $ET = \dfrac{2}{5}; DT = \dfrac{2}{25}$.

注意:若只要求计算数学期望和方差,可直接计算,而不必求概率密度.

18. $f_Z(z) = \begin{cases} \dfrac{2z}{R^2}, 0 \leqslant z \leqslant R; \\ 0, 其他. \end{cases}$ $EZ = \dfrac{2}{3} R.$

注意:若只要求计算数学期望,可直接计算,而不必求概率密度.

19. (1) $EX = EY = 0, DX = DY = \dfrac{3}{4}$. (2) $\rho_{XY} = 0$.

(3) $D(X+Y) = \dfrac{3}{2}$. (4)不独立.

20. 解法 1　所有可能的放法有 $4^3 = 64$ 种.

当 $X=1$ 时,第一号盒子中或者有一球,或者有两球,或者有三球.共有

$$C_3^1 \cdot 3^2 + C_3^2 \cdot 3 + C_3^3 = 37$$

种放法,故 $P\{X=1\} = 37/64$.

同理可得

$$P\{X=2\} = (C_3^1 \cdot 2^2 + C_3^2 \cdot 2 + C_3^3)/64 = 19/64.$$
$$P\{X=3\} = (C_3^1 + C_3^2 + C_3^3)/64 = 7/64.$$
$$P\{X=4\} = 1/64.$$

于是

$$EX = (1 \times 37 + 2 \times 19 + 3 \times 7 + 4 \times 1)/64 = 25/16.$$

解法 2　所有可能的放法有 $4^3 = 64$ 种.

$$P\{X=1\} = 1 - P\{2 \leqslant X \leqslant 4\} = 1 - \left(\frac{3}{4}\right)^3 = \frac{37}{64}.$$

$$P\{X=2\} = P\{2 \leqslant X \leqslant 4\} - P\{3 \leqslant X \leqslant 4\} = \left(\frac{3}{4}\right)^3 - \left(\frac{2}{4}\right)^3 = \frac{19}{64}.$$

$$P\{X=3\} = P\{3 \leqslant X \leqslant 4\} - P\{X=4\} = \left(\frac{2}{4}\right)^3 - \left(\frac{1}{4}\right)^3 = \frac{7}{64}.$$

$$P\{X=4\} = \frac{1}{64}.$$

于是可得 $EX = \dfrac{25}{16}$.

21. $EX = m\left[1 - \left(1 - \dfrac{1}{m}\right)^n\right]$. (用随机变量分解法)

22. $EX = 9 \times \left[1 - \left(\dfrac{8}{9}\right)^{25}\right]$. (用随机变量分解法)

23. $E(PQ) = \dfrac{\pi}{4}, D(PQ) = \dfrac{2}{3} - \dfrac{\pi^2}{16}$.

24. 提示:用随机变量分解法. $EX = \dfrac{nM}{N}$.

25. 提示:(1) $P\{X=k\} = \dfrac{1}{n}$ $(i=1,2,\cdots,n)$. $EX = \dfrac{n+1}{2}$.

(2) 设 $X_k = \begin{cases} k, 若第 k 次才打开; \\ 0, 其他; \end{cases}$ $(k=1,2,\cdots,n)$.

26. 略.

27. $EY = \dfrac{\ln 2}{\pi} + \dfrac{1}{2}$. 28. $\rho_{\xi\eta} = \dfrac{a^2 - b^2}{a^2 + b^2}$.

29. 提示：设所取点为 $X_1, X_2, \cdots, X_n$，记

$$M = \max(X_1, X_2, \cdots, X_n), N = \min(X_1, X_2, \cdots, X_n), 则\ Z = M - N, EZ = EM - EN.$$

答案：$EZ = \dfrac{n-1}{n+1}$.

30. (1) $EX = EY = \dfrac{7}{6}$.   (2) $\begin{bmatrix} 11/36 & -1/36 \\ -1/36 & 11/36 \end{bmatrix}$ (3) $\rho_{XY} = -\dfrac{1}{11}$.

31. (1) $a = 3$.

(2) 设 $Z = X - aY + 2$，则 $Z \sim N(0, 2)$. 于是 $E|Z| = \dfrac{2}{\sqrt{\pi}}, D|Z| = 2 - \dfrac{4}{\pi}$.

32. 3 件或 4 件.   33. $\rho_{X_1 Y} = 1/\sqrt{n}$.

34. $\begin{cases} a = \pm 1 \\ b = 1/\sqrt{3} \\ c = -2/\sqrt{3} \end{cases}$ 或 $\begin{cases} a = \pm 1; \\ b = -1/\sqrt{3}; \\ c = 2/\sqrt{3}. \end{cases}$

35. $a = 12, b = -12, c = 3$.

36. (1) $EX = \dfrac{\sqrt{\pi}}{2}; DX = 1 - \dfrac{\pi}{4}$.   (2) $EZ = \dfrac{3\sqrt{\pi}}{4}$.

37. $\dfrac{EX}{N}$（用全概率公式）.   38. 略.

39. (1) 分布列如下表.   (2) $EX = 22/9$.

X \ Y	1	2	3
1	1/9	0	0
2	2/9	1/9	0
3	2/9	2/9	1/9

40. (1) $\rho_{X_1 Y_1} = 1$.

(2) $P\{\xi = k\} = \dfrac{C_n^k a^k b^{n-k}}{(a+b)^n}$ $(k = 0, 1, \cdots, n)$

$P\{\eta = 2k - n\} = \dfrac{C_n^k a^k b^{n-k}}{(a+b)^n}$ $(k = 0, 1, \cdots, n)$.

提示：$\eta = \xi - (n - \xi) = 2\xi - n$.

41. 320000 元.

42. 提示：设随机变量 $X \sim U_{[a,b]}$，且 $D[f(X)] \geqslant 0$.

43. 略.

44. $\text{cov}(X, Y) = \dfrac{4}{225}, D(X + Y) = \dfrac{1}{9}$.

45. 不相关,但不独立.

46. 见下表:

$\xi \backslash \eta$	-2	-1	0	1	2	$P\{\xi = x_i\}$
0	0	0	1/9	0	0	1/9
1	0	2/9	0	2/9	0	4/9
2	1/9	0	2/9	0	1/9	4/9
$P\{\eta = y_j\}$	1/9	2/9	3/9	2/9	1/9	

47. $E[\max(X, Y, Z)] = 1.75$.　48. $n \geqslant 1281$.

49. (1) 24000 元;　(2) 0.9.

50. (1) $P\{|\overline{X} - a| < \varepsilon\} \approx 2\Phi(\sqrt{3n}\varepsilon) - 1$.

　　(2) $P\left\{|\overline{X} - a| < \dfrac{1}{6}\right\} \approx 2\Phi(\sqrt{3}) - 1$.

　　(3) 由 $2\Phi(\sqrt{300}\varepsilon) - 1 = 0.9$. 得 $\varepsilon = 0.095$.

　　(4) $2\Phi(\sqrt{3n} \times 0.095) - 1 \geqslant 0.95$. 得 $n \geqslant 141.8$. 即至少测量 142 次.

51. 略.　52. $2\Phi(2) - 1$.　53. $\Phi\left(\dfrac{5}{3}\right)$.

54. 由 $2\Phi\left(\dfrac{\sqrt{n}}{3}\right) - 1 \geqslant 0.95$ 得 $n \geqslant 35$.

55. 由 $\Phi\left(\dfrac{n - 10}{\sqrt{9.5}}\right) \geqslant 0.9$ 得 $n \geqslant 14$.

56. $\Phi(2.2)$.

57. (1) $2\Phi(1) - 1$.

　　(2) 由 $2\Phi(20\sqrt{3/n}) - 1 = 0.9$, 得 $n = 441$.

58. 提示:切比晓夫不等式.　59. 略.

60. 由中心极限定理, $Z_n \sim N\left(a^2, \dfrac{a^4 - a_2^2}{n}\right)$.

61. 略.　62. 提示:考虑实变量 t 的函数
$$f(t) = E[X + tY]^2 = E(X^2) + 2E(XY) \cdot t + E(Y^2) \cdot t^2.$$

63. $EX = a, DX = a + a^2$.

64. (1) $X \sim \begin{pmatrix} 1 & 2 & 3 & \cdots & n-1 & n \\ \dfrac{1}{n} & \dfrac{1}{n} & \dfrac{1}{n} & \cdots & \dfrac{1}{n} & \dfrac{1}{n} \end{pmatrix}$.

　　$EX = \dfrac{n+1}{2}; DX = \dfrac{n^2 - 1}{12}$.

　　(2) $X \sim G\left(\dfrac{1}{n}\right), EX = n, DX = n(n-1)$.

65. 不存在.

66. $P\{X=k\}=\left(\dfrac{1}{6}\right)^{k}+C_{2}^{1}\left(\dfrac{1}{6}\right)\left(\dfrac{k-1}{6}\right)=\dfrac{2k-1}{36}$　$(k=1,2,\cdots,6)$.

$EX=\dfrac{161}{36},DX=\dfrac{791}{36}$.

提示:最大点数是 k 包括两种情况:要么两个点数都是 k,要么一个是 k,另一个小于 k.

67. $EX=\dfrac{2a}{\sqrt{\pi}}\Gamma(2)=\dfrac{2a}{\sqrt{\pi}};EX^{2}=\dfrac{2a^{2}}{\sqrt{\pi}}\Gamma\left(\dfrac{5}{2}\right)=\dfrac{3a^{2}}{2}$.

$DX=\left(\dfrac{3}{2}-\dfrac{4}{\pi}\right)a^{2}$.

68. $EX=a+\theta;DX=\theta^{2}$.　69. 不存在.

70. 提示:$DX\leqslant E\left[\left(X-\dfrac{a+b}{2}\right)^{2}\right]=\displaystyle\int_{a}^{b}\left(x-\dfrac{a+b}{2}\right)^{2}f(x)\mathrm{d}x$

$\leqslant\displaystyle\int_{a}^{b}\left(b-\dfrac{a+b}{2}\right)^{2}f(x)\mathrm{d}x=\dfrac{(b-a)^{2}}{4}$.

71. $EX^{k}=\begin{cases}\lambda^{k}k!,&\text{当 }k\text{ 为偶数时};\\0,&\text{当 }k\text{ 为奇数时}.\end{cases}$　提示:利用 Γ 函数的性质.

72. $EX=\mu$.

73. $P\{X=4\}=2\times\left(\dfrac{1}{2}\right)^{4}=\dfrac{1}{8}$.

$P\{X=5\}=C_{4}^{3}\left(\dfrac{1}{2}\right)^{3}\times\dfrac{1}{2}\times\dfrac{1}{2}+C_{4}^{3}\left(\dfrac{1}{2}\right)^{3}\times\dfrac{1}{2}\times\dfrac{1}{2}=\dfrac{1}{4}$.

$P\{X=6\}=C_{5}^{3}\left(\dfrac{1}{2}\right)^{3}\times\left(\dfrac{1}{2}\right)^{2}\times\dfrac{1}{2}+C_{5}^{3}\left(\dfrac{1}{2}\right)^{3}\times\left(\dfrac{1}{2}\right)^{2}\times\dfrac{1}{2}=\dfrac{5}{16}$.

$P\{X=7\}=C_{6}^{3}\left(\dfrac{1}{2}\right)^{3}\times\left(\dfrac{1}{2}\right)^{3}\times\dfrac{1}{2}+C_{6}^{3}\left(\dfrac{1}{2}\right)^{3}\times\left(\dfrac{1}{2}\right)^{3}\times\dfrac{1}{2}=\dfrac{5}{16}$.

$EX=\dfrac{93}{16}=5.8125(场)$

74. $a=\sqrt{6},b=1/\sqrt{6}$.

75. 经计算可得 $EX=1,DX=1/6$.于是 $Y=\sqrt{6}(X-1)$.

答案:$f_{Y}(y)=\begin{cases}\dfrac{\sqrt{6}-|y|}{6},&|y|<\sqrt{6};\\0,&\text{其他}.\end{cases}$

76. 略.　77. $\dfrac{3}{4}\sqrt{\pi}$.

习题五

一、填空题

1. $Z\sim t(9)$.　2. $C=0.5$.　3. $C=\dfrac{1}{3}$.　4. $F(1,1)$.　5. $2\Phi(0.3)-1$.

6. $0.95; \dfrac{2}{15}\sigma^4$.

7. $E\overline{X}=p; D\overline{X}=\dfrac{p(1-p)}{n}; D(S^2)=p(1-p)$.

8. 16.

二、选择题

1. (C)　2. (C)　3. (D)　4. (D)　5. (B)　6. (B)　7. (C)　8. (A)　9. (A)
10. (D)　11. (A)　12. (C)　13. (C)　14. (B)　15. (A)　16. (D)　17. (B)　18. (A)
19. (D)

三、计算与证明题

1. (1) 0.94.　　(2) 0.915.

2. 提示：由 $1.5(n-1)\geqslant\chi^2_{0.05}(n-1)$ 得 $n\geqslant27$.

3. 由 $\dfrac{\sqrt{n}}{3}\geqslant1.96$ 得 $n\geqslant35$.

4. 由 $\dfrac{\sqrt{n}}{3}\geqslant1.96$ 得 $n\geqslant35$.

5. 0.1.

6. $2[1-\Phi(0.3\sqrt{2})]\approx0.6714$. 提示：$\bar{\xi}-\bar{\eta}\sim N\left(0,\dfrac{1}{2}\right)$.

7. $EZ=\mu$.

提示：$EZ=E\alpha\cdot E\overline{X}+E\beta\cdot E\overline{Y}=\mu(E\alpha+E\beta)=\mu E(\alpha+\beta)=\mu$.

8. (1) $f_1(x)=f_2(x)=\dfrac{1}{\sqrt{2\pi}\sqrt{2}\sigma}\mathrm{e}^{-\frac{(x-2\mu)^2}{4\sigma^2}}$；

(2)提示：只要证明 X_1+X_2 与 X_1-X_2 不相关即可.

9. 略.

10. 当 $C_1=\dfrac{1}{\sigma^2}, C_2=\dfrac{1}{2\sigma^2}$ 时，$C_1Y_1\sim\chi^2(n); C_2Y_2\sim\chi^2(1)$.

11. 提示：根据中心极限定理，Z_n 近似服从参数是 $\mu=a_2, \sigma^2=\dfrac{a_4-a_2^2}{n}$ 的正态分布.

12. (1) $U\sim\chi^2(2n-2)$.　　(2) $V\sim F(1,2n-2)$.

13. $EY=\dfrac{1}{n}; DY=\dfrac{1}{n^2}$.

14. (1) $b=F_{0.025}(10,5)\approx6.62$；　(2) $a=\dfrac{1}{F_{0.05}(4,9)}\approx0.28$.

15. 略.　　16. 略.

习题六

一、填空题

1. $(4.8, 5.2)$

2. t 检验法；$T = \dfrac{\overline{X}}{Q}\sqrt{n(n-1)}$.

3. $\hat{\theta} = \overline{X} - 1$.

4. $\lambda = u_{\alpha/2}$.

5. $(4.412, 5.588)$.

6. $C = 1998/1999$.

7. $EL = n\left(\dfrac{1}{a} - \dfrac{1}{b}\right)\sigma^2$.

8. 增大样本容量.

二、选择题

1. (C)　2. (B)　3. (C)　4. (D)　5. (A)(B)(C)(D)(E)　6. (D)　7. (D)
8. (B)(C)　9. (A)(B)　10. (A)(D)　11. (B)　12. (C)　13. (B)　14. (B)　15. (B)
16. (B)　17. (C)　18. (B)　19. (C)　20. (A)　21. (D)　22. (A)　23. (C)　24. (A)
(C)(D)　25. (C)　26. (B)　27. (C)

三、计算与证明题

1. 矩估计量是 $\hat{\theta}_1 = \dfrac{2\overline{X} - 1}{1 - \overline{X}}$；极大似然估计量 $\hat{\theta}_2 = -1 - \dfrac{1}{\overline{X}}$.

2. 可以. 用 t 检验法，过程略.

3. $\hat{\theta} = \min(x_1, x_2, \cdots, x_n)$.

4. $\hat{\lambda} = n\Big/ \displaystyle\sum_{i=1}^{n} X_i^a$.

5. 矩估计量 $\hat{\theta} = 2\overline{X}$. 它是 θ 的相合无偏估计量.

6. (1) 最大似然估计量和矩估计量都是 $\hat{p} = \dfrac{\overline{X}}{m}$；

　　(2) $\dfrac{\hat{p}}{1 - \hat{p}} = \dfrac{\overline{X}}{1 - \overline{X}}$.

7. $(52.93, 55.87)$.

8. (1) $\Delta = u_{\alpha/2}$；　(2) $n \geqslant 44$.

9. μ 的置信区间为 $(186 \pm 4.106) = (181.89, 190.11)$；

　　σ 的置信区间为 $(9.74, 15.80)$.

10. $\hat{\mu}_1$ 较有效.

11. (1) $\hat{\theta} = \left(n\Big/ \displaystyle\sum_{i=1}^{n} \ln X_i\right)^2$；(2) $\hat{p} = \dfrac{1}{\overline{X}}$；(3) $\hat{p} = \overline{X}$；(4) $\hat{\lambda} = \dfrac{\alpha}{\overline{X}}$

12. (1) 都是 2.4.　(2) $e^{-2.4}$

13. $(271,291)$.

14. $(2.36,10.97)$.

15. $(92.12,207.88)$.

16. $(0.14,2.77)$.

17. 满足 $\max(X_1,X_2,\cdots,X_n)-1 \leqslant \hat{\theta} \leqslant \min(X_1,X_2,\cdots,X_n)$ 的任意一个 $\hat{\theta}$.

18. $\lambda=1.176$.

19. 有显著变化.

20. 无显著差别.

21. 应接受 $H_0: \sigma_1^2=\sigma_2^2$.

22. $\beta=P\left\{\dfrac{\sqrt{n}}{2}|\overline{X}|<u_{\alpha/2}\right\}=P\left\{-\dfrac{2u_{\alpha/2}}{\sqrt{n}}<\overline{X}<\dfrac{2u_{\alpha/2}}{\sqrt{n}}\right\}$

$\quad=P\left\{-u_{\alpha/2}-\dfrac{\sqrt{n}}{2}<\dfrac{\overline{X}-1}{2/\sqrt{n}}<u_{\alpha/2}-\dfrac{\sqrt{n}}{2}\right\}$

$\quad=\Phi\left\{u_{\alpha/2}-\dfrac{\sqrt{n}}{2}\right\}-\Phi\left\{-u_{\alpha/2}-\dfrac{\sqrt{n}}{2}\right\}$.

23. $\hat{a}\leqslant\min(X_1,X_2,\cdots,X_n)$；$\hat{b}\leqslant\max(X_1,X_2,\cdots,X_n)$.

24. $(0.63,3.43)$.

25. $(0.0224,0.0962)$.

26. $(-0.00214,0.00625)$.

27. $(0.527,2.639)$.

28. $\hat{\theta}=\dfrac{1}{2n}\displaystyle\sum_{i=1}^{n}X_i^2$；是无偏估计量.

29. 都是 $\dfrac{m}{\overline{X}}$.

30. Y 的概率密度为 $f_Y(y)=\begin{cases}nx^{n-1}, & 0<x<1;\\ 0, & \text{其他}.\end{cases}$ 由 $\displaystyle\int_z^1 f_Y(x)\mathrm{d}x=1-\alpha$，解得 $z=\sqrt[n]{\alpha}$. 于是，由 $P\left\{\sqrt[n]{\alpha}<\dfrac{X_n^*}{\theta}\right\}=1-\alpha$ 得 $P\left\{\theta<\dfrac{X_n^*}{\sqrt[n]{\alpha}}\right\}=1-\alpha$，即置信区间为 $\left(0,\dfrac{X_n^*}{\sqrt[n]{\alpha}}\right)$.

31. 可以.

32. 无显著差异.

33. 不能认为 $\mu=1277$.

34. 没有显著差异.

35. 标准差不正常.

36. (1) S_1^2 是 σ^2 的无偏估计量. (2) S_1^2 对 σ^2 的均方误差最小.

2007～2016 年全国硕士研究生入学统一考试
数学试题(概率统计部分)汇总试题解答

一、单项选择题

1. (C).

提示:"第 4 次射击恰好第 2 次命中"表示前 3 次射击中有 1 次命中目标并且第 4 次射击击中目标. 所求概率为:$C_3^1 p^1 (1-p)^2 p = C_3^1 p^2 (1-p)^2$. 故选(C).

2. (A).

提示:因 (X,Y) 服从二维正态分布,且 X 与 Y 不相关,故 X 与 Y 相互独立,于是 $f_{X|Y}(x \mid y) = f_X(x)$.

3. (A)

4. (D)

5. (C)

6. (B)

7. (C)

提示:$P(X = 1) = F(1) - F(1-0)$.

8. (A)

提示:$\int_{-\infty}^{+\infty} f(x)\mathrm{d}x = \int_{-\infty}^{0} a f_1(x)\mathrm{d}x + \int_{0}^{3} b f_2(x)\mathrm{d}x = \dfrac{a}{2} + \dfrac{3b}{4} = 1$.

9. (D)

提示:$\int_{-\infty}^{+\infty} (f_1(x)F_2(x) + f_2(x)F_1(x))\mathrm{d}x = F_1(x)F_2(x) \big|_{-\infty}^{+\infty} = 1$.

10. (B)

提示:无论 X 与 Y 大小关系如何,都有 $XY = UV$.

同理 $E(X+Y) = EU + EV$.

11. (D)

12. (D)

提示:因为 $Y = 1 - X$.

13. (C)

提示:面积的商即 $\dfrac{\pi}{4}$ 除以 1.

14. (B)

提示:$X_1 - X_2 \sim N(0, 2\sigma^2)$, $\dfrac{X_1 - X_2}{\sqrt{2}\sigma} \sim N(0,1)$;

$X_3 + X_4 \sim N(2, 2\sigma^2)$, $\dfrac{X_3 + X_4 - 2}{\sqrt{2}\sigma} \sim N(0,1)$, $\left(\dfrac{X_3 + X_4 - 2}{\sqrt{2}\sigma}\right)^2 \sim \chi^2(1)$;

又　$\dfrac{X_1 - X_2}{\sqrt{2}\sigma}$ 与 $\left(\dfrac{X_3 + X_4 - 2}{\sqrt{2}\sigma}\right)^2$ 互相独立,根据 t 分布定义得 $\dfrac{X_1 - X_2}{|X_3 + X_4 - 2|} \sim t(1)$.

15.(A)

提示:$p_1 = \Phi(2) - \Phi(-2)$;$p_2 = \Phi(1) - \Phi(-1) > 2\varphi(1)$;

$p_3 = P(-2 \leqslant X_3 \leqslant 2) = P\left(\dfrac{-2-5}{3} \leqslant \dfrac{X_3 - 5}{3} \leqslant \dfrac{2-5}{3}\right)$

　　$= \Phi\left(\dfrac{7}{3}\right) - \Phi(1) < \left(\dfrac{7}{3} - 1\right)\varphi(1)$.

16.(C)

提示:设 $U \sim N(0,1)$,$V \sim \chi^2(n)$ 且互相独立;$X = \dfrac{U}{\sqrt{V/n}}$,$Y = \dfrac{U^2}{V/n}$,

$P(Y > c^2) = P(\dfrac{U^2}{V/n} > c^2) = P(\dfrac{U}{\sqrt{V/n}} > c) + P(\dfrac{U}{\sqrt{V/n}} < -c)$,

由于 t 分布的概率密度关于 y 轴对称,于是 $P(\dfrac{U}{\sqrt{V/n}} > c) = P(\dfrac{U}{\sqrt{V/n}} < -c)$.

17.(C)

提示:$P(X + Y = 2) = P(X = 1, Y = 1) + P(X = 3, Y = -1) + P(X = 2, Y = 0) =$

$\dfrac{1}{4} \cdot \dfrac{1}{3} + \dfrac{1}{8} \cdot \dfrac{1}{3} + \dfrac{1}{8} \cdot \dfrac{1}{3} = \dfrac{1}{6}$.

18.(B)

提示:由 $P(A - B) = P(A) - P(AB) = P(A) - P(A)P(B) = 0.5P(A) = 0.3$,可得

$P(A) = 0.6$.于是 $P(B - A) = P(B) - P(AB) = P(B) - P(A)P(B) = 0.2$.

19.(D)

提示:$EY_1 = \displaystyle\int_{-\infty}^{+\infty} y\dfrac{f_1(y) + f_2(y)}{2}\mathrm{d}y = \dfrac{EX_1 + EX_2}{2} = EY_2$;

方差用特殊值法.不妨设 $X_1, X_2 \sim N(0,1)$,可得 $DY_1 = 1$;

而 $DY_2 = D\dfrac{X_1 + X_2}{2} = \dfrac{DX_1 + DX_2}{4} = \dfrac{1}{2}$.

20.(C)

提示:$X_1 - X_2 \sim N(0, 2\sigma^2)$,$\dfrac{X_1 - X_2}{\sigma\sqrt{2}} \sim N(0,1)$.$\left(\dfrac{X_3}{\sigma}\right) \sim N(0,1)$,根据 t 分布的定

义可得.

21.(C)

22.(D)

提示:$E[X(X + Y - 2)] = E[X^2 + XY - 2X]$

　　　　　　　　$= (EX)^2 + DX - EXEY - 2EX = 5$.

23.(B)

提示：$E\left[\dfrac{1}{n-1}\sum\limits_{i=1}^{n}(X_i-\overline{X})^2\right]=DX=m\theta(1-\theta)$.

注意：不管总体服从什么分布，$\dfrac{1}{n-1}\sum\limits_{i=1}^{n}(X_i-\overline{X})^2$ 总是总体方差的无偏估计.

24.（B）

提示：$p=P\{X\leqslant\mu-\sigma^2\}=P\left\{\dfrac{X-\mu}{\sigma}\leqslant-\sigma\right\}$.

25.（D）

提示：$X\sim B(2,\dfrac{1}{3}),Y\sim B(2,\dfrac{1}{3})$；

$EX=EY=\dfrac{2}{3},DX=DY=\dfrac{4}{9},E(XY)=1\cdot1\cdot P(X=1,Y=1)=\dfrac{2}{9}$；

$\rho_{XY}=\dfrac{E(XY)-EXEY}{\sqrt{DXDY}}=-\dfrac{1}{2}$.

26.（A）

27.（C）

提示：$EX=EY=1,DX=1,DY=4,E(XY)=1\cdot1=1$；

$\qquad E(X^2)=(EX)^2+DX=3,E(Y^2)=(EY)^2+DY=5$；

$\qquad E(X^2Y^2)=(EX)^2E(Y^2)=15$，

$\qquad D(XY)=E(X^2Y^2)-[E(XY)]^2=15-1=14$.

注意：因为 X,Y 独立，所以 X^2,Y^2 也独立.

二、填空题

1. $\dfrac{3}{4}$.

提示：几何概型问题，转化为向平面区域 $\Omega=\{(x,y)\mid 0<x<1,0<y<1\}$ 投点. 记 $A=\{(x,y)\mid 0<x<1,0<y<1,\mid x-y\mid<\dfrac{1}{2}\}$，则概率等于两区域面积的商.

2. 2.

3. -1.

4. np^2.

5. 2.

提示：$\sum\limits_{k=0}^{\infty}\dfrac{C}{k!}=Ce=1,C=e^{-1}$，$X$ 服从参数是1的泊松分布，$EX=DX=1,E(X^2)=2$.

6. $n(\mu^2+\sigma^2)$.

提示：$ET=nEX^2=n(\mu^2+\sigma^2)$.

7. $\mu(\mu^2+\sigma^2)$.

提示：X 与 Y 独立.

8. $\dfrac{3}{4}$.

提示：$P(AB\,|\,\overline{C}) = \dfrac{P(AB\,\overline{C})}{P(\overline{C})} = \dfrac{P(AB) - P(ABC)}{1 - P(C)} = \dfrac{\dfrac{1}{2} - 0}{1 - \dfrac{1}{3}} = \dfrac{3}{4}$.

9. $1 - e^{-1}$.

提示：$P(Y \leqslant a+1\,|\,Y > a) = \dfrac{P(a < Y \leqslant a+1)}{P(Y > a)} = \dfrac{e^{-a} - e^{-a-1}}{e^{-a}} = 1 - e^{-1}$.

10. $2e^2$.

提示：$E(Xe^{2X}) = \displaystyle\int_{-\infty}^{+\infty} xe^{2x} \cdot \dfrac{1}{\sqrt{2\pi}} e^{-\frac{x^2}{2}}\,\mathrm{d}x = \int_{-\infty}^{+\infty} x \cdot \dfrac{1}{\sqrt{2\pi}} e^{-\frac{(x-2)^2}{2}+2}\,\mathrm{d}x$

$\qquad\qquad = e^2 \displaystyle\int_{-\infty}^{+\infty} x \cdot \dfrac{1}{\sqrt{2\pi}} e^{-\frac{(x-2)^2}{2}}\,\mathrm{d}x = 2e^2$.

11. $\dfrac{2}{5n}$.

提示：$E\left(c\displaystyle\sum_{i=1}^{n} X_i^2\right) = ncE(X^2) = nc\int_{\theta}^{2\theta} x^2 \cdot \dfrac{2x}{3\theta^2}\,\mathrm{d}x = \dfrac{5}{2}nc\theta^2$,

所以 $c = \dfrac{2}{5n}$.

12. $\dfrac{1}{2}$.

提示：根据题意，有 $X \sim N(1,1), Y \sim N(0,1)$，且 X, Y 独立.

$P(XY - Y < 0) = P[(X-1)Y] < 0$

$\qquad\qquad\qquad = P(X-1 < 0, Y > 0) + P(X-1 > 0, Y < 0)$

$\qquad\qquad\qquad = \dfrac{1}{2} \times \dfrac{1}{2} + \dfrac{1}{2} \times \dfrac{1}{2} = \dfrac{1}{2}$.

13. $(8.2, 10.8)$.

提示：$P\left(-u_{0.025} < \dfrac{\overline{X} - \mu}{\sigma/\sqrt{n}} < u_{0.025}\right) = P\left(\overline{x} - u_{0.025}\dfrac{\sigma}{\sqrt{n}} < \mu < \overline{x} + \dfrac{\sigma}{\sqrt{n}}u_{0.025}\right) = 0.95$;

因为 $\overline{x} + \dfrac{\sigma}{\sqrt{n}}u_{0.025} = 10.8$，所以 $\overline{x} + \dfrac{\sigma}{\sqrt{n}}u_{0.025} = 10.8, \dfrac{\sigma}{\sqrt{n}}u_{0.025} = 1.3$.

所以置信下限 $\overline{x} - \dfrac{\sigma}{\sqrt{n}}u_{0.025} = 8.2$.

或者因为置信区间是以 $\overline{x}$ 为中心的一个区间，可得信区间为 $(8.2, 10.8)$.

14. $\dfrac{2}{9}$.

分析：若第 4 次取得红球，则前三次有一次是白球，两次是黑球或者一次黑球两次白球.

解：$p = \left[C_3^1 C_3^1 \dfrac{1}{3} \times \left(\dfrac{1}{3}\right)^2 \times 2\right] \times \dfrac{1}{3} = \dfrac{2}{9}$.

三、解答题

1. 解　(1) $P\{X > 2Y\} = \displaystyle\iint\limits_{x > 2y} f(x,y)\,\mathrm{d}x\mathrm{d}y = \int_0^{\frac{1}{2}} \mathrm{d}y \int_{2y}^{1} (2 - x - y)\,\mathrm{d}x = \dfrac{7}{24}$.

(2) 先求 Z 的分布函数:

$$F_Z(z) = P(X+Y \leqslant z) = \iint_{x+y \leqslant z} f(x,y)\mathrm{d}x\mathrm{d}y.$$

当 $z < 0$ 时, $F_Z(z) = 0$;

当 $0 \leqslant z < 1$ 时, $F_Z(z) = \int_0^z \mathrm{d}y \int_0^{z-y} (2-x-y)\mathrm{d}x = z^2 - \frac{1}{3}z^3$;

当 $1 \leqslant z < 2$ 时, $F_Z(z) = 1 - \int_{z-1}^1 \mathrm{d}y \int_{z-y}^1 (2-x-y)\mathrm{d}x = 1 - \frac{1}{3}(2-z)^3$;

当 $z \geqslant 2$ 时, $F_Z(z) = 1$.

故 $Z = X+Y$ 的概率密度为

$$f_Z(z) = F_Z'(z) = \begin{cases} 2z - z^2, & 0 < z < 1, \\ (2-z)^2, & 1 \leqslant z < 2, \\ 0, & \text{其他}. \end{cases}$$

2. 解　(1) $E(X) = \int_{-\infty}^{+\infty} xf(x,\theta)\mathrm{d}x = \int_0^\theta \frac{x}{2\theta}\mathrm{d}x + \int_\theta^1 \frac{x}{2(1-\theta)}\mathrm{d}x$

$$= \frac{\theta}{4} + \frac{1}{4}(1+\theta) = \frac{\theta}{2} + \frac{1}{4}.$$

令 $\frac{\theta}{2} + \frac{1}{4} = \overline{X}$, 解方程得 θ 的矩估计量为: $\hat{\theta} = 2\overline{X} - \frac{1}{2}$.

(2) $E(4\overline{X}^2) = 4E(\overline{X}^2) = 4[D(\overline{X}) + E^2(\overline{X})] = 4\left[\frac{D(X)}{n} + E^2(X)\right]$,

而 $E(X^2) = \int_{-\infty}^{+\infty} x^2 f(x,\theta)\mathrm{d}x = \int_0^\theta \frac{x^2}{2\theta}\mathrm{d}x + \int_\theta^1 \frac{x^2}{2(1-\theta)}\mathrm{d}x = \frac{\theta^2}{3} + \frac{1}{6}\theta + \frac{1}{6}$.

$$D(X) = E(X^2) - E^2(X) = \frac{\theta^2}{3} + \frac{1}{6}\theta + \frac{1}{6} - \left(\frac{1}{2}\theta + \frac{1}{4}\right)^2$$

$$= \frac{1}{12}\theta^2 - \frac{1}{12}\theta + \frac{5}{48},$$

故 $E(4\overline{X}^2) = 4\left[\frac{D(X)}{n} + E^2(X)\right] = \frac{3n+1}{3n}\theta^2 + \frac{3n-1}{n}\theta + \frac{3n+5}{12n} \neq \theta^2$,

所以 $4\overline{X}^2$ 不是 θ^2 的无偏估计量.

3. 解　(1) (U,V) 的概率分布为:

V $\diagdown$ U	1	2
1	$\frac{4}{9}$	0
2	$\frac{4}{9}$	$\frac{1}{9}$

(2) $E(UV) = 1 \times 1 \times \frac{4}{9} + 0 + 2 \times 1 \times \frac{4}{9} + 2 \times 2 \times \frac{1}{9} = \frac{16}{9}$,

而 $E(U) = 1 \times \frac{4}{9} + 2 \times \frac{5}{9} = \frac{14}{9}$, $E(V) = 1 \times \frac{8}{9} + 2 \times \frac{1}{9} = \frac{10}{9}$.

故 $\mathrm{cov}(U,V) = E(UV) - E(U)E(V) = \dfrac{16}{9} - \dfrac{14}{9} \times \dfrac{10}{9} = \dfrac{4}{81}$.

4. (1) $\dfrac{1}{2}$；(2) $f_Z(z) = \begin{cases} \dfrac{1}{3}, & -1 \leqslant y < 2, \\ 0, & \text{其他}. \end{cases}$

5. $\dfrac{2}{n(n-1)}$.

6. 提示：最终产品合格率为 $p = 0.96 + 0.04 \times 0.75 \times 0.8 = 0.984$.

每件产品期望利润为 $0.984 \times 80 - 0.016 \times 20 = 78.4$ 元，

$78.4n \geqslant 20000$，则 $n \geqslant 256$(件).

7. (1) $\dfrac{4}{9}$

(2)

X＼Y	0	1	2
0	$\dfrac{1}{4}$	$\dfrac{1}{3}$	$\dfrac{1}{9}$
1	$\dfrac{1}{6}$	$\dfrac{1}{9}$	0
2	$\dfrac{1}{36}$	0	0

8. 都是 $\dfrac{2}{X}$ $\left(EX = \dfrac{2}{\lambda}\right)$.

9. (1) 当 $x > 0$ 时，$f_{Y|X}(y\,|\,x) = \begin{cases} \dfrac{1}{x}, & 0 < y < x, \\ 0, & \text{其他}. \end{cases}$

(2) $P\{X \leqslant 1 \mid Y \leqslant 1\} = \dfrac{1 - 2\mathrm{e}^{-1}}{1 - \mathrm{e}^{-1}}$.

10. 解　(1) $\displaystyle\int_{-\infty}^{+\infty}\int_{-\infty}^{+\infty} f(x,y)\,\mathrm{d}x\mathrm{d}y = \int_{-\infty}^{+\infty}\int_{-\infty}^{+\infty} A\mathrm{e}^{-2x^2+2xy-y^2}\,\mathrm{d}x\mathrm{d}y$

$= \displaystyle\int_{-\infty}^{+\infty} A\mathrm{e}^{-x^2}\,\mathrm{d}x \int_{-\infty}^{+\infty} \mathrm{e}^{-(y-x)^2}\,\mathrm{d}y = \int_{-\infty}^{+\infty} A\mathrm{e}^{-x^2}\,\mathrm{d}x \int_{-\infty}^{+\infty} \sqrt{\pi} \cdot \dfrac{1}{\sqrt{2\pi}\cdot\frac{1}{\sqrt{2}}} \mathrm{e}^{-\frac{(y-x)^2}{2\left(\frac{1}{\sqrt{2}}\right)^2}}\,\mathrm{d}y$

$= \displaystyle\int_{-\infty}^{+\infty} A\sqrt{\pi}\mathrm{e}^{-x^2}\,\mathrm{d}x = \int_{0}^{+\infty} A\pi \cdot \dfrac{1}{\sqrt{2\pi}\cdot\frac{1}{\sqrt{2}}} \mathrm{e}^{-\frac{x^2}{2\left(\frac{1}{\sqrt{2}}\right)^2}}\,\mathrm{d}x = A\pi = 1$,

所以 $A = \dfrac{1}{\pi}$.

即 $f(x,y) = \dfrac{1}{\pi}\mathrm{e}^{-2x^2+2xy-y^2}$, $-\infty < x < +\infty$, $-\infty < y < +\infty$.

(2) $f_X(x) = \int_{-\infty}^{+\infty} f(x,y)\mathrm{d}y = \int_{-\infty}^{+\infty} \dfrac{\mathrm{e}^{-x^2}}{\sqrt{\pi}} \cdot \dfrac{1}{\sqrt{2\pi} \cdot \frac{1}{\sqrt{2}}} \mathrm{e}^{-\frac{(y-x)^2}{2\left(\frac{1}{\sqrt{2}}\right)^2}} \mathrm{d}y = \dfrac{\mathrm{e}^{-x^2}}{\sqrt{\pi}}$;

所以 $f_{Y|X}(y\,|\,x) = \dfrac{f(x,y)}{f_X(x)} = \dfrac{\frac{1}{\pi}\mathrm{e}^{-2x^2+2xy-y^2}}{\frac{\mathrm{e}^{-x^2}}{\sqrt{\pi}}} = \dfrac{\mathrm{e}^{-(y-x)^2}}{\sqrt{\pi}}$.

11.解 $N_1 \sim B(n, 1-\theta), EN_1 = n(1-\theta), DN_1 = n\theta(1-\theta)$;

$N_2 \sim B(n, \theta-\theta^2), EN_2 = n(\theta-\theta^2), DN_2 = n(\theta-\theta^2)(1-\theta+\theta^2)$;

$N_3 \sim B(n, \theta^2), EN_3 = n\theta^2, DN_3 = n\theta^2(1-\theta^2)$.

$ET = a_1 n(1-\theta) + a_2 n(\theta-\theta^2) + a_3 n\theta^2 = \theta$,得 $a_1 = 0, a_2 = a_3 = \dfrac{1}{n}$;

$DT = a_1^2 n\theta(1-\theta) + a_2^2 n(\theta-\theta^2)(1-\theta+\theta^2) + a_3^2 n\theta^2(1-\theta^2)$;

当 $a_1 = 0, a_2 = a_3 = \dfrac{1}{n}$ 时,$T = \dfrac{N_2+N_3}{n} = \dfrac{n-N_1}{n}$,

$DT = \dfrac{DN_1}{n^2} = \dfrac{\theta(1-\theta)}{n}$.

12.解 (1)

X \ Y	0	1	2
0	$\dfrac{1}{5}$	$\dfrac{2}{5}$	$\dfrac{1}{15}$
1	$\dfrac{1}{5}$	$\dfrac{2}{15}$	0

$P(X=0, Y=0) = \dfrac{C_1^0 C_2^0 C_3^2}{C_6^2} = \dfrac{3}{15} = \dfrac{1}{5}$;$P(X=0, Y=1) = \dfrac{C_1^0 C_2^1 C_3^1}{C_6^2} = \dfrac{6}{15} = \dfrac{2}{5}$;

$P(X=0, Y=2) = \dfrac{C_1^0 C_2^2 C_3^0}{C_6^2} = \dfrac{1}{15}$;$P(X=1, Y=0) = \dfrac{C_1^1 C_2^0 C_3^1}{C_6^2} = \dfrac{3}{15} = \dfrac{1}{5}$;

$P(X=1, Y=1) = \dfrac{C_1^1 C_2^1 C_3^0}{C_6^2} = \dfrac{2}{15}$.

(2) $EX = \dfrac{1}{3}, EY = \dfrac{8}{15} + \dfrac{2}{15} = \dfrac{2}{3}, EXY = \dfrac{2}{15}$;$\mathrm{cov}(X,Y) = EXY - EXEY = -\dfrac{4}{45}$.

13.解 (1)求 (X,Y) 的概率分布为

X \ Y	−1	0	1
0	0	$\dfrac{1}{3}$	0
1	$\dfrac{1}{3}$	0	$\dfrac{1}{3}$

（2）$Z = XY$ 的概率分布为

$Z = XY$	-1	0	1
P_i	$\dfrac{1}{3}$	$\dfrac{1}{3}$	$\dfrac{1}{3}$

提示：根据 $P(X^2 = Y^2) = 1$ 可知 $P(X^2 \neq Y^2) = 0$，从而 $P(X = 0, Y = -1)$，$P(X = 0, Y = 1)$，$P(X = 1, Y = 0)$ 都是零，再根据联合分布与边缘分布的关系确定其他概率.

（3）$\text{cov}(X, Y) = EXY - EXEY = 0 - \dfrac{2}{3} \times 0 = 0$，故 $\rho_{XY} = 0$.

14. 解　（1）因 $f(x, \sigma^2) = \dfrac{1}{\sqrt{2\pi}\sigma} \exp\left\{-\dfrac{1}{2\sigma^2}(x - \mu_0)^2\right\}$；

故 $L = \prod\limits_{i=1}^{n} f(x_i, \sigma^2) = \prod\limits_{i=1}^{n} \dfrac{1}{\sqrt{2\pi}\sigma} \exp\left\{-\dfrac{1}{2\sigma^2}(x_i - \mu_0)^2\right\}$

$\qquad = (2\pi)^{-\frac{n}{2}} (\sigma^2)^{-\frac{n}{2}} e^{-\frac{1}{2\sigma^2} \sum\limits_{i=1}^{n}(x_i - \mu_0)^2}$；

$\ln L = -\dfrac{n}{2}\ln(2\pi) - \dfrac{n}{2}\ln(\sigma^2) - \dfrac{1}{2\sigma^2} \sum\limits_{i=1}^{n}(x_i - \mu_0)^2$.

由 $\dfrac{\mathrm{d}\ln L}{\mathrm{d}\sigma^2} = -\dfrac{n}{2}\dfrac{1}{\sigma^2} + \dfrac{1}{2(\sigma^2)^2} \sum\limits_{i=1}^{n}(x_i - \mu_0)^2 = 0$，

得 $\sigma^2 = \dfrac{1}{n} \sum\limits_{i=1}^{n}(x_i - \mu_0)^2$，即 $\hat{\sigma}^2 = \dfrac{1}{n} \sum\limits_{i=1}^{n}(X_i - \mu_0)^2$.

（2）$E\hat{\sigma}^2 = \dfrac{1}{n} \sum\limits_{i=1}^{n}(X_i - \mu_0)^2 = \dfrac{1}{n} \sum\limits_{i=1}^{n} DX = DX = \sigma^2$，

由于 $Y = \dfrac{\sum\limits_{i=1}^{n}(X_i - \mu_0)^2}{\sigma^2} \sim \chi^2(n)$，$DY = 2n$，

故 $D\hat{\sigma}^2 = D\left(\dfrac{\sigma^2}{n}Y\right) = \dfrac{\sigma^4}{n^2} DY = \dfrac{2\sigma^4}{n}$.

15. 解　（1）$f(x, y) = \begin{cases} 1, & (x, y) \in G, \\ 0, & (x, y) \notin G, \end{cases}$

$f_X(x) = \begin{cases} \displaystyle\int_0^x f(x, y)\mathrm{d}y = x, & 0 \leqslant x \leqslant 1, \\ \displaystyle\int_0^{2-x} f(x, y)\mathrm{d}y = 2 - x, & 1 < x \leqslant 2, \\ 0, & \text{其他}, \end{cases}$

即 $f_X(x) = \begin{cases} x, & 0 \leqslant x \leqslant 1, \\ 2 - x, & 1 < x \leqslant 2, \\ 0, & \text{其他}. \end{cases}$

$(2) f_Y(y) = \begin{cases} \int_y^{2-y} f(x,y)\mathrm{d}x = 2 - 2y, & 0 \leqslant y \leqslant 1, \\ 0, & \text{其他}, \end{cases}$

即 $f_Y(y) = \begin{cases} 2 - 2y, & 0 \leqslant y \leqslant 1, \\ 0, & \text{其他}. \end{cases}$

当 $0 < y < 1$ 时，$f_{X|Y}(x|y) = \dfrac{f(x,y)}{f_Y(y)} = \begin{cases} \dfrac{1}{2-2y}, & y < x < 2-y, \\ 0, & \text{其他}. \end{cases}$

16. 解　$(1) P(X = 2Y) = P(X = 0, Y = 0) + P(X = 2, Y = 1) = \dfrac{1}{4}.$

(2)

X	0	1	2
P	$\dfrac{1}{2}$	$\dfrac{1}{3}$	$\dfrac{1}{6}$

Y	0	1	2
P	$\dfrac{1}{3}$	$\dfrac{1}{3}$	$\dfrac{1}{3}$

XY	0	1	4
P	$\dfrac{7}{12}$	$\dfrac{1}{3}$	$\dfrac{1}{12}$

$$\mathrm{cov}(X-Y, Y) = \mathrm{cov}(X, Y) - DY = E(XY) - EXEY - DY$$

$$= \dfrac{2}{3} - \dfrac{2}{3} \cdot 1 - \dfrac{2}{3} = -\dfrac{2}{3},$$

$$\mathrm{cov}(X, Y) = 0, \rho_{XY} = 0.$$

17. 解　$(1) Z = X - Y \sim N(0, 3\sigma^2),$

故 $f(z, \sigma^2) = \dfrac{1}{\sqrt{2\pi}\ \sqrt{3\sigma^2}} \exp\left\{-\dfrac{1}{6\sigma^2} z^2\right\};$

$(2) L = \prod_{i=1}^n f(z_i, \sigma^2) = \prod_{i=1}^n \dfrac{1}{\sqrt{2\pi}\ \sqrt{3\sigma^2}} \exp\left\{-\dfrac{1}{6\sigma^2} z_i^2\right\}$

$$= (6\pi)^{-\frac{n}{2}} (\sigma^2)^{-\frac{n}{2}} \mathrm{e}^{-\frac{1}{6\sigma^2}\sum\limits_{i=1}^n z_i^2};$$

$\ln L = -\dfrac{n}{2}\ln(6\pi) - \dfrac{n}{2}\ln(\sigma^2) - \dfrac{1}{6\sigma^2}\sum_{i=1}^n z_i^2,$

由 $\dfrac{\mathrm{d}\ln L}{\mathrm{d}\sigma^2} = -\dfrac{n}{2}\dfrac{1}{\sigma^2} + \dfrac{1}{6}\dfrac{1}{(\sigma^2)^2}\sum_{i=1}^n z_i^2 = 0,$

得 $\sigma^2 = \dfrac{1}{3n}\sum_{i=1}^n z_i^2,$ 即 $\hat{\sigma}^2 = \dfrac{1}{3n}\sum_{i=1}^n z_i^2.$

$(3) E\overset{\wedge}{\sigma}^2 = \frac{1}{3n}\sum_{i=1}^{n}Ez_i^2 = \frac{1}{3}EZ^2 = \frac{1}{3}DZ = \sigma^2$，故为无偏估计.

18.解　$(1) F_V(x) = P(\min(X,Y) \leqslant x) = 1 - P(\min(X,Y) > x)$

$$= 1 - P(X > x, Y > x)$$

$$= 1 - P(X > x)P(Y > x)$$

$$= 1 - [1 - P(X \leqslant x)][1 - P(Y \leqslant x)].$$

又 $P(X \leqslant x) = \begin{cases} 1 - e^{-x}, & x > 0, \\ 0, & x \leqslant 0, \end{cases} P(Y \leqslant x) = \begin{cases} 1 - e^{-x}, & x > 0, \\ 0, & x \leqslant 0, \end{cases}$

故 $F_V(x) = \begin{cases} 1 - e^{-2x}, & x > 0, \\ 0, & x \leqslant 0, \end{cases} f_V(x) = F'_V = \begin{cases} 2e^{-2x}, & x > 0, \\ 0, & x \leqslant 0. \end{cases}$

$(2) E(U+V) = E(X+Y) = EX + EY = 2.$

19.解　$(1) F_Y(y) = P(Y \leqslant y).$

当 $y < 1$ 时，$F_Y(y) = 0$；

当 $y \geqslant 2$ 时，$F_Y(y) = 1$；

当 $1 \leqslant y < 2$ 时，

$$F_Y(y) = \int_2^3 \frac{x^2}{9}dx + \int_1^y \frac{x^2}{9}dx = \frac{18 + y^3}{27}.$$

$(2) P(X \leqslant Y) = P(X = Y) + P(X < Y) = P(1 < X < 2) + P(X \leqslant 1)$

$$= P(0 < X < 2) = \int_0^2 \frac{x^2}{9}dx = \frac{8}{27}.$$

20.解　$(1) EX = \int_0^{+\infty} x \cdot \frac{\theta^2}{x^3}e^{-\frac{\theta}{x}}dx = \theta e^{-\frac{\theta}{x}}\Big|_{0+}^{+\infty} = \theta,$

矩估计量为 $\overset{\wedge}{\theta} = \overline{X}.$

$(2) L(\theta) = \prod_{i=1}^{n} \frac{\theta^2}{x_i^3}e^{-\frac{\theta}{x_i}} = \frac{\theta^{2n}}{\left(\prod\limits_{i=1}^{n}x_i\right)^3}e^{-\theta\sum\limits_{i=1}^{n}\frac{1}{x_i}},$

$$\ln L(\theta) = 2n\ln\theta - 3\sum_{i=1}^{n}\ln x_i - \theta\sum_{i=1}^{n}\frac{1}{x_i},$$

由 $\dfrac{d\ln L(\theta)}{d\theta} = \dfrac{2n}{\theta} - \sum_{i=1}^{n}\dfrac{1}{x_i} = 0$，可得

$\theta = \dfrac{2n}{\sum\limits_{i=1}^{n}\dfrac{1}{x_i}}$，即最大似然估计量为 $\overset{\wedge}{\theta}_n = \dfrac{2n}{\sum\limits_{i=1}^{n}\dfrac{1}{X_i}}.$

21.解　$(1) f(x,y) = f_X(x) \cdot f_{Y|X}(y|x)$

$$= \begin{cases} \dfrac{9y^2}{x}, & 0 < x < 1, 0 < y < x, \\ 0, & \text{其他}. \end{cases}$$

$(2) Y$ 的边缘概率密度 $f_Y(y) = \int_{-\infty}^{+\infty} f(x,y)dx$

$$= \begin{cases} \int_y^1 \dfrac{9y^2}{x}\mathrm{d}x = -9y^2\ln y, & 0 < y < 1, \\ \\ 0, & \text{其他}. \end{cases}$$

(3) $P(X > 2Y) = \displaystyle\int_0^1 \mathrm{d}x \int_0^{\frac{x}{2}} \left(\dfrac{9y^2}{x}\right) \mathrm{d}y = \dfrac{1}{8}$.

22. 解　(1) $F_Y(y) = P(Y \leqslant y)$

$$= P(Y \leqslant y \mid X = 1)P(Y = 1) + P(Y \leqslant y \mid X = 2)P(Y = 2)$$

$$= \dfrac{P(Y \leqslant y \mid X = 1) + P(Y \leqslant y \mid Y = 2)}{2}.$$

$$P(Y \leqslant y \mid X = 1) = \begin{cases} 0, & y < 0, \\ y, & 0 \leqslant y < 1, \\ 1, & y \geqslant 1; \end{cases}$$

$$P(Y \leqslant y \mid X = 2) = \begin{cases} 0, & y < 0, \\ \dfrac{y}{2}, & 0 \leqslant y < 2, \\ 1, & y \geqslant 2. \end{cases}$$

所以 $F_Y(y) = \begin{cases} 0, & y < 0, \\ \dfrac{3y}{4}, & 0 \leqslant y < 1, \\ \dfrac{1}{2} + \dfrac{y}{4}, & 1 \leqslant y \leqslant 2, \\ 1, & y \geqslant 2. \end{cases}$

(2) Y 的概率密度为 $f_Y(y) = \begin{cases} \dfrac{3}{4}, & 0 \leqslant y < 1, \\ \dfrac{1}{4}, & 1 \leqslant y \leqslant 2, \\ 0, & \text{其他}, \end{cases}$

所以 $EY = \displaystyle\int_0^1 \dfrac{3y}{4}\mathrm{d}y + \int_1^2 \dfrac{y}{4}\mathrm{d}y = \dfrac{3}{4}$.

23. 解　(1) 体 X 的概率密度 $f(x,\theta) = \begin{cases} \dfrac{2x}{\theta}\mathrm{e}^{-\frac{x^2}{\theta}}, & x \geqslant 0, \\ 0, & \text{其他}, \end{cases}$

$$EX = \int_0^{+\infty} x \dfrac{2x}{\theta}\mathrm{e}^{-\frac{x^2}{\theta}}\mathrm{d}x = \dfrac{\sqrt{\pi\theta}}{2},$$

$$E(X^2) = \int_0^{+\infty} x^2 \dfrac{2x}{\theta}\mathrm{e}^{-\frac{x^2}{\theta}}\mathrm{d}x = \theta.$$

(2) $L(\theta) = \displaystyle\prod_{i=1}^n \dfrac{2x_i}{\theta}\mathrm{e}^{-\frac{x_i^2}{\theta}}$,

$$\ln L(\theta) = \sum_{i=1}^n \left(\ln 2x_i - \ln\theta - \dfrac{x_i^2}{\theta}\right),$$

由 $\dfrac{\mathrm{d}\ln L(\theta)}{\mathrm{d}\theta} = \displaystyle\sum_{i=1}^n \left(-\dfrac{1}{\theta} + \dfrac{x_i^2}{\theta^2}\right) = \dfrac{1}{\theta^2}\left[-n\theta + \sum_{i=1}^n x_i^2\right] = 0$, 可得

$\theta = \dfrac{1}{n}\sum\limits_{i=1}^{n} x_i^2$,即最大似然估计量为 $\hat{\theta}_n = \dfrac{1}{n}\sum\limits_{i=1}^{n} x_i^2$.

(3) 根据题意,即判断判断 $\hat{\theta}_n$ 是否为一致估计量.

$$E(\hat{\theta}_n) = \frac{1}{n}\sum_{i=1}^{n} E(X_i^2) = E(X^2) = \theta,$$

$$D(\hat{\theta}_n) = D\left[\frac{1}{n}\sum_{i=1}^{n} E(X_i^2)\right] = \frac{1}{n}D(X^2) = \frac{1}{n}\{E(X^4) - E(X^2)^2\},$$

$$E(X^4) = \int_0^{+\infty} x^4 \frac{2x}{\theta} e^{-\frac{x^2}{\theta}} \mathrm{d}x = 2\theta^2,$$

所以 $D(\hat{\theta}_n) = \dfrac{1}{n}\{2\theta^2 - \theta^2\} = \dfrac{\theta^2}{n}$.

因为 $\lim\limits_{n\to\infty} D(\hat{\theta}_n) = 0$,所以 $\hat{\theta}_n$ 是否为一致估计量.

所以 $a = \theta$.

24. 解　(1) $\rho_{XY} = \dfrac{E(XY) - EXEY}{\sqrt{DX \cdot DY}}$;

$EX = EY = \dfrac{2}{3}$; $DX = DY = \dfrac{2}{9}$,

$E(XY) = P(X = 1, Y = 1)$,代入 $\rho_{XY} = \dfrac{E(XY) - EXEY}{\sqrt{DX \cdot DY}}$,

可得 $P(X = 1, Y = 1) = \dfrac{5}{9}$.

于是有 $P(X = 0, Y = 1) = \dfrac{2}{3} - \dfrac{5}{9} = \dfrac{1}{9}$;

$P(X = 1, Y = 0) = \dfrac{2}{3} - \dfrac{5}{9} = \dfrac{1}{9}$;

$P(X = 0, Y = 0) = \dfrac{1}{3} - \dfrac{1}{9} = \dfrac{2}{9}$.

(2) $P(X + Y \leqslant 1) = 1 - P(X + Y > 1) = 1 - \dfrac{5}{9} = \dfrac{4}{9}$.

25. 解　(1) $p = P(X > 3) = \displaystyle\int_3^{+\infty} 2^{-x}\ln 2 \mathrm{d}x = \dfrac{1}{8}$.

$P(Y = n) = \mathrm{C}_{n-1}^1 p (1-p)^{n-2} p = (n-1)\left(\dfrac{1}{8}\right)^2 \left(\dfrac{7}{8}\right)^{n-2}, n = 2, 3, \cdots$

(2) $EY = \displaystyle\sum_{n=2}^{\infty} nP(Y = n) = \sum_{n=2}^{\infty} n(n-1)\left(\dfrac{1}{8}\right)^2 \left(\dfrac{7}{8}\right)^{n-2}$.

设 $S(x) = \displaystyle\sum_{n=2}^{\infty} n(n-1)x^{n-2}$,则

$$S(x) = \sum_{n=2}^{\infty} (x^{n-2})'' = \left(\sum_{n=2}^{\infty} x^{n-2}\right)'' = \left(\frac{1}{1-x}\right)'' = \frac{2}{(1-x)^3}, -1 < x < 1,$$

所以 $EX = \dfrac{1}{64}S\left(\dfrac{7}{8}\right) = 16$.

26.解　(1)$EX = \int_\theta^1 x \dfrac{1}{1-\theta} dx = \dfrac{1+\theta}{2}$,

令$\overline{X} = \dfrac{1+\theta}{2}$,得到$\hat{\theta} = 2\overline{X} - 1$.

(2)$L(\theta) = \dfrac{1}{(1-\theta)^n}$.

由于$\theta < x_i < 1$,要使$L(\theta)$最大,则$1-\theta$最小.,即θ尽量大.于是
$\hat{\theta} = \min(X_1, X_2, \cdots, X_n)$为最大似然估计量.

27.解　(1)$f(x,y) = \begin{cases} 3, & 0 < x < 1, x^2 < y < \sqrt{x}, \\ 0, & \text{其他}. \end{cases}$

(2) 不独立,因为

$$P\left\{U \leqslant \dfrac{1}{2}, X \leqslant \dfrac{1}{2}\right\} = P\left\{U = 0, X \leqslant \dfrac{1}{2}\right\} = P\left\{X > Y, X \leqslant \dfrac{1}{2}\right\}$$
$$= \int_0^{\frac{1}{2}} dx \int_{x^2}^x 3 dy = \dfrac{1}{4};$$

$$P\left\{U \leqslant \dfrac{1}{2}\right\} = \dfrac{1}{2}, P\left\{X \leqslant \dfrac{1}{2}\right\} = \int_0^{\frac{1}{2}} dx \int_{x^2}^{\sqrt{x}} 3 dx = \dfrac{\sqrt{2}}{2} - \dfrac{1}{8}.$$

所以

$$P\left\{U \leqslant \dfrac{1}{2}, X \leqslant \dfrac{1}{2}\right\} \neq P\left\{U \leqslant \dfrac{1}{2}\right\} \cdot P\left\{X \leqslant \dfrac{1}{2}\right\}.$$

(3)$F_z(z) = P(U + X \leqslant z)$
$= P(U + X \leqslant z \mid U = 0)P(U = 0) + P(U + X \leqslant z \mid U = 1)P(U = 1)$
$= \dfrac{P(U + X \leqslant z, U = 0)}{P(U = 0)}P(U = 0) + \dfrac{P(U + X \leqslant z, U = 1)}{P(U = 1)}P(U = 1)$
$= P(X \leqslant z, X > Y) + P(X \leqslant z - 1, X \leqslant Y).$

而

$$P(X \leqslant z, X > Y) = \begin{cases} 0, & z < 0, \\ \int_0^z dx \int_x^{\sqrt{x}} 3 dy = 2z^{\frac{3}{2}} - z^3, & 0 \leqslant z < 1, \\ \dfrac{1}{2}, & z \geqslant 1; \end{cases}$$

$$P(X \leqslant z-1, X \leqslant Y) = \begin{cases} 0, & z < 1, \\ \int_0^{z-1} dx \int_x^{\sqrt{x}} 3 dy = 2(z-1)^{\frac{3}{2}} - \dfrac{3}{2}(z-1)^2, & 1 \leqslant z < 2, \\ \dfrac{1}{2}, & z \geqslant 2. \end{cases}$$

$$\text{所以} \quad F_Z(z) = \begin{cases} 0, & z < 0, \\ \dfrac{3}{2} z^2 - z^3, & 0 \leqslant z < 1, \\ \dfrac{1}{2} + 2(z-1)^{\frac{3}{2}} - \dfrac{3}{2}(z-1)^2, & 1 \leqslant z < 2, \\ 1, & z \geqslant 2. \end{cases}$$

28.解　　(1)X 的分布函数为

$$F_X(x) = \begin{cases} 0, & x < 0, \\ \int_0^x \dfrac{3t^2}{\theta^3}\mathrm{d}t = \dfrac{x^3}{\theta^3}, & 0 < x < \theta, \\ 1, & x \geqslant \vartheta; \end{cases}$$

$$F_T(t) = [F_X(t)]^3 = \begin{cases} 0, & t < 0, \\ \dfrac{t^9}{\theta^9}, & 0 < t < \theta, \\ 1, & t \geqslant \vartheta. \end{cases}$$

所以 $f_T(t) = F'_X(t) = \begin{cases} \dfrac{9t^8}{\theta^9}, & 0 < t < \theta, \\ 0, & \text{其他}. \end{cases}$

(2)$E(aT) = aET = \displaystyle\int_0^\theta t \cdot \dfrac{9t^8}{\theta^9}\mathrm{d}t = \dfrac{9}{10}a\theta$,

所以 $a = \dfrac{10}{9}$.

内容提要

　　全书内容包括随机事件及其概率、随机变量及其分布、多维随机变量及其分布、随机变量的数字特征、数理统计的基础知识、参数估计和假设检验等内容,每章都是先给出重要的知识点,随后是大量的有代表性的例题,并配有较大数量的习题。这些习题中有很多是近年来全国研究生入学统一考试的试题,对于普通经济类、管理类、理工类的同学来讲有一定的难度。为此,对于一些较高难度的习题,我们在书后面给出了详细解答;而对于一般的习题,只给出提示或最后答案。本书的最后是附录,包括2007～2016年全国硕士研究生入学统一考试数学试题(概率统计部分)及试题解答。

　　本书可供高等院校非数学类各专业师生使用,属于考研类或教学类辅导书。